"十四五"职业教育国家规划教材

光纤通信技术及应用

（第2版）

陈海涛　主　编

王伟雄　副主编

李云飞　胡　也　陈土照　参　编

电子工业出版社.

Publishing House of Electronics Industry

北京·BEIJING

内 容 简 介

本书以光传输专业实际工作岗位必备业务技能为主线，将光纤通信原理与工作任务有机融合，涵盖了光传输线路与设备维护两大领域，主要内容包括光纤光缆认知、光缆线路维护与施工基础、电路调度与光缆接续、施工和维护工作安全须知、小型光端机安装、使用与基本维护、SDH 基本原理和设备日常维护、光纤通信技术的发展等内容。

本书针对职业特点，选材适当，结构完整，实用性强，配有常用表格和案例，突出应用和工作维护实践。本书可作为中职信息、通信相关专业和高职非通信类专业相关课程的教材，也可供从事通信技术服务的工程技术人员学习参考。

图书在版编目（CIP）数据

光纤通信技术及应用 / 陈海涛主编. —2 版. —北京：电子工业出版社，2017.7
职业教育课程改革创新规划教材

ISBN 978-7-121-32025-5

Ⅰ. ①光… Ⅱ. ①陈… Ⅲ. ①光纤通信—职业教育—教材 Ⅳ. ①TN929.11

中国版本图书馆 CIP 数据核字（2017）第 144224 号

策划编辑：蒲 玥
责任编辑：蒲 玥
印　　刷：北京盛通数码印刷有限公司
装　　订：北京盛通数码印刷有限公司
出版发行：电子工业出版社
　　　　　北京市海淀区万寿路 173 信箱　邮编　100036
开　　本：787×1 092　1/16　印张：15　字数：384 千字
版　　次：2012 年 4 月第 1 版
　　　　　2017 年 7 月第 2 版
印　　次：2024 年 8 月第 12 次印刷
定　　价：35.00 元

凡所购买电子工业出版社图书有缺损问题，请向购买书店调换。若书店售缺，请与本社发行部联系，联系及邮购电话：(010) 88254888，88258888。

质量投诉请发邮件至 zlts@phei.com.cn，盗版侵权举报请发邮件至 dbqq@phei.com.cn。

本书咨询联系方式：(010) 88254485，puyue@phei.com.cn。

第2版前言

随着近年信息化进程的加快，作为信息传输重要承载通道的光纤越来越广泛地渗入到各项信息工程，可以说，离开了光纤，信息传输将遇到极大困难。

正因为如此，光纤通信的维护也成为信息网络维护中的重要一环，本书将围绕光纤通信维护的主要内容展开。

第一版教材受到广大中职师生的欢迎，也为一线维护人员提供了参考。在使用过程中，读者也提出中高职衔接的问题，同时，对于非通信专业的信息类高职学生而言，也希望有教材能够提供必要的光纤通信基本知识。

考虑到广大读者的需求，本书在第一版的基础上，增加了光缆工程施工和维护安全须知、光纤熔接、光纤通信技术的发展等内容，更新增补了光缆敷设施工技术基本要求，补充深化 SDH 原理，以适应中高职衔接和非通信类高职学生的需要。

本书由陈海涛任主编，王伟雄任副主编，李云飞、胡也、陈土照也参加了第 2 版部分内容的编写工作。在编写过程中得到李斯伟教授的大力支持和帮助，在此致以衷心的感谢。

由于作者的水平和学识有限，书中难免存在不妥和错误之处，殷切希望广大读者批评指正。

编　者

修订说明

本书自出版以来,得到了电子信息和通信专业教学一线教师的好评。

中国共产党第二十次全国代表大会报告指出"统筹职业教育、高等教育、继续教育协同创新,推进职普融通、产教融合、科教融汇,优化职业教育类型定位。"为贯彻"二十大"会议精神,突出产教融合,以及完成入选"十三五"职业教育国家规划教材后的修订要求,将行业一线对技术技能人才的需求反映在教学内容上,原教材需要进一步更新,以更准确地符合现实情况和技术要求;同时,为适应继续教育人员学习的需求,教材展现形式也应更加多样,适应数字化发展趋势;因此,由电子工业出版社有限公司组织,对该教材进行了修订,修订时除了保持原版本的特点外,新版本主要做了以下几个方面的修订。

1. 更新了部分数据和描述,教材内容更准确地反映当前行业技术的发展。

2. 对重点内容增加数字资源,更直观地表现操作过程。

3. 更新个别当前技术环境下不够妥当的文字说明。

编　者

目 录

CONTENTS

学习情境一

光纤光缆认知

人们是如何利用光信号来传递信息的呢？平常见到的太阳光与光纤通信的光一样吗？光信号是通过什么来传递的？每个初次接触光通信的人都会产生类似的问题，本学习情境将提供这些问题的答案。

本学习情境将学习光纤通信基本知识、光纤导光原理和光缆的识别等内容。

本情境学习重点

- 光纤通信系统模型
- 光纤通信使用的光波波长
- 光纤通信的特点
- 光纤导光原理
- 光缆型号识别

任务一　光纤通信基本知识认知

【任务分析】

学习光纤通信，需要了解光纤通信的发展历程、技术特点和主要应用。本任务围绕上述内容展开，介绍了光纤通信的发展概况、光波波谱、光纤通信系统的基本构成，以及光纤通信的特点和系统分类。其中，熟悉和掌握光纤通信的光波波谱、光纤通信系统组成和分类、光纤通信的优缺点是后续学习的基础。

光纤通信是利用光波作为载波，以光导纤维作为传输媒介传递信息的有线光波通信。光纤通信除了可以用来传送声音以外，还可以传送电视图像、数据等。光纤通信应用的场合很多，除了传统通信行业外，还可以应用在计算机网络、厂矿内部通信、广播、电视、电力、铁道系统的通信等。光通信技术的进步，推动了整个信息产业的飞速发展，已成为当前远距离、大容量信息传输的最重要的基础设施。

【任务目标】

- 光波波谱；
- 光纤通信的优缺点；
- 光纤通信系统的分类；
- 光纤通信系统的基本构成。

一、光纤通信的发展概况

光通信可追溯到我国古代3000多年前的烽火台，这是一种可视光光通信。此后数千年间，远距离通信一直是通过目视光通信来实现的。直到现在仍然在使用的信号弹、旗语及交通信号灯等，都属于可视光通信的范畴。现代光通信起源于1960年，梅曼（T.H.Maiman）发明了红宝石激光器，产生了单色相干光，实现了高速的光调制。美国林肯实验室首先研制出利用氦氖激光器通过大气传输彩色电视信号的技术。但利用大气传输光信号具有以下的缺点：气候严重影响通信，如雾天；大气的密度不均匀，传输不稳定；传输设备之间要求没有阻隔。

利用光导纤维作为光传输媒介的光纤通信，其发展只有五六十年的历史。1966年7月，英籍华裔学者高锟博士（K.C.Kao）和霍克哈姆（C.A.Hockham）在PIEE杂志上发表了一篇十分著名的文章"用于光频的光纤表面波导"，该文章从理论上分析、证明了用光纤作为传输媒体以实现光通信的可能性，并设计了通信用光纤的波导结构（阶跃光纤）。更重要的是科学地预言了制造通信用的超低耗光纤的可能性，即加强原材料提纯，加入适当的掺杂剂，可以把光纤的衰耗系数降低到20dB/km以下。以后的事实发展雄辩地证明了高锟博士文章的理论性和科学大胆预言的正确性，所以该文章被誉为光纤通信的里程碑，高锟博士等人也因此获得2009年诺贝尔物理学奖。

1970年，美国康宁玻璃公司根据高锟博士的设想，用改进型化学相沉积法（MCVD法）制造出当时世界上第一根超低耗光纤，成为光纤通信爆炸性竞相发展的导火索。

要实现长距离的光纤通信，必须减少光纤的衰减。高锟博士指出降低玻璃内过度金属杂质离子是降低光纤衰减的主要因素。1974年，光纤衰减降低到2dB/km。1976年，通过研究发现降低玻璃内的OH离子含量就出现了衰减的长波长双窗口：$1.3\mu m$和$1.55\mu m$。1980年，$1.55\mu m$波长光纤衰减达到0.2dB/km，接近理论值。20世纪80年代中期，又发现水分和潮气长期接触光纤会扩散到石英光纤内，从而使光纤衰减增大且强度降低，于是采用注入油膏于光纤套管中隔绝水汽的方法，制成高品质的光缆用于工程。

要实现大容量的通信，要求光纤有很宽的带宽。单模（Single Mode，SM）光纤的带宽最宽，是理想的传输介质。但是单模光纤纤芯很细，20世纪70年代的工艺无法达到，因此，多模（Multi Mode，MM）光纤较早应用，光在多模光纤各模式间存在光程差，造成输出的光信号带宽不宽。1976年，日本研制成渐变型（又称自聚焦型，SELFCO）光纤，光纤的带宽达到kHz/km数量级。20世纪80年代，单模光纤研制成功，带宽增大到10kHz/km，这一成就使大容量光纤通信成为可能。20世纪80年代中期，零色散波长为$1.55\mu m$的光纤研制成功，光纤通信实现了长距离且超大容量的传输。

光纤通信还要有合适的光器件。1970年，美国贝尔实验室研制出世界上第一只在室温下连续工作的砷化镓铝半导体激光器，为光纤通信找到了合适的光源器件。后来逐渐发展到性能更好、寿命达几万小时的异质结条形激光器和现在的分布反馈式单纵模激光器（DFB），以及多量子阱激光器（MQW）。光接收器件也从简单的硅光电二极管（PIN）发展到量子效率达90%的Ⅲ－Ⅴ族雪崩光电二极管（APD）。从此以后，光纤通信在世界范围内得到迅猛发展，20世纪80年代以来，光纤通信应用已从850nm、1310nm、1550nm三个低衰耗波长窗口发展到全波段波长，同时开发出许多新型光电器件，激光器寿命已达数十万小时甚至百万小时。光纤通信逐渐普及并快速发展起来。

由于工程上的需要，各式各样的光无源器件和光仪表也相应出现，如光活动连接器、光衰减器、光纤熔接机和光时域反射测试仪等。

20世纪90年代，通信技术高速发展，移动通信、卫星传输和光纤通信将通信演变为高速、大容量、数字化和综合的多媒体业务。在ITU－T的推动下，光纤通信的各种标准纷纷制定，如PDH、SDH、DWDM、AN和B－ISDN等。美国首先提出建立国家信息高速公路的构想——国家信息基础建设（NII），随后各国纷纷制订计划，并推出全球的信息技术建设计划（GII）。目前，光纤通信朝用户方向延伸，即所谓的光纤到路边（FTTC）、光纤到公寓（FTTA）、光纤到大楼（FTTB）、光纤到家庭（FTTH）。

FTTA、FTTB、FTTH构成当前的光纤接入网络，最终将实现光纤到户和光纤到桌面，如图1.1所示。

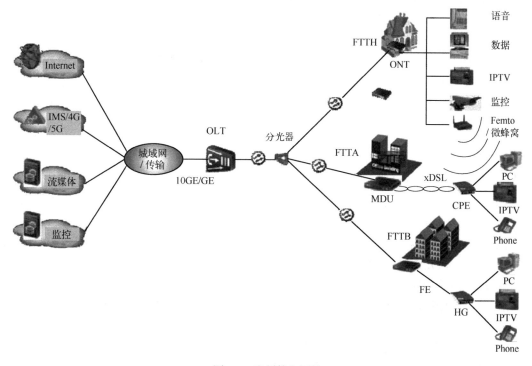

图1.1 光纤接入网络

二、光波波谱

光波是电磁波，其波长在微米级，频率为$10^{13} \sim 10^{14}$Hz数量级。一般无线电磁波可用作广播电台、电视、移动通信的信号传输，光波也可以，而且是大容量、高速度、数字化和综合业务的通信传输。所不同的是，一般无线电磁波通过空气传输，而通信用光波是通过光纤（Optic

Fiber）来实现传输的，是一种有线传输。

如图 1.2 所示为光波在电磁波波谱中的位置，可见光的波长 0.39～0.76μm，包括红、橙、黄、绿、蓝、靛、紫，混合而成白光，其中红光的波长最长。

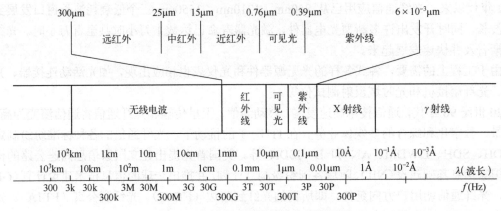

图 1.2　光波在电磁波波谱中的位置图

比红光波长更长的光波，即波长大于 0.76μm，是不可见的红外线，0.76～15μm 的光波称为近红外线，15～25μm 的光波称为中红外线，25～300μm 的光波称为远红外线。比紫光波长更短的光波称为不可见的紫外线，紫外线的波长为 0.39～0.006μm，紫外线、可见光和红外线统称光波。

目前，光纤使用的波长范围是在近红外线区域内。光纤通信初期，根据光纤的本征特性，光纤通信波长使用 0.85μm、1.31μm 和 1.55μm 三个窗口。目前由于光纤技术的飞速发展，新一代光纤已突破了三个低衰减窗口的瓶颈，实现了全波段使用（1260～1625nm）。光纤通信新材料和新技术的应用，提高了光波可利用率，使光纤通信容量大幅度提高。

三、光纤通信系统的基本构成

所谓光纤通信，就是利用光纤来传输携带信息的光波以达到通信的目的。数字光纤通信系统由光发射机、光纤和光接收机组成。

光发射机的作用就是进行电/光转换，并把转换成的光脉冲信号码流输入到光纤中进行传输。光源器件一般是 LED 和 LD。

光纤的作用就是完成光波的传输。

光接收机的作用就是进行光/电转换。光接收机一般是光电二极管（PIN）和雪崩光电二极管（APD）。

光纤通信过程：光发射机将已调制的光波送入光纤，经光纤传送至光接收机。光信号经过光纤传输到达接收端，首先经光电二极管（PIN）或雪崩光电二极管（APD）检波变为电脉冲，然后经放大、均衡、判断等适当处理，恢复为送入发送端时的电信号，再送至接收电端机。它与一般通信过程所不同的有两点：一是传输光信号；二是利用光纤作为媒介传输手段。基本光纤通信系统组成框图如图 1.3 所示。

在光发射机中，对电信号有两种光调制方法：一种是在光源如激光器上调制，产生随电信号变化的光信号，此种方法为直接调制；另一种是外调制，利用电光晶体调制器在光源外部调制，调制速率高。所有的调制速率可达 10～20Gb/s，远远低于光纤的传输带宽（20 000Gb/s）。要充分发挥光纤的超大容量的通信传输能力，必须采用光频复用的光纤通信系统，光频复用（FDM）又称光波复用（WDM），就是在光纤中同时采用许多不同波长的光进行传输，光频复用技术可在光纤中开发出 8～200 个光频道，每个频道可容纳 10～20Gb/s 甚至更高的信息容量，目前 WDM 通信技术已得到广泛应用。

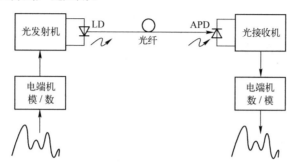

图 1.3 基本光纤通信系统组成框图

四、光纤通信的特点和系统分类

光纤通信能够飞速发展，是因为和其他通信手段相比，具有无与伦比的优越性。

（一）光纤通信的主要优点

1. 频带宽、通信容量大

一根光纤的带宽在理论上能容纳 10^7 路 4MHz 的视频或 10^{10} 路的 4kHz 音频，而同轴电缆带宽为 60MHz，只能传输 10^4 路 4kHz 音频，光纤带宽为同轴电缆的 100 万倍。按话路计算，一对光纤按目前常见的 2.5Gb/s 的通信系统计算，就可达到 28 800 个话路。加上密集波分后话路将非常可观。

2. 损耗低，传输距离远

目前光纤采用的 SiO_2 玻璃介质，纯净度很高，光纤损耗极低。光纤平均损耗为 0.2～0.4dB/km，中继距离达几十至上百千米。

3. 信号串扰小，保密性能好

由于光波具有良好的相干性，随着光器件的不断进步，不同光纤的光信号、同根光纤的不同波长间不会产生干扰，因此，光纤通信比传统的无线通信和其他有线通信具有更好的保密效果。

4. 抗电磁干扰，传输质量佳

由于光纤是非金属的介质材料，且传输的是光信号，因此，它不受电磁干扰，传输质量较好。

5. 尺寸小、质量轻，便于敷设和运输

由于光纤的纤芯直径仅 125μm，经过表面涂覆后尺寸为 0.25mm，制成光缆后，直径一般为十几毫米，要比电缆线径细，质量轻，这样在长途干线或市内线路上，空间利率高，且便于制造多芯光缆。

6. 材料来源丰富，环境适应性强

光纤的制造材料 SiO_2，在自然界中含量非常丰富，与电缆制造中大量消耗铜这种有色金属存在着天壤之别。

由于光纤是由石英玻璃制成的，石英玻璃的熔点在 2000℃以上，而一般明火的温度在 1000℃左右，因此，光纤耐高温，化学稳定性好，抗腐蚀能力强，不怕潮湿，可在有害气体环境下工作。

（二）光纤通信的主要缺点

光纤通信与传统的电缆相比，也存在以下几个主要问题。

（1）光纤性质脆，需要涂覆加以保护。此外，为了能承受一定的敷设张力，在光纤结构上需要多加考虑。

（2）在切断和连接光纤时，需要高精度技术和仪表器具。

（3）光路的分路、耦合不方便。

（4）光纤不能输送中继器所需要的电能。

（5）弯曲半径不宜太小。

尽管存在以上问题，但是从目前技术上来说，都是可以克服的，不影响光纤的广泛应用。

（三）光纤通信系统的分类

从相对论观点研究，物质无不具有双重性，即波动性与微粒性。物质的波动理论认为光是一种电磁波，因此电磁场理论也适用于光波。从微粒论观点出发，认为光是由一种具有一定能量的光量子流组成的。根据光波的双重性，可将光纤通信系统分为经典光纤通信和量子光纤通信两大类。所谓经典光纤通信涉及的方式包括 IM/DD（强度调制/直接检测）方式、相干光纤通信、光孤子通信、全光纤通信和光波分复用通信等。所谓量子光纤通信，是以光量子作为信息载体，以光导纤维作为传输介质的通信手段。量子光纤通信的优点在于其通信容量可超过经典光纤通信几个数量级。

从原理上看，构成光纤通信的基本物质要素有光纤、光源和光电检测器。光纤通信系统可根据所传输光的波长、调制信号形式、调制方式和传导模式数量等，分成各种类型。

1. 按传输光波长划分

根据传输光的波长，可以将光纤通信系统分为短波长光纤通信系统、长波长光纤通信系统，以及超长波长光纤通信系统。短波长光纤通信系统工作波长为 0.7～0.9μm，中继距离小于或等于 10km；长波长光纤通信系统工作波长为 1.1～1.6μm，中继距离大于 100km，是现在普遍采用的光纤通信系统，其损耗小、中继距离长；超长波长光纤通信系统工作波长大于或等于 2μm，中继距离大于或等于 1000km，采用非石英光纤，具有损耗极低、中继距离极长的优点，是光纤通信的发展方向。

目前，短波长光纤通信系统早已被长波长光纤通信系统所代替，长波长光纤通信系统是目前光纤通信系统应用中的主流。超长波长光纤通信系统具有传输衰减极小等特点，是目前一个重要的研究方向。

2. 按调制信号形式划分

根据调制信号的类型，可以将光纤通信系统分为模拟光纤通信系统和数字光纤通信系统。模拟光纤通信系统使用的调制信号为模拟信号，它具有设备简单的特点，一般多用于广电系统传送视频信号，如有线电视的 HFC 网。数字光纤通信系统使用的调制信号为数字信号，它具有传输质量高、通信距离长等特点，几乎适用于各种信号的传输，目前已得到广泛的应用。

3. 按传输信号的调制方式划分

根据光源的调制方式，可以将光纤通信系统分为直接调制光纤通信系统和间接调制光纤通信系统。由于直接调制光纤通信系统具有设备简单的特点，因此在目前的光纤通信中得到了广泛的应用。间接调制光纤通信系统具有调制速率高的特点，所以是一种有发展前途的光纤通信系统，在实际中已得到了部分应用。

4. **按光纤传导模式数量划分**

根据光纤的传导模式数量，可以将光纤通信系统分为多模光纤通信系统和单模光纤通信系统。多模光纤通信系统是早期采用的光纤通信系统，目前主要应用于计算机局域网当中。单模光纤通信系统是目前广泛应用的光纤通信系统，它具有传输衰减小、传输带宽大等特点，目前被广泛应用于长途及大容量的通信系统中。

5. **其他划分**

其他类型的光纤通信系统参见表 1.1。

表 1.1　其他类型的光纤通信系统

类　别	特　点
相干光通信系统	光接收灵敏度高，光频率选择性好，设备复杂
光波分复用通信系统	一根光纤中传输多个单/双向波长，超大容量，经济效益好
光频分复用通信系统	可大大增加复用光信道，各信道间干扰小，实现技术复杂
光时分复用通信系统	可实现超高速传输，技术先进
全光通信系统	传输过程无光电变换，具有光交换功能，通信质量高
副载波复用光纤通信系统	数模混传，频带宽，成本低，对光源线性度要求高
光孤子通信系统	传输速率高，中继距离长，设计复杂
量子光纤通信系统	量子信息论在光通信中的应用

任务二　光纤性能和导光原理认知

【任务分析】

光纤是光纤通信的基础。光纤结构如何？它是如何传输光信号的？光纤有哪些特性？目前有哪些主流光纤？本任务学习将从光纤结构和分类入手，展开针对光纤种类和特性、光纤导光原理的学习。

【任务目标】

- 光纤的结构和分类；
- 光纤传输原理；
- 光纤主要特性；
- 光纤标准。

一、光纤结构和分类

（一）光纤的结构

通信用的光纤是指由透明、通光性能良好的材料做成的纤芯和在它周围采用比纤芯的折射率稍低的材料做成的包层被覆，并将射入纤芯的光信号，经包层界面的全反射，使光信号保持在纤芯中传播的媒介，达到传输通信信号的目的。光纤的基本结构如图1.4所示。光纤结构的关键就是保证纤芯的折射率比包层的折射率稍大。通信用光纤的外径一般为125μm；但纤芯直径存在差异，如多模光纤的为50μm左右，单模光纤的为10μm左右。

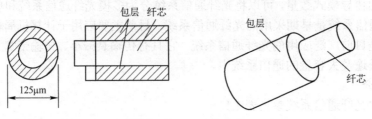

图 1.4　光纤的基本结构

只有纤芯和包层的光纤，就是光纤接续时剥除涂覆层后的裸光纤。它的强度较差，尤其是柔软性差，为达到实际使用的要求，在光纤制造过程中，在裸纤从高温炉拉出后 2s 内立即进行涂覆，经过涂覆后的光纤才能用来制造光缆，满足通信传输的要求，通常所说的光纤就是指这种涂覆光纤。如图1.5所示为使用最广泛的两种套塑光纤的结构。如图1.5（a）所示为紧套光纤，预涂覆层、缓冲层、二次涂覆层（尼龙或聚乙烯等塑料套管）等与包层紧密地结合在一起，光纤在套管内不能自由活动，常见的如尾纤；如图1.5（b）所示为松套光纤，就是在光纤涂覆层外面再套上一层塑料套管，光纤可以在套管中自由活动，松套光纤的制造工艺简单，其衰耗特性、温度特性与机械性能也比紧套光纤好，因此被大量采用。

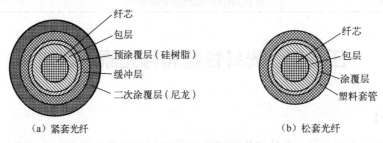

（a）紧套光纤　　　　　　　　　　（b）松套光纤

图 1.5　套塑光纤的结构

（二）光纤的分类

光纤的分类方法很多，主要是从工作波长、折射率分布、传输模式、套塑方法、原材料性质、制造方法和用途等归纳的，现将各种常用的分类方法列举如下。

1. 按工作波长分类

按工作波长可分为紫外光纤、可见光光纤、近红外光纤、红外光纤（波段分别为 0.85μm、1.3μm、1.55μm、1.625μm）。通信中常用的为红外光纤，具体分类和使用参见表1.2。

表 1.2　通信中常用光纤分类表

分　类	短波长光纤	长波长光纤		
波段/μm	0.8～0.9	1.3	1.55	1.625
使用范围	短距离，单信道	单信道，长距离 PDH	SDH、长距离 WDM	DWDM
典型光纤	G651	G652B	G655B	G655C、G656

2. 按折射率分布分类

按折射率可分为阶跃（突变）（SI）型、渐变（梯度）（GI）型及其他（如三角形、双包层型、凹陷型等）。三种常用光纤结构及传输情况如图1.6所示。

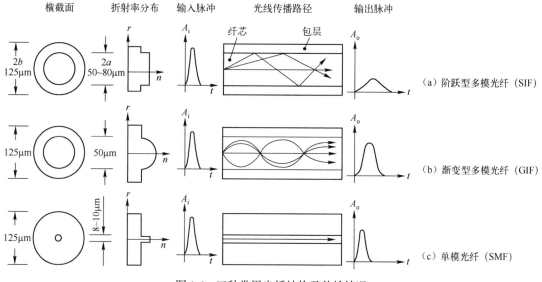

图1.6 三种常用光纤结构及传输情况

（1）阶跃型多模光纤（Step-Index Fiber，SIF）如图1.6（a）所示，纤芯折射率为n_1保持不变，到包层突然变为n_2。这种光纤一般纤芯直径$2a=50\sim80\mu m$，光线以折线形状沿纤芯中心轴线方向传播，特点是信号畸变大。

（2）渐变型多模光纤（Graded-Index Fiber，GIF）如图1.6（b）所示，在纤芯中心折射率最大为n_1，沿径向r向外逐渐变小，直到包层变为n_2。这种光纤一般纤芯直径$2a=50\mu m$，光线以正弦形状沿纤芯中心轴线方向传播，特点是信号畸变小。

（3）单模光纤（Single-Mode Fiber，SMF）如图1.6（c）所示，其折射率分布和阶跃型光纤相似，纤芯直径$2a=8\sim10\mu m$，光线以直线形状沿纤芯中心轴线方向传播。因为这种光纤只能传输一种模式，所以称为单模光纤，其信号畸变很小。

3. 按传输模式分类

按传输模式可分为单模光纤和多模光纤。由于多模光纤的纤芯直径远大于传输波长（$1\mu m$左右），光纤中会存在几十甚至几百种模式。不同的传播模式具有不同的传播速度与相位，因此经过长距离的传输后会产生时延，造成光脉冲展宽，即模间色散。而单模光纤的几何尺寸与传输波长相比，光纤只允许一种模式（基模 HE11）在其中传播，其余的高次模全部截止。从而避免了模间色散，具有极宽的带宽，适用于大容量光纤通信。

4. 按套塑方法分类

按套塑方法可分为紧套光纤和松套光纤（其外边需套上一个较松的套管，使之可以在中间松动），如图1.5所示。在施工中，这两种光纤的接续和安装工艺不同。

5. 按原材料性质分类

按原材料性质可分为石英玻璃、多成分玻璃、塑料、复合材料（如塑料包层、液体纤芯等）、红外材料等。

6. 按制造方法分类

按预制棒制造方法可分为有气相轴向沉积法（VAD）和化学气相沉积法（CVD）等。

7. 按用途分类

为了减少光信号在传输中的衰减程度，目前有掺铒光纤、零色散补偿光纤、非零色散位移光纤等。

（三）光纤的结构参数

1. 几何参数

（1）纤芯直径。纤芯直径是指在光纤的横截面上能够确定纤芯中心的圆的直径。

（2）包层直径。包层直径是指在光纤的横截面上能够确定包层中心的圆的直径（常指光纤外径）。

（3）不圆度。纤芯或包层的不圆度是指断面最大直径与最小直径的差与标称直径的比值。它的不良将对偏振模色散有较大影响。

（4）同心度。所谓纤芯/包层同心度，是指纤芯在光纤内所处的中心程度。对于单模光纤，纤芯/包层同心度误差是纤芯圆心与包层圆心之间的距离。不良的纤芯/包层同心度，在各类接续设备与连接器内部会引起接续困难和定位不良，造成损耗增大。

2. 光学参数

（1）数值孔径。数值孔径表征光纤接收光的能力大小。光纤的数值孔径（N·A）对光源耦合效率、光纤损耗、弯曲的敏感性，以及带宽有着密切的关系。数值孔径大，耦合容易，微弯敏感小，带宽较窄。

（2）模场直径。模场直径是指单模光纤中传输的基模场强在光纤横截面内分布的范围。对于传输光纤而言，模场直径（或有效面积 MFD）越大越好。

（3）截止波长。截止波长是指保证单模光纤中光信号单模传输的最小工作波长（λ_c）。

（四）带状光纤简介

由于近年来光纤网络的迅速发展，特别是光纤接入网络的迅速推广，大芯数光缆被更多地采用，对于大芯数光缆建设，采用带状光纤可以极大地提高施工速度。

带状光纤通常由 4、6、8、12、24 芯涂覆光纤，采取 UV 固化黏结材料黏结成带状，通过黏结材料把带状光纤组合成阵列排列，如图 1.7 所示。接续时一般可以同时一次性完成一个带状光纤的接续。

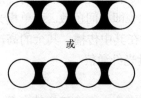
或

（a）典型的边缘黏结型光纤带　　　　（b）典型的整体包覆型光纤带

图 1.7　带状光纤截面图

带状光纤的主要性能指标如下。

1. 几何参数

带状光纤的几何参数示意图如图 1.8 所示，通信行业最大几何参数标准参见表 1.3。

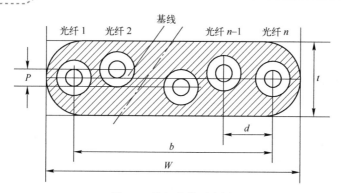

图1.8 几何参数示意图

表1.3 通信行业最大几何参数标准

光纤数 n	宽度 W/μm	厚度 t/μm	相邻光纤水平间距 d/μm	两侧光纤水平间距 b/μm	平整度 P/μm
2	700	400	280	280	–
4	1220	400	280	835	35
6	1770	400	280	1385	35
8	2300	400	280	1920	35
10	2850	400	280	2450	35
12	3400	400	280	2980	35

2. 标志

12芯带状光纤全色谱标志规则参见表1.4。

表1.4 12芯带状光纤全色谱标志规则

序 号	1	2	3	4	5	6	7	8	9	10	11	12
色 谱	蓝	橘	绿	棕	灰	白	红	黑	黄	紫	粉红	天蓝

3. 可分离性

光纤带状结构应允许光纤能从带中分离出来，分成若干根光纤的子单元或单根的光纤，并且满足如下要求：

- 不使用特殊工具或器械就能完成分离，撕开时所需的力应不超过4.4N；
- 光纤分离过程不应对光纤的光学及机械性能造成永久性的损害；
- 对光纤着色层无损害，在任意一段2.5cm长度的光纤上应留有足够的色标，以便光纤带中光纤能够相互区别。

4. 带状光纤的接续

带状光纤的护层剥离工具为电加热剥除器，使用不同芯数匹配夹具的专用带状熔接机，热熔加强保护管也是特制的。

二、光纤传输原理

（一）光波在光纤中的速度

光波与电磁波在真空中的传输速度为 $c = 3 \times 10^5$ km/s。光在均匀介质中直线传播，速度与介

质的折射率成反比，即

$$v = \frac{c}{n} \tag{1.1}$$

式中　n——介质光折射率；

　　　c——真空中的光速。

真空的光折射率为 1，其他介质的折射率大于 1，因此传输速度比在真空中小。其中空气的折射率近似为 1，而石英光纤的折射率为 1.458，则光波在光纤中的速度为 $v=2\times10^5\text{km/s}$。

光波的波长（λ）、频率（f）和速度之间的关系为

$$c = f\lambda$$

或

$$v = \frac{f\lambda}{n} \tag{1.2}$$

（二）光波的折射与反射

光在同一均匀介质中是直线传播的，但在两种不同的介质的交界处会发生反射和折射现象，如图 1.9 所示。

设 MM' 为空气与玻璃的界面，NN' 为界面的法线，空气折射率 $n_1 <$ 玻璃折射率 n_2。当入射光到 MM' 与 NN' 的交接处 O 点时，发生一部分光反射回空气，另一部分光折射进入玻璃中的现象。

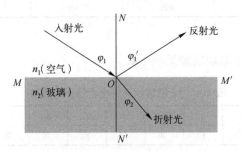

图 1.9　光的反射和折射

根据反射定律，$\angle\varphi'_1 = \angle\varphi_1$，则

$$\frac{\sin\varphi_1}{\sin\varphi_2} = \frac{n_2}{n_1} \tag{1.3}$$

根据折射定律，假设光在空气和玻璃中的速度分别为 v_1 和 v_2，则根据波动理论可知

$$\frac{\sin\varphi_1}{\sin\varphi_2} = \frac{v_1}{v_2} \tag{1.4}$$

因此，可推导出

$$\frac{v_1}{v_2} = \frac{n_2}{n_1}$$

（三）光波的全反射

根据折射定律，光从折射率大的介质到折射率小的介质时，折射角大于入射角，并随入射角增大而增大。当入射角增大到临界角 φ_0 时，折射角 $\angle\varphi_2=90°$（图 1.10），这时光以 φ_1 角全反射回去，从能量角度看，折射光能量越来越小，反射光能量逐渐增大，直到折射光能量消失。

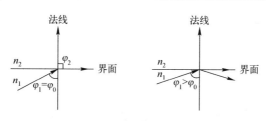

图 1.10 光波的全反射

在这种情况下，

$$\frac{\sin\varphi_0}{\sin 90°}=\frac{n_2}{n_1}$$

即

$$\sin\varphi_0=n_2/n_1 \tag{1.5}$$

（四）光纤导光原理

光纤的传输原理，可以用几何光学的反射、折射特性来分析。当光从光密媒介（折射率相对较大）到光疏媒介的交界面会发生全反射现象，即入射角达到一定值时，折线光线将与法线成90°角，再增大会使折射光线进入原媒介（光纤）传输。

以阶跃型多模光纤的交轴（子午）光线为例，进一步讨论光纤的传输条件。设纤芯和包层折射率分别为 n_1 和 n_2，空气的折射率 $n_0=1$，纤芯中心轴线与 z 轴一致，如图1.11所示。

光线在光纤端面以小角度 θ 从空气入射到纤芯（$n_0<n_1$），折射角为 θ_1，折射后的光线在纤芯直线传播，并在纤芯与包层交界面以角度 ψ_1 入射到包层（$n_1>n_2$）。

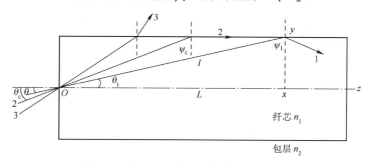

图 1.11 阶跃型多模光纤传输原理示意图

由图1.11可知，改变角度 θ，不同 θ 相应的光线将在纤芯与包层交界面发生反射或折射。根据光波的全反射情况，存在一个临界角 θ_c（此时代表在纤芯和包层产生临界角 ψ_c 的外部光线入射角）。当 $\theta<\theta_c$ 时，相应的光线将在交界面发生全反射而返回纤芯，并以折线的形状向前传播，如光线1；当 $\theta=\theta_c$ 时，相应的光线以 ψ_c 入射到交界面，并沿交界面向前传播（折射角为90°），如光线2；当 $\theta>\theta_c$ 时，相应的光线将在交界面折射进入包层并逐渐消失，如光线3。

由此可见，只有在半锥角为 $\theta\le\theta_c$ 的圆锥内入射的光束才能在光纤中传输，如图1.12所示。

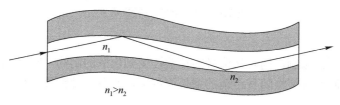

图 1.12 光纤内光波传输

光纤传输特性：损耗

三、光纤的主要特性

（一）传输特性

1. 损耗

光纤的损耗又称衰减，很大程度上决定光纤通信的中继距离。损耗用损耗常数 $a(\lambda)$ 来表达，表示单位长度的某一波长光功率信号的衰减值，它的表达式为

$$a(\lambda) = \alpha(\lambda)\frac{10\lg P_\mathrm{i}/P_\mathrm{o}}{L}(\mathrm{dB/km}) \tag{1.6}$$

式中　　P_i——输入端输入光功率；

　　　　P_o——输出端输出光功率；

　　　　L——传输长度。

光纤产生损耗的原因很多，其类型主要有固有损耗、外部损耗和应用损耗等，参见表 1.5。

表 1.5　光纤损耗类型及原因分析表

损 耗 种 类	产 生 原 因
固有损耗	（1）吸收损耗：由 SiO_2 材料引起的固有吸收和由杂质引起的吸收产生的
	（2）散射损耗：主要由材料微观密度不均匀引起的瑞利散射和由光纤结构缺陷（如气泡）引起的散射产生的
外部损耗	光纤、光缆制造工艺导致微弯辐射损耗
应用损耗	施工安装和使用运行中产生，如张力、弯曲、挤压、潮气等造成的

随着光纤制造技术的提高，损耗已达到或接近理论值，如单模光纤，在 1.3μm 波长上的损耗达到 0.30dB/km；在 1.55μm 波长上的损耗达到 0.18～0.19dB/km。并且通过在制造工艺上进一步采取措施，降低 OH 基含量，将改善光纤的波长特性，特别是在 1385nm 附近的能量吸收特性，为此，研发出了工作波长区大大拓宽的低水峰光纤，有利于多信道复用技术的进一步发展。如图 1.13 所示为光纤的损耗特性谱线。

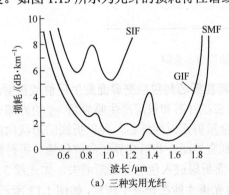

（a）三种实用光纤

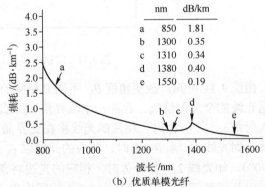

（b）优质单模光纤

图 1.13　光纤的损耗特性谱线

2. 色散

光纤不仅受损耗的限制，同时光信号的传输还受到色散的制约，即光脉冲沿光纤传输，脉冲宽度将随着距离的增长而展宽，使得传输距离和传输速率受到限制。

光纤传输特性：色散

光纤的色散可以分为三部分，即模式色散、材料色散与波导色散。

（1）模式色散是因为光在多模光纤中传输时会存在着许多种传播模式，而每种传播模式具有不同的传播速度与相位，因此虽然在输入端同时输入光脉冲信号，但是到达接收端的时间却不同，于是产生了脉冲展宽现象。它是影响多模光纤带宽的主要因素。

（2）材料色散是随纤芯内的掺杂浓度不同而变化的，与波长有着十分密切的关系。

（3）波导色散即结构色散，是由于光纤的几何结构、纤芯尺寸、几何图形、相对折射率差等方面的原因引起的。

单模、多模光纤受色散的影响对比参见表1.6。

表 1.6　单模、多模光纤受色散的影响对比表

色　散 光　纤	模 式 色 散	材 料 色 散	结构色散 （波导色散）
多　模	主要影响	主要影响	可以忽略
单　模	不存在	主要影响	随波长增大

但色散并非是影响通信的完全不利因素，在高速、大容量通信系统中，保持一定的色散是消除非线性效应（四波混频等）的必要条件。

（二）机械特性

光纤的机械特性直接关系着它的抗张强度和使用寿命。光纤的抗张强度，很大程度上反映了光纤的制造水平。国内用于工程的光纤一般都应大于 $400kg/mm^2$ 拉力。光纤强度要经过制造过程筛选实现优选劣汰。

1. 影响光纤强度的主要因素

（1）预制棒的质量，主要是杂质或气泡的影响，尤其是气泡。

（2）拉丝塔炉的加温质量和环境污染。稳定均匀加温、环境清洁是关键。

（3）涂覆技术的影响。从拉丝塔炉制成的裸光纤，一般要在 1～2s 内进行涂覆处理，受固化炉的温度、均匀性影响。

（4）机械损伤。拉丝复绕、套塑工艺过程造成的机械损伤，造成机械性能下降。实验研究发现，环境湿度也会影响光纤的强度，如在环境湿度60%以下，湿度减小，强度会增加。

2. 光纤断裂分析

存在气泡、杂质和表面有一定损伤的光纤，受到一定张力，在薄弱点就会首先因超过允许应力，将立即断裂，如图1.14所示。

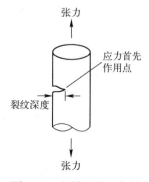

图 1.14　光纤断裂示意图

3. 光纤寿命

光纤的使用寿命，受使用环境（如湿度、潮气、静态/动态疲劳）等的影响。光纤表面存在的微裂纹，决定了光纤寿命。长期的应力如果作用于裂纹处，到一定程度光纤即断裂。这一时间就是寿命。

了解光纤的机械特性，就要求施工过程中应注意以下几点：

- 注意张力限制；
- 接续时应注意余长处理和光缆的弯曲半径，减少残余应力；
- 注意安装环境，减免高、低温影响和水、潮气的侵入。

（三）温度特性

光纤因温度变化产生微弯损耗是由于热胀冷缩所造成的。由物理学知道，构成光纤的二氧化硅（SiO_2）的热膨胀系数很小，在温度降低时几乎不收缩。而光纤在成缆过程中必须经过涂覆和加上一些其他构件，涂覆材料及其他构件的膨胀系数较大，当温度降低时，收缩比较严重，所以当温度变化时，材料的膨胀系数较大，将使光纤产生微弯，尤其表现在低温区。光纤的附加损耗与温度之间的低温特性曲线，如图1.15所示。由图1.15中看出，随着温度的降低，光纤的附加损耗逐渐增加，当温度降至-55℃左右，附加损耗急剧增加。

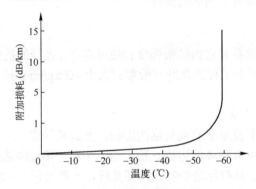

图1.15　光纤低温特性曲线

四、光纤标准

（一）光纤标准分类

目前，国际上光纤的标准主要是采用ITU－T系列的标准，对单模光纤的标准是G.650"单模光纤相关参数的定义和试验方法"、G.652"单模光纤和光缆特性"、G.653"色散位移单模光纤和光缆特性"、G.654"截止波长位移型单模光纤和光缆特性"、G.655"非零色散位移单模光纤和光缆特性"及G.656"用于宽带传输的非零色散位移光纤和光缆特性"；对多模光纤的标准是G.651"50/125μm多模渐变折射率光纤和光缆特性"。

国际电工委员会也颁布了系列标准IEC 60793，我国的光纤标准包括国家标准GB/T 15912系列，以及工业和信息化部颁布的通信行业标准YD/T系列。

1. 渐变型多模光纤（G.651光纤）

渐变型多模光纤的工作波长有两种：1310nm和1550nm。在这两种工作波长上，光纤均处于多模工作状态。这种光纤在1310nm处具有最小的色散值，而在1550nm处具有最小的衰减系数。

国际电工委员会（IEC）将渐变型多模光纤按照纤芯/包层尺寸进一步分为 A1a、A1b、A1c 和 A1d 四种。它们的纤芯（μm）/包层直径（μm）/数值孔径分别为 50μm/125μm/0.2、62.5μm/125μm/0.275、85μm/125μm/0.275 和 100μm/140μm/0.316。

目前数据通信局域网（LAN）大量用到多模光纤，接入网的引入光缆和室内软光缆也要用到多模光纤。用得较多的是 A1a（50μm/125μm）和 A1b（62.5μm/125μm）。

2. 标准单模光纤（G.652 光纤）

标准单模光纤也称为非色散位移光纤，其零色散波长在 1310nm 处，在波长为 1550nm 处衰减最小，但有较大的正色散。工作波长既可选用 1310nm，又可选用 1550nm。这种光纤是使用最为广泛的光纤之一。

G.652 类光纤进一步分为 A、B、C、D 四个子类。G.652A 光纤主要适用于 ITU－T G.951 规定的 SDH 传输系统和 G.691 规定的带光放大的单通道直到 STM－16 的 SDH 传输系统，只能支持 2.5Gb/s 及以下速率的系统。G.652B 光纤主要适用于 ITU－T G.957 规定的 SDH 传输系统和 G.691 规定的带光放大的单通道 SDH 传输系统直到 STM－64 的 ITU－T G.692 带光放大的波分复用传输系统，可以支持对 PMD 有参数要求的 10Gb/s 速率的系统。G.652C 光纤的适用范围同 B 类相似，这类光纤允许 G.951 传输系统使用在 1360～1530nm 的扩展波段，增加了可用波长数。G.652D 光纤为无水峰光纤，其属性与 G.652B 光纤基本相同，而衰减系数与 G.652C 光纤相同，可以工作在 1360～1530nm 全波段。

由于在 1550nm 波段的色散较大，利用 G.652 光纤进行速率为 10Gb/s 以上的信号长途传输时，必须引入色散补偿光纤进行色散补偿，并需引入更多的掺铒光纤放大器来补偿由于色散补偿光纤所产生的损耗。

3. 色散位移光纤（G.653 光纤）

G.653 光纤又称为色散位移光纤（Dispersion Shifted Fiber，DSF），是指零色散点在 1550nm 附近的光纤，它相对于 G.652 光纤，零色散点发生了移动，所以叫色散位移光纤。这种光纤非常适合长距离、单信道、高速光纤通信系统，可以在这种光纤上直接开通 40Gb/s 系统，而不需要采用任何色散补偿措施。但该光纤在 1550nm 窗口的色散非常小，比较容易产生各种光学非线性效应。光纤非线性效应导致的四波混频对 DWDM 系统的影响严重，由于这个原因，G.653 并没有得到广泛推广，色散位移光纤正在被非零色散位移光纤所取代。

4. 截止波长位移型单模光纤（G.654 光纤）

截止波长是单模光纤中光信号能以单模方式传播的最小波长。截止波长条件可以保证在最短光缆长度上单模传输，并且可以抑制高次模的产生或可以将产生的高次模噪声功率代价减小到完全可以忽略的地步。

截止波长位移型单模光纤在 1550nm 波长工作窗口具有极小的衰减（0.18dB/km）。与 G.652 光纤比较，这种光纤的优点是在 1550nm 工作波长处衰减系数极小，其弯曲性能好。另外，该光纤的最大特点是工作波长为 1310nm 的系统将处于多模工作状态。这种光纤主要应用在传输距离很远，且不能插入有源器件的无中继海底光纤通信系统中。

5. 非零色散位移单模光纤（G.655 光纤）

G.655 光纤是将零色散点的位置从 1550nm 附近移开一定波长数，使零色散点不在 1550nm 附近的 DWDM 工作波长范围内，这种光纤就是非零色散位移光纤（NDSF）。

6. 非零色散位移单模光纤（G.656 光纤）

光纤的几个传输波段为 C 波段（1530～1565nm）、L 波段（1565～1625nm）、E 波段（1360～1460nm）、S 波段（1460～1530nm）、U 波段（1625～1675nm）、O 波段（1250～1360nm）。G.656 光纤是为了进一步扩展 DWDM 系统的可用波长范围，在 S 波段（1460～1530nm）、C 波段（1530～1565nm）和 L 波段（1565～1625nm）波段均保持非零色散的一种新型光纤。

（二）光纤的演进

随着光纤传输速率的提高，尤其是近年来，随着光纤放大器的应用和波分复用（WDM）技术的发展，人们对光纤有了一些新的要求。在以前的传输网上，进入光纤的光功率不大，光纤呈现出线性传输特性，影响光纤传输特性的因素主要是损耗和色散。然而，随着光纤放大器的应用，超过+18dBm 以上的光信号被耦合进一根光纤，波分复用技术使一根光纤中有了数十条甚至上百条光波道。这时，较高的光能量聚集在很小的截面上，光纤开始呈现出非线性特性，并成为最终限制传输系统性能的关键因素。主要的非线性现象是受激散射和非线性折射（克尔效应）。

在 1550nm 处，常规的 G.652 光纤具有最低损耗特性。再配合使用光纤放大器，可以在 G.652 光纤上开通 8×2.5Gb/s 或 16×2.5Gb/s，甚至 32×2.5Gb/s 系统。但由于 G.652 光纤在 1550nm 处的色散值较大，受其影响，当单一波道上的传输速率提高到 10Gb/s 时，传输距离就会大大缩短。因此，高速率的传输系统要求采取色散补偿的方式降低 G.652 光纤在 1550nm 处的色散系数，如在 G.652 光纤线路中加入一段色散补偿模块。但由于采用色散补偿模块，会引入较高的插入损耗，系统必须使用光纤放大器，造成系统建设成本的提高。因此，在骨干传输网上，利用 G.652 光纤开通高速、超高速系统不是今后的发展方向。

将 G.652 光纤的零色散波长从 1310nm 移至 1550nm 处，便成为了 G.653 色散位移光纤。在 G.653 光纤上，使用光纤放大器技术，可将高功率光信号在单波道上传输得更远，是极好的单波道传输媒介，可以毫无困难地开通长距离高速系统。但是对于 DWDM 复用系统，这种光纤不是合适的媒介。G.653 光纤在工作区内的零色散点是导致光纤非线性四波混合效应的源泉。一般来讲，四波混合的效率取决于通路间隔和光纤的色散。通路间隔越窄，光纤色散越小，不同光波间相位匹配就越好，四波混合的效率也就越高，而且一旦四波混合现象产生，就无法用任何均衡技术来消除。但是，若有意识地在生产光纤时使其具有一定的色散，如大于 0.1ps/（nm·km），则可有效地抑制四波混合现象。因此，一种专门为高速、超大容量波分复用系统设计的新型光纤诞生了，这就是 G.655 非零色散位移光纤。

G.655 光纤的零色散点不在 1550nm 附近，而是向长波长或短波长方向位移，使得1550nm 附近呈现出一定大小的色散（ITU－T 规范为 0.1～6ps/（nm·km））。这样可大大减小四波混频的影响，有利于密集波分复用系统的传输。但同时，也要控制 1550nm 附近的色散值不能太大，以保证速率超过 10Gb/s 的信号可以不受色散限制地传输 300km 以上。根据零色散点出现的位置的不同，G.655 光纤在 1530～1565nm 的工作区内所呈现的色散值也不同。零色散点在 1530nm 以下时，在工作区内色散值为正值，这种正色散 G.655 光纤适合陆地传输系统使用；零色散点在 1565nm 以上时，在工作区内色散值为负值，这种负色散 G.655 光纤适合海底传输系统使用。

上述三种光纤的主要技术规范见表 1.7。

表 1.7　光纤的主要技术规范

光 纤 种 类	G.652 光纤	G.653 光纤	G.655 光纤
模场直径（标称值）	8.6～9.5μm 变化 不超过±10%	7～8.3μm 变化 不超过±10%	8～11μm 变化 不超过±10%
模场同心度偏差	≤1μm	≤1μm	≤1μm
2m 长光纤截止波长 λ_c	≤1250nm	—	≤1470nm
22m 长光缆截止波长 λ_{cc}	≤1260nm	≤1270nm	≤1480nm
零色散波长	1300～1324nm	1500～1600nm	—
零色散斜率	≤0.093ps/（nm²·km）	≤0.085ps/（nm²·km）	—
最大色散系数	≤20ps/（nm·km） （1525～1575nm）	≤3.5ps/（nm·km） （1525～1575nm）	0.1～6.0ps/（nm·km） （1530～1565nm）
包层直径	125±2μm	125±2μm	125±2μm
典型衰减系数（1550nm）	0.17～0.25dB/km	0.19～0.25dB/km	0.19～0.25dB/km
1550nm 的宏弯损耗	≤1dB	≤0.5dB	≤0.5dB
适用窗口	1310nm 和 1550nm	1550nm	1550nm

2002 年 7 月，由日本 NTT 提出了 G.656 光纤标准。与 G.655 比较，G.656 光纤支持更宽的工作波长：1450～1625nm。与 G.652 光纤比较，G.656 光纤支持更小的色散系数：2～15ps/（nm·km）。采用 G.656 光纤能够有效提高现有 DWDM 系统的容量，由现有的 C+L 波段扩展为 S+C+L 波段，如采用 100GHz 波道间隔可增加 40 个波长。同时，G.656 色散相对较小的特点使得运营商在部署 CWDM 系统时，无须考虑色散补偿。其通过扩大光纤工作波长范围，提高传输速率和复用信道数来达到降低系统成本的目的。

对以上所述部分标准光纤典型传输特性和应用范围进行比较，参见表 1.8。

表 1.8　标准光纤典型传输特性和应用范围比较

光纤种类		传 输 特 性			典型应用范围	备 注
		水峰衰减	色 散	PMD 系数（ps/（nm·km））		
G.652	A	未消除	无位移	≤0.5	SDH 单波道、C 波段 2.5G DWDM 系统	10Gb/s 以上的长途传输，需要引入色散补偿，并产生较大插入损耗
	B	未消除	无位移	≤0.2	SDH 单波道、C 波段 2.5G DWDM 系统长距离	
	C	消除	无位移	≤0.5	波段扩展到 E、S，城域网高速、大容量系统	
	D	消除	无位移	≤0.2	波段扩展到 E、S，长距高速、大容量系统	
G.655	A	未消除	C 波段 0.1～6.0	≤0.5	C 波段 STM－64 信道间隔 200GHz	N×10Gb/s 系统时，工作波长窄，色散斜率较大
	B	未消除	C 波段 0.1～6.0	≤0.5	C+L 波段 STM－64 通道间隔 100GHz，10Gb/s 系统传输 400km	
	C	消除	C 波段 1.0～10	≤0.2	全波段，10Gb/s 系统传输超过 400km	
G.656		消除	L 波段 2～14	≤0.2	通道间隔 100GHz、传输速率 40Gb/s、传输距离 400km 以上的 DWDM 或者 CWDM	更低的色散斜率，显著降低 DWDM 系统色散补偿成本

任务三　光缆识别

【任务分析】

多根光纤聚合并附加保护构件就形成了光缆。光缆是实际应用中光纤存在的主要形式。根据用途的不同，光缆的结构也不同。光缆的基本特性可以通过形式、规格代号反映出来，在实际应用中首先要会识别光缆。本任务在讲解光缆分类和对应的结构特点的基础上，重点学习光缆形式、规格代号和端别识别，学习中应注意光缆类型与应用之间的关系。

【任务目标】

- 光缆的种类与结构；
- 光缆型号认知与识别；
- 光缆的端别识别。

一、光缆的种类与结构

光缆是多根光纤或光纤束制成的符合光学、机械和环境特性的结构体。光缆的结构直接影响通信系统的传输质量。不同结构和性能的光缆在工程施工、维护中的操作方式也不相同，因此必须了解光缆的结构、性能，才能确保光缆的正常使用寿命。如图 1.16 所示为一光缆实例。

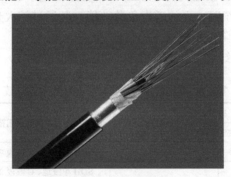

图 1.16　光缆实例

（一）光缆的种类

光缆的种类很多，其分类的方法就更多，下面介绍一些常用的分类方法。

1. 按传输性能、距离和用途分类

光缆可分为长途光缆、市话光缆、海底光缆和用户光缆。

2. 按光缆的种类分类

光缆可分为多模光缆和单模光缆。

3. 按光缆套塑方法分类

光缆可分为紧套光缆、松套光缆、束管式光缆和带状多芯单元光缆。

4. 按光缆芯数多少分类

光缆可分为单芯光缆、双芯光缆、4 芯光缆、6 芯光缆、8 芯光缆、12 芯光缆和 24 芯光缆等。

5. 按加强件配置方法分类

光缆可分为中心加强构件光缆（如层绞式光缆、骨架式光缆等）、分散加强构件光缆（如束管两侧加强光缆和扁平光缆）、护层加强构件光缆（如束管钢丝铠装光缆）和 PE 外护层加一定数量的细钢丝的 PE 细钢丝综合外护层光缆等。

6. 按敷设方式分类

光缆可分为管道光缆、直埋光缆、架空光缆和水底光缆。

7. 按护层材料性质分类

光缆可分为聚乙烯护层普通光缆、聚氯乙烯护层阻燃光缆和尼龙防蚁防鼠光缆。

8. 按传输导体、介质状况分类

光缆可分为无金属光缆、普通光缆和综合光缆。

9. 按结构方式分类

光缆可分为扁平结构光缆、层绞式结构光缆、骨架式结构光缆、铠装结构光缆（包括单、双层铠装）和高密度用户光缆等。

10. 按使用环境分类

常用通信光缆按使用环境又可以分为以下几种。

（1）室（野）外光缆——用于室外直埋、管道、槽道、隧道、架空及水下敷设的光缆。

（2）软光缆——具有优良的曲挠性能的可移动光缆。

（3）室（局）内光缆——适用于室内布放的光缆。

（4）设备内光缆——用于设备内布放的光缆。

（5）海底光缆——用于跨海洋敷设的光缆。

（6）特种光缆——除上述几类之外，作为特殊用途的光缆。

（二）几种典型的光缆结构

1. 层绞式结构光缆

将经过松套塑的光纤绕在加强芯周围绞合而构成的光缆称为层绞式结构光缆。层绞式结构光缆类似传统的电缆结构，故又称其为古典光缆。这种光缆的特点是缆芯制造设备简单，工艺成熟，抗拉强度好，温度特性改善。

如图 1.17～图 1.20 所示为目前在市话中继和长途线路上采用的几种层绞式结构光缆的截面示意图。

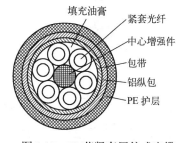

图 1.17　12 芯紧套层绞式光缆

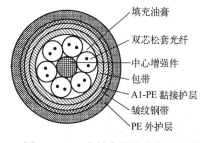

图 1.18　12 芯松套层绞式直埋光缆

如图 1.21 所示为 2－144 芯防蚁直埋松套层绞式光缆。

2. 骨架式结构光缆

骨架式结构光缆是把紧套光纤或一次涂覆光纤放入加强芯周围的螺旋形塑料骨架凹槽内

而构成的。这种结构抗侧压性能好，有利于对光纤的保护。

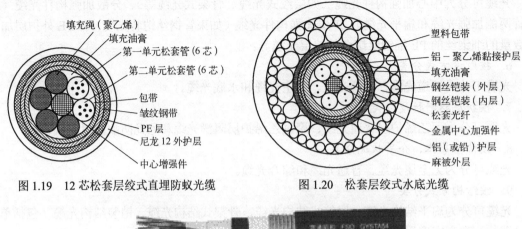

图 1.19　12 芯松套层绞式直埋防蚁光缆　　　图 1.20　松套层绞式水底光缆

图 1.19 标注：填充绳（聚乙烯）、填充油膏、第一单元松套管（6 芯）、第二单元松套管（6 芯）、包带、皱纹钢带、PE 层、尼龙 12 外护层、中心增强件

图 1.20 标注：塑料包带、铝－聚乙烯黏接护层、填充油膏、钢丝铠装（外层）、钢丝铠装（内层）、松套光纤、金属中心加强件、铝（或铅）护层、麻被外层

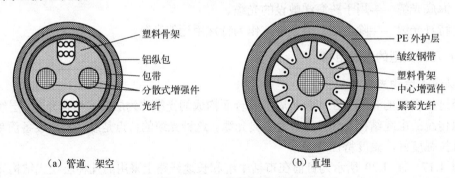

图 1.21　2－144 芯防蚁直埋松套层绞式光缆实例

骨架槽为螺旋型或 SZ 型，骨架槽内可一槽一纤或一槽多纤。如图 1.22（a）所示为用于管道或架空敷设的 12 芯骨架式光缆，一槽六纤，纤芯呈带状排列。如图 1.22（b）所示为用于直埋敷设的 12 芯骨架式光缆，一槽一芯。如图 1.23 所示为 70 芯骨架式光缆，如图 1.24 所示为骨架式自承式架空光缆。

（图 1.22（a）标注：塑料骨架、铝纵包、包带、分散式增强件、光纤）

（图 1.22（b）标注：PE 外护层、皱纹钢带、塑料骨架、中心增强件、紧套光纤）

（a）管道、架空　　　　　　　　　　　　（b）直埋

图 1.22　12 芯骨架式光缆

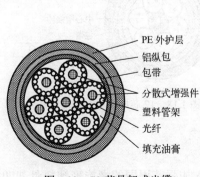

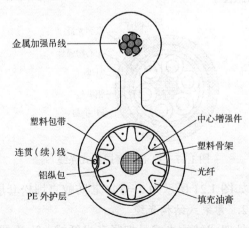

（图 1.23 标注：PE 外护层、铝纵包、包带、分散式增强件、塑料管架、光纤、填充油膏）

（图 1.24 标注：金属加强吊线、塑料包带、连贯（续）线、铝纵包、PE 外护层、中心增强件、塑料骨架、光纤、填充油膏）

图 1.23　70 芯骨架式光缆　　　　　图 1.24　骨架式自承式架空光缆

3. 束管式结构光缆

将一次涂覆光纤或光纤束放入大套管中,加强芯配置在套管周围而构成的光缆称为束管式结构光缆。这种光缆结构质量较轻。

如图 1.25 所示的光缆为 12 芯束管式光缆。

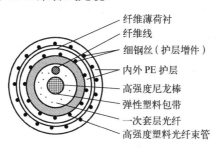

图 1.25 12 芯束管式光缆

如图 1.26 和图 1.27 所示分别为 6～48 芯束管式光缆和 LEX 束管式光缆,是属于分散加强构件配置方式的束管式结构光缆。

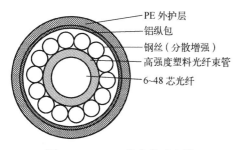

图 1.26 6～48 芯束管式光缆

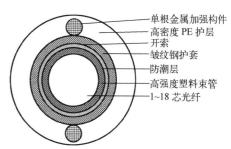

图 1.27 LEX 束管式光缆

4. 带状结构光缆

将带状光纤单元放入大套管中,形成中心束管式结构,如图 1.28 所示;也可将带状光纤单元放入凹槽内或松套管内,形成骨架式或层绞式结构,如图 1.29 所示,有利于高密度接入网光缆的使用。

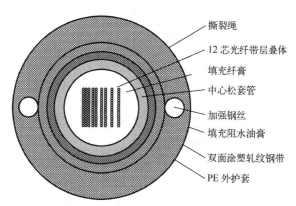

图 1.28 中心束管式带状光缆

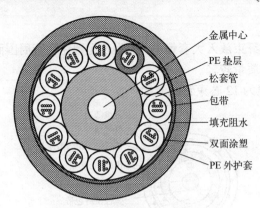

图 1.29　层绞式带状光缆

如图 1.30 所示为层绞式带状光缆的实例图。

图 1.30　层绞式带状光缆实例

5. 单芯结构光缆

单芯结构光缆简称单芯软光缆，这种结构的光缆主要用于局内（或站内）或用来制作仪表测试软线及特殊通信场所用特种光缆，单芯软光缆如图 1.31 所示。

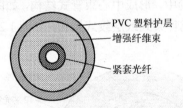

图 1.31　单芯软光缆

6. 特殊结构光缆

特殊结构的光缆，主要有光/电力组合缆、光/架空地线组合缆、海底光缆和无金属光缆。

（1）光纤复合架空地线光缆（OPGW）。

光纤复合架空地线光缆如图 1.32 所示，特点是光缆直径一般较大，不锈钢光纤单元采用偏心安置，与单丝同时绞合；铝包钢线用于内层可避免锈蚀，可靠性高，寿命长。这种结构的光缆抗扭曲、抗侧压能力较强，能够经受较高的机械强度，短路电流容量较大。主要用于替换现有地线，改造电力光通信线路，可以在新建架空电力线时，与地线同步规划设计，为不锈钢光纤传输单元提供最佳保护，传导故障短路电流并提供抗雷击保护，满足大纤芯数、超高压送电线路应用。

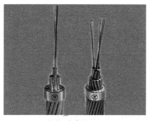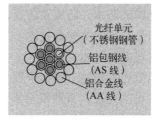

（a）实例图　　　　　　　　　（b）结构图

图 1.32　光纤复合架空地线光缆

（2）海底光缆。

有浅海光缆和深海光缆两种，如图 1.33 和图 1.34 所示分别为典型的浅海光缆和较为典型的深海光缆。

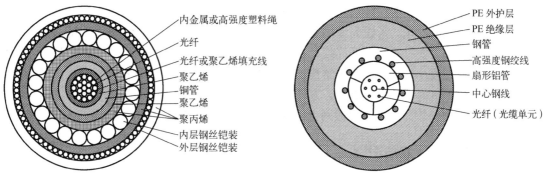

图 1.33　典型的浅海光缆　　　　　　　　图 1.34　较为典型的深海光缆

（3）无金属光缆。

无金属光缆是指光缆除光纤、绝缘介质外（包括增强构件、护层）均是全塑结构，适用于强电场合，如电站、电气化铁道及强电磁干扰地带。

（三）新型光缆的发展

作为光纤在传输线路的最终应用，光缆的产品和技术也越来越成熟，其重要地位已被运营商所关注。光缆厂商根据运营商业务需求的发展不断开发新的产品，实现了产品多元化，并给用户网络提供新的支持。

1. 微型光缆

所谓微型光缆，简称微缆，是尺寸非常小的光缆。微型光缆与气吹敷设技术配合，可以有效提高应用的灵活性，节约投资成本。微型光缆的核心部分为光缆的微束管单元，对微束管单元的材料和工艺的控制，决定着光缆的基本尺寸与性能。现在市场上的微型光缆通常为 48 芯以下，可以是金属结构或非金属结构，12 芯的微型光缆可以做到外径为 4mm 以下，比常用的铅笔的外径还要细很多，可谓名副其实的微型。

2. 新型敷设方式光缆

应用于新的场合、敷设方式各不相同的光缆，如雨水管道光缆、路面开槽光缆、小 8 字形自承式光缆等。

（1）雨水管道光缆技术是将光缆敷设在各种直径的雨水管道中。国内由于条件所限，雨水管道光缆主要是一种自承式结构，通过专用工具敷设在雨水管道的顶部。对于雨水管道光缆，从技术上需要考虑光缆的防水、防腐及防鼠，并要通过合理的材料选用，保证光缆的长期可靠性。雨水管道光缆产品及其相关配套技术，为运营商在接入网的光缆建设提供了新的选择，是一项前景较好、相对较新的技术。

（2）路面开槽光缆通常为钢带纵包小型光缆，有着较好的抗侧压性能。开槽浅埋光缆是一种尺寸较小、易于敷设的光缆，其敷设只需要在马路上开一道浅且窄的槽，将光缆埋入槽内，然后回填，恢复原有路面，可十分简单地解决穿越室内外水泥地面、沥青路面、花园草坪等不同地形时的施工和布放难题，适合用作引入光缆。

（3）小8字形自承式光缆通常用于用户引入，该光缆将装有单模或多模光纤的松套管和钢丝吊线集成到一个"8"字形的PE护套内，形成自承式结构，在敷设过程中无须架设吊线和挂钩，施工效率高，有效降低施工费用，可以十分简单地实现电杆与电杆、电杆与楼宇、楼宇与楼宇之间的架空敷设。在FTTH中，适用于室外线杆到楼房、别墅的引入。

同时，新型的适用于FTTH的室内光缆技术也在不断更新。室内光缆采用紧套结构，通常需要根据阻燃等级的要求，考虑光缆的阻燃问题，所以通常光缆的外护套需要采用低烟无卤阻燃护套。室内光缆主要有垂直布线光缆、水平布线光缆、用户软光缆等，还有许多具有新特性的品种，如毯下光缆，该光缆为扁平结构，光缆两侧采用非金属加强件抗拉、承重，光纤单元在中心部分，用于室内的地毯下布线，方便灵活。也有光纤带室内布线光缆，集光纤带光缆与室内光缆的优点于一体，适用于局域网主干线布线、楼间管道内、楼内主干布线安装。

二、光缆型号认知与识别

按照"YD/T 908－2000 光缆型号命名方法"的规定，光缆型号由光缆形式代号和规格代号构成，用一空格分隔开。

1. 光缆形式

光缆形式由五个部分组成，如图1.35所示。

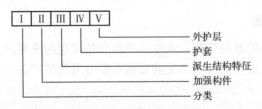

图1.35　光缆形式的构成

由图1.35可知，

Ⅰ为分类，其代号及意义为：

GY——通信用室（野）外光缆；

GM——通信用移动式光缆；

GJ——通信用室（局）内光缆；

GS——通信用设备内光缆；

GH——通信用海底光缆；

GT——通信用特殊光缆。

Ⅱ为加强构件，其代号及意义为：

无符号——金属加强构件；

F——非金属加强构件。

Ⅲ为派生结构特征，其代号及意义为：

D——光纤带结构；

无符号——光纤松套被覆结构；

J——光纤紧套被覆结构；

无符号——层绞结构；

G——骨架槽结构；

X——缆中心管（被覆）结构；

T——油膏填充式结构；

无符号——干式阻水结构；

R——充气式结构；

C——自承式结构；

B——扁平形状；

E——椭圆形状；

Z——阻燃。

注意： 当光缆形式有几个特征需要注明时，其组合代号为相应的各代号依上列顺序排列。

Ⅳ为护套，其代号及意义为：

Y——聚乙烯护套；

V——聚氯乙烯护套；

U——聚氨酯护套；

A——铝－聚乙烯黏结护套（简称 A 护套）；

L——铝护套；

G——钢护套；

Q——铅护套；

S——钢－聚乙烯黏结护套（简称 S 护套）；

W——夹带平行钢丝的钢－聚乙烯黏结护套（简称 W 护套）。

Ⅴ为外护层。外护层是指铠装层及铠装外边的外被层或外套，其代号及意义参见表1.9。

表1.9　外护层代号及其意义

代　号	铠装层（方式）	代　号	外被层或外套
0	无铠装层	0	无
2	绕包双钢带	1	纤维外被层
3	单细圆钢丝	2	聚氯乙烯套
33	双细圆钢丝	3	聚乙烯套
4	单粗圆钢丝	4	聚乙烯套加覆尼龙套
44	双粗圆钢丝	5	聚乙烯保护管
5	皱纹钢带		

2. 光缆的规格

光缆的规格由光纤规格和导电芯线的规格组成，光纤和导电芯线规格之间用"＋"号隔开，如图 1.36 所示。

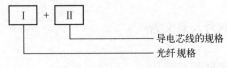

图 1.36　光缆规格的构成

（1）光纤规格，是由光纤数和光纤类别的代号组成的。

光纤数用光缆中同一类别光纤的实际有效数目的数字来表示；也可以用光纤带（管）数和每带（管）光纤数为基础的计算加圆括号来表示。例如，18 可用（3×6）或（2×8+1×2）等表示。

光纤类别的代号用光纤产品的分类代号表示，大写 A 表示多模光纤，大写 B 表示单模光纤，再以数字和小写字母表示不同类型的光纤。

常用光纤类别的代号参见表 1.10。

表 1.10　常用光纤类别的代号

代　　号	光 纤 类 别	对应 ITUT 标准
Ala 或 Al	50/125 二氧化硅系渐变型多模光纤	G.651
Alb	62.5/125 二氧化硅系渐变型多模光纤	G.651
B1.1 或 B1	二氧化硅普通单模光纤	G.652A\G.652B
B1.2	1550nm 性能最佳光纤（截止波长位移单模光纤）	G.654
B1.3	波长段扩展的非色散位移单模光纤	G.652C\G.652D
B2	色散位移单模光纤	G.653
B4	非零色散位移单模式光纤	G.655

（2）导电芯线的规格，其构成符合有关电缆标准中铜导电芯线构成的规定，附加金属导线（对、组）编号如图 1.37 所示。

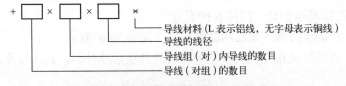

图 1.37　光缆中附加金属导线编号示意图

例如，2 个线径为 0.5mm 的铜导线单线可写成 2×1×0.5；4 个线径为 0.9mm 的铝导线四线组可写成 4×4×0.9L；4 个内导体直径为 2.6mm、外径为 9.5mm 的同轴对，可写成 4×2.6/9.5。

3．光缆型号

金属加强构件、松套层绞填充式、铝－聚乙烯黏结护套、皱纹钢带铠装聚乙烯护层通信用室外光缆，包含 36 根 B4 类单模光纤和 5 根用于远供及监测的铜线径为 0.9mm 的四线组，则光缆的型号表示为

GYTA53 36B4+5×4×0.9。

三、光缆的端别识别

敷设光缆时必须按端别次序敷设，因此应识别光缆的端别。光缆与电缆一样均分为A端与B端。光缆端别识别方法一般有三种。

1. 按色谱识别

各厂家生产的光缆、光纤与导电线组（对）的线序组（对）序采用全色谱来识别，也可以采用领示色谱来识别。具体色谱排列及加标志颜色的部位，一般由生产厂家在有关光缆产品标准中规定。用于识别的色标，可以是全染色的，也可以是印成色带或色环的单色或复色标。用于识别的色标应鲜明，在安装或运行中遇到高、低温度时不应褪色，不应迁染到相邻的其他光缆元件上。

表1.11为8根松套光纤的色谱排列次序。若这种顺序以顺时针排列，则为A端，以反时针排列，则为B端。如果光缆厂家生产的光缆，以靠近红色信号线的光纤为编号1，其余蓝、白、橙……信号线的光纤编号按顺时针顺序为2,3,4…等，这种排列为A端；反之为B端。

表1.11　8根松套光纤的色谱排列次序

光 纤 编 号	1	2	3	4	5	6	7	8
光纤护套颜色	蓝	黄	绿	红	橙	白	蓝	红

当纤束在束管中难以识别出其排列顺序时，光纤的编号及其所在位置可通过光纤束捆扎线的色谱与光纤本身的色谱来识别，参见表1.12。

表1.12　光纤的色谱排列次序

1	2	3	4	5	6	7	8	9	10	11	12
蓝	橙	绿	棕	灰	白	红	黑	黄	紫	蓝—天然	橙—天然

对于光纤线序与组序位置排列无规则的光缆的端别，可由光缆表皮上的米标来断定，标有"0"米标志（或米数小）的一端为A端，标有该段光缆长度（或米数大）的一端为B端。

2. 按米标识别

光缆表皮上标有表示光缆长度的米标，按要求配盘时已将光缆A端、B端与米标对应。米标小的一端为A端，米标大的一端为B端。

3. 按局（站）所处地理位置识别

实际应用中，长途光缆线路走向，还可以以局（站）所处地理位置来识别：北（东）方向为A端；南（西）方向为B端。

巩固与提高

一、填空题

1. 华裔学者高锟博士科学地预言了_____，并因此获得诺贝尔物理学奖。

2. 目前光纤通信所使用的光的波长为_____。

3. 数字光纤通信系统由_____、_____和_____构成。

4. 光纤通信的3个低衰耗波长窗口分别是_____、_____和_____。

5．非色散位移光纤零色散波长在_____nm，在波长为_____nm处衰减最小。

6．光纤主要由_____和_____构成，单模光纤的芯径一般为_____μm，多模光纤的芯径一般在_____μm左右。

7．光纤的特性主要分为_____、_____、_____、_____、_____五种。

二、简答题

1．简述光纤通信的优点和缺点。

2．简述光全反射原理。

3．简述光纤通信系统的基本组成。

4．简述 G.652、G.653 和 G.655 的特点和主要用途。

5．光缆按敷设方式和主要用途分类，分别有哪几种？

6．如何识别光缆的 A 端和 B 端？

三、综合题

1．某公司采购了一批光缆，如图 1.38 所示，请说明该光缆的基本结构特点。

图 1.38　综合题 1 用图

2．一种光缆用于局外，结构为金属加强构件、填充式、钢－铝聚乙烯护套和单钢带皱纹纵包聚乙烯护层，包含 24 根 G.652A 光纤，试写出它的规格型号。

学习情境二

光缆线路维护与施工基础

光缆线路维护是光传输最基本也是最重要的工作之一。那么，光缆线路的日常维护主要有哪些内容？不同类型的线路维护重点和注意事项有什么不同？维护过程中遇到问题该如何处理？

本情境将围绕上述内容展开，首先介绍光缆线路维护的基本设施，接着学习光缆线路维护标准，然后介绍光缆线路维护的主要内容和周期，重点是线路维护工作的要点。为方便以后工作，最后以概览的方式介绍光缆线路施工基础。

本情境学习重点

- 日常光缆线路维护工作的目的和分类
- 日常维护和技术维护工作的内容和周期
- 架空和管道光缆维护工作的主要内容
- 护线宣传和线路故障隐患防范
- OTDR 工作原理
- OTDR 主要参数设置
- 背向散射信号曲线基本分析和应用

任务一　常见光缆线路设施基本认知

【任务分析】

光缆线路维护首先必须熟悉线路上的主要设施，维护工作的主要内容将围绕这些设施展开。

【任务目标】

- 光缆线路主要设施；

- 架空光缆线路主要设施;
- 标石埋设要求;
- 标石编号识别。

一、光缆线路主要设施

1. 光缆线路类型

按线路施工敷设方式的不同,光缆线路可分为管道光缆线路、架空光缆线路、直埋光缆线路、水线和海底光缆线路五种类型。线路类型不同,线路上的设施也有较大差异。线路上的设施都是为线路的稳定、可靠提供服务的。

2. 线路设施的组成

（1）线路光缆:各种敷设方式的通信光缆。

（2）管道设施:包括管道、人孔、手孔等。

（3）杆路设施:包括电杆、电杆的支撑加固装置和保护装置、吊线和挂钩等。

（4）光缆线路附属设施:巡房、水线房及瞭望塔;标石（桩）、标志牌、宣传牌;水线倒换开关;光缆线路自动监测、倒换系统;防雷设施;交接设备监测系统;专用无线联络系统等。

（5）其他设备、设施:光缆交接箱等。

3. 管道光缆线路常见设施

（1）手孔:尺寸约为710mm×710mm×780mm,可分为普通型手孔与埋式型手孔。

普通型手孔如图2.1所示。

图2.1 普通型手孔

埋式型手孔盖距地面一般约为0.6m。埋式型手孔上方应设标石;也可增设地下电子标志器。

在光缆接续点一般宜设置手孔,其他需要的地点可增设手孔。

（2）人孔:尺寸约为1120mm×1800mm×1800mm,一般在大型交汇点设置。如图2.2所示为正在建设中的人孔。如图2.3所示为人孔内视图。

（3）塑料管:即PVC管,一般直径为110mm,如图2.4所示。管道光缆是先将PVC管埋于地下,每根PVC管内布放三根子管如图2.5所示,使用时每根子管可穿过一根光缆。

（4）标石:带有标志作用的线路设施。光缆路由标石的作用是表示光缆线路的走向和线路设施的具体位置,以供维护部门的日常维护和故障检修等,如图2.6所示。

图 2.2　正在建设中的人孔

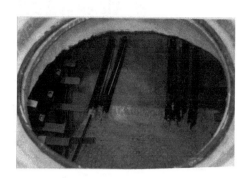

图 2.3　人孔内视图

图 2.4　PVC 管

图 2.5　子管

图 2.6　标石

4. 架空光缆线路主要设施

（1）电杆：常见水泥制或木制，用于支撑架空线缆。

杆路：电杆按路走向排列形成杆路，如图 2.7 所示。配杆要根据地形高低和穿越建筑物的要求，以及交越电力线电压的大小配置杆子长度。移动公司标准杆为 7m，配置杆为 7～12m，标准杆挡距为 50m。

图 2.7　杆路

（2）吊线：吊线连接电杆，光缆通过挂钩挂在吊线上。吊线抱箍距离杆梢 40～60cm 处，第一层吊线与第二层吊线间距离 40cm。如图 2.8 所示为吊线布放的工作图片。

图 2.8　吊线布放

（3）拉线：拉线用于固定电杆。一般采用 7/2.2mm 钢绞线为主吊线，拉线一般采用 7/2.6mm 钢绞线，顶头拉线采用 7/2.6mm 钢绞线。吊线和拉线示意图如图 2.9 所示。

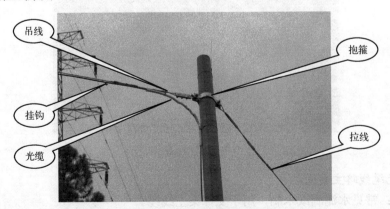

图 2.9　吊线和拉线示意图

（4）地锚：拉线通过地锚固定在地上，用来拉住电杆，如图 2.10 所示。

图 2.10 地锚和拉线

钢柄地锚：根据土质的紧密程度，钢柄地锚有 1800mm×12mm、2100mm×16mm、70mm×20mm 三种尺寸规格可供选用。

地锚石：土质较为松软时，须使用地锚石固定拉线。地锚石一般采用水泥制成，常见 600mm×400mm 方块或 800mm×400mm 方块两种规格，如图 2.11 所示。

图 2.11 地锚石

二、标石的埋设要求与编号识别

1．标石的概念

标石是标定某地点位置的标志，一般用岩石或钢筋混凝土制成，埋在地下或部分露出地面。

随着材料的发展，现在标石不仅可以用钢筋混凝土或岩石制作，还可以使用塑钢材料等。目前，移动公司、联通公司、电信公司、国防建设等采用的标石多是塑钢材料的。

2．标石埋设地点和埋设要求

光缆线路标石的埋设应根据线路设计要求，在规定的地点按要求埋设。

（1）下列地点应埋设光缆标石：

① 光缆接头、转弯点、预留处；

② 适于敷设的长途塑料管的开断点及接续点；

③ 穿越障碍物或直线段落较长（如线路的直线距离大于 100m），利用前后两个标石或其他参照物寻找光缆有困难的地方；

④ 敷设防雷线，同沟敷设光、电缆的起止地点；

⑤ 直埋光缆的接头处；

⑥ 与其他重要管线的交越点；

⑦ 需要埋设标石的其他地点；

⑧ 线路上若有可以利用的标志时，可用固定标志代替标石。

对于需要检测光缆金属内护层对地绝缘的接头，应设置检测标石，其余均为普通标石。检测标石上方有金属可卸端帽，内部装有引接检测线、地线的接线板。

（2）标石一般用岩石或钢筋混凝土制作。标石规格、质量应符合设计要求。常见规格有两种：一般地区用短标石，规格为 100cm×14cm×14cm；土质松软及斜坡地区用长标石，规格为 250cm×14cm×14cm。

（3）标石埋设应符合下列要求：

① 光缆标石宜埋设在光缆的正上方。接头处的标石，埋设在光缆线路的路由上。转弯处的标石，埋设在光缆线路转弯处的交点上；

② 标石应当埋设在不易变迁、不影响交通与耕作的位置。如果埋设位置不易选择，可在附近增设辅助标记，以三角定标方式标定光缆位置；

③ 普通标石应面向公路，监测标石面向光缆接头盒；

④ 标石按不同规格埋深，一般普通 1m 标石埋深 60cm，出土部分 40cm；标石周围土壤应夯实，使标石稳固不倾斜。

（4）标石应统一刷白色。标石编号采用白底红（黑）色油漆正楷字，字体要端正，表面整洁清晰。

（5）标石埋设后，可能因下雨、土壤松动或下沉等因素使标石出现倾斜、下沉，所以在竣工前应进行整理。

3. 标石编号

在长途线路中，光端机与中继放大器或两个中继放大器之间的线路称为一个中继段。标石的编号以一个中继段为独立编制单位，编号方式和符号应规范化。目前标石编号没有统一标准，各运营单位按照自身维护规范和设计要求进行编号。下面以《10～12－YD－5121－2010 通信线路工程验收规范》中规定的标石编号为例进行讲解。标石编号应为白底红（或黑）漆正楷字，字体要端正，由 A－B 或 B－A（根据当地维护习惯）方向编排。标石的符号、编号应一致，如图 2.12 所示。

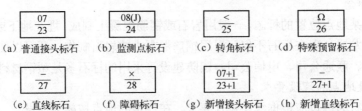

图 2.12　标石编写格式

注：（1）编号的分子表示标石的不同类别或同类标石的序号如（a）、（b）；
　　　　分母表示一个中继段内总标石编号。
　　（2）（g）和（h）中分别是分子 +1 和分母 +1，表示新增加的接头标石和直线标石。

如图 2.12（a）所示，分母"23"表示这个中继段总标石编号为23，分子"07"表示第 7

个普通接头标石。

如图 2.12（b）所示，分母 "24" 表示这个中继段总标石编号为 24，分子 "08" 表示第 8 个监测标石。

如图 2.12（c）所示，分母 "25" 表示这个中继段总标石编号为 25，分子 "<" 表示是转角标石。

如图 2.12（d）所示，分母 "26" 表示这个中继段总标石编号为 26，分子 "Ω" 表示是预留标石，即在该位置上有光缆预留。

如图 2.12（e）所示，分母 "27" 表示这个中继段总标石编号为 27，分子 "—" 表示是直线标石，该标石只用来指示光缆路由方向。

如图 2.12（f）所示，分母 "28" 表示这个中继段总标石编号为 28，分子 "×" 表示是障碍标石，表示该位置有与其他管线发生交越等。

如图 2.12（g）所示，该编号分子 "07+1" 表示是第 7 个标石后新增一个普通接头标石，分母 "23+1" 表示这个中继段新增一个标石。

如图 2.12（h）所示，该编号分母 "27+1" 表示是这个中继段新增一个标石，分子 "—" 表示该标石是直线标石，即新增了一个直线标石。

需要指出的是各运营商之间的编号规定有较大区别。在实际工程中，也有以标石序号为编号的例子，即在分母位置上标注的是中继段内第几个标石，而分子位置上表示直线转角等位置特征，不再加序号。例如，$\dfrac{-}{176}$ 表示是该中继段内第 176 个标石。

任务二 光缆线路基础维护

【任务分析】

光缆线路经施工并验收合格交付给维护单位后，线路就投入了通信生产过程。由于光缆线路设施主要设置在室外或野外，容易受到外界自然环境和社会环境的影响和破坏。这些都会干扰正常的通信，影响严重时，会引起通信质量下降、业务量下滑，甚至出现突发事件，使通信中断。这样就会给人们的正常生产和生活带来损害，同时给国民经济造成不必要的损失。因此，如何确保线路畅通，防止故障的发生，或是在故障发生后，能及时地查清故障原因，尽早修复线路，这就是光缆线路维护中的主要工作。

【任务目标】

- 光缆线路维护基本常识；
- 日常维护和技术维护的主要内容及周期；
- 管道线路的基本维护；
- 架空线路的基本维护；
- 光缆线路隐患及防范；
- 护线宣传；
- "三盯" 工作。

一、光缆线路维护基本常识

1. 光缆线路维护工作的基本任务

光缆线路维护工作的基本任务是保证设备完整、良好，保证传输质量达标，预防障碍并尽快排除障碍。维护工作的目的：一方面，通过正常的维护措施，不断地消除由于外界环境的影响而带来的一些事故隐患，并且不断改进在设计和施工中存在不足的地方，以避免和减少一些由于不可预防的事故所带来的影响；另一方面，在出现光缆线路障碍时，能及时进行处理，尽快排除故障，修复线路，以提供稳定、优质的传输线路。

2. 维护范围划分

为了明确维护责任，光纤通信传送网应明确机线设备的维护分界点，即明确线路维护单位与传输设备维护单位的维护范围。根据规定：光缆线路以光纤进入传输站的第一个连接器为界，光纤连接器以内（含）由传输设备维护单位负责，连接器以外由线路维护单位负责。根据线路具体情况，还应明确线路维护单位之间维护范围的划分。

3. 线路维护人员职责

各级维护人员应具备高度的责任感，努力提高维护质量，严格遵守各项规章制度，熟悉线路及设备情况，及时发现问题，并正确处理，确保线路畅通。其职责如下。

（1）落实维护管理规章制度和上级指示，圆满完成线路维护任务。

（2）熟悉光缆线路路由，按时完成线路巡护任务。

（3）掌握光缆线路状况，检查线路维护工作质量和巡检系统的数据上报工作。

（4）遵守线路维护规程，熟练掌握常用仪表、工具使用方法，制定和完善线路抢修预案，严密组织光缆线路抢代通作业。

（5）努力学习专业技能，加强光缆抢代通演练，提高业务水平。

（6）组织宣传保护光缆通信线路的知识和法规，做好护线工作。

4. 技术资料及仪表、工具的配置与管理

（1）技术资料。技术资料是管理和指导光缆线路维护工作的主要依据之一。各级光缆线路维护单位应备有全部光缆线路的设备技术资料。

主要技术资料：

① 维护日志；

② 障碍登记；

③ 接头标志（杆号）、缆长/纤长对照表；

④ 管道路由图、市区管道平面图、管道光缆图；

⑤ 仪表、工具和备用机盘基本情况登记；

⑥ 线路路由图；

⑦ 竣工资料；

⑧ 技术说明书；

⑨ 抢修应急预案等（因单位和线路类型不同略有区别）。

（2）仪表、工具的配置。常备工具仪表：

① 光缆应急抢修设备；

② 光缆线路障碍测试仪（或 OTDR）；

③ 绝缘电阻测试仪；

④ 光源、光功率计和光衰减器；

⑤ 常用工具和常用仪表。

二、线路维护的分类

光缆线路的维护工作分为"日常维护"和"技术维护"两大类。

1. 日常维护

日常维护的主要内容包括以下几个方面。

（1）定期巡线，特殊巡线，护线宣传，以及对外配合。

（2）清除光缆路由上堆放的可燃易爆物品和腐蚀性物质，制止妨碍光缆线路的建筑施工、栽树种竹及在光缆线路路由上砍草修路等。

（3）对受冲刷、挖掘地段的路由培土加固及沟坎护坡（挡土墙）的修理。

（4）标石、标志牌、宣传牌的除草、描字、涂漆及扶正培固。

（5）人孔、手孔、地下室、水线房的清洁，光缆托架、光缆标志及地线的检查与修理。

（6）架空光缆杆路整理更换挂钩，检修吊线，清理架空杆路上和吊线上的杂物，光缆、预留架及接头盒的检修，杆路设备检修等。

（7）结合徒步巡线，进行光缆路由探测，建立健全光缆线路路由资料。

（8）线路隐患防范。

（9）"三盯"工作。

日常维护的内容及其周期参见表2.1。

表2.1 日常维护的内容及其周期

学 习 情 境	维 护 内 容		周　　期	备　　注
路面及管道维护	巡回		1～2次/周	不得漏巡；光缆采用步巡和车巡相结合。暴风雨后或有外力影响可能造成光缆线路障碍隐患时，应加大巡回频次。高速公路中线路的巡回周期为2～3次/月
	标石、标志牌	除草、培土	按需	标石周围30cm内无杂草、杂物（可结合巡回进行）
		油漆、描字	年	可视具体情况缩短周期
	路由探测		年	可结合徒步巡回进行
	人孔、手孔检修		半年	高速公路中人孔、手孔的检修按需进行
	人孔、手孔抽水		按需	
杆路维护	清除光缆及吊线上的杂物		按需	
	整理、更换挂钩，检修吊线		年	
	检查、核对杆号，增补杆号牌、喷漆、描字		按需	
	杆路检修		按需	可结合巡回进行

2. 技术维护

技术指标测试的主要内容包括以下几方面。

（1）中继段光纤通道后向散射信号曲线检查测试。

（2）光缆线路光纤衰减测试。

（3）光纤偏振模色散测试。

（4）直埋接头盒监测电极间绝缘电阻测试。

（5）防护接地装置地线电阻测试。

（6）维护规程要求的其他技术测试学习情境。

日常维护和技术维护均应根据质量标准，按规定的周期进行，确保光缆线路设备处于完好状态，光缆线路技术维护的项目、指标及周期参见表2.2。

表2.2 光缆线路技术维护的项目、指标及周期

序号	测试学习情境		维护指标	维护周期
1	中继段光纤通道后向散射信号曲线检查		≤竣工值+0.1dB/km（最大变动量≤5dB）①	主用光纤：按需进行；备用光纤：长途半年一次，本地网一年一次，代维按合同规定
2	光缆线路光纤衰减		≤竣工值+0.1dB/km（最大变动值不超过5dB）	主用光纤：按需进行；备用光纤：每年一次
3	光纤偏振模色散		待定	
4	直埋接头盒监测电极间绝缘电阻		≥5MΩ	长途半年一次，本地网按需进行（代维按合同规定）
5	防护接地装置地线电阻	$\rho \leq 100$②	≤5Ω	半年（雷雨季节前、后各一次）
		$100 < \rho \leq 500$	≤10Ω	
		$\rho > 500$	≤20Ω	

注：① 对于二级长途光缆线路而言，可根据其中继距离和传输码率适当地增大。

② ρ 为2m深的土壤电阻率，单位为Ω·m。

3. 季节性维护

（1）在雷雨、台风季节到来之前，对易遭受暴雨、洪水冲刷，以及受飓风影响的地段进行认真检查，关键部位和薄弱环节应重点检查；对防护设施进行认真检修。

（2）在严寒、冰凌期间，加强架空线路的巡回，及时采取相应措施。

4. 故障抢修

光缆维护单位应随时做好故障抢修的准备，做到在任何时间、任何情况下都能迅速出发抢修；抢修专用的器材、仪表、机具及车辆等应处于待用状态，不得外借或挪用。

三、几种常见的日常维护工作

1. 巡线

光缆通信线路路由维护是日常维护工作的重要内容，线务员应准确掌握光缆通信线路的路由情况，熟悉光缆埋设位置和埋设深度，定期巡查检修线路。

光缆线路线务员一般分散驻守在光缆线路附近，也可视具体情况相对集中。每个光缆线路线务员的维护区段为20～30km。

光缆线路日常维护的主要方法是巡线。巡线是光缆线路日常维护中的一项经常性工作，是预防线路发生障碍的重要措施，是线务员的主要任务。

巡线的目的是通过巡线了解沿线地形、地貌及变化情况，了解险情及交通情况，熟悉路由走向，检查光缆设备，消除故障隐患，以避免事故发生。因此，要求线务员必须按照规定要求定期巡线，大雨过后及其他特殊情况应增加巡线次数。必要时，可派人驻守主要线路区段，确保光缆线路安全。

徒步全巡时要携带必要的工具，沿线路路由徒步前进，不得绕行。只有徒步巡查才能全面细致地了解线路变化情况，及时发现问题、解决问题，提高维护质量。在遇到装有信息钮的监测标石时，一定要用识读器提取信息钮的信息。沿路由边走边观察线路两侧的情况变化，对可能发生的情况要有预见性、敏感性，所有危害光缆的情况都要引起重视。在巡查中发现问题应详细记录、及时上报，然后分析研究，根据问题的性质分清轻重缓急，及时加以解决。某些急需解决而线务员又能够解决的问题，必须立即处理。对危及光缆安全的作业，要讲明情况，立即制止。对于线务员无力解决的问题，应及时向上级领导反映，不得拖延或不予处理。

巡线还可以采用普遍巡查和重点巡查相结合的方法。一般情况采用普遍巡查，遇到特殊情况时要采用重点巡查，如有友邻单位施工和大型施工危及光缆安全的区域、雨季易被洪水冲刷的地段要重点巡查和增加巡查次数。必要时线务员应驻守在危险区段，发现问题及时处理。

巡线完成后，线务员应填写巡回报告单和巡线工作记事簿，分别参见表 2.3 和表 2.4。

表 2.3　长途光缆线务员巡回报告单

单位：＿＿＿＿＿＿　　　线务员：＿＿＿＿　　巡回日期：　　年　月　日至　月　日

线路名称：＿＿＿＿＿＿＿＿＿＿＿＿＿＿＿　　中继段：＿＿＿＿＿＿＿＿＿＿＿

	中继段	地点	需处理问题及工作量
线路质量			
外力影响			

填报日期：　年　月　日　　签收人：＿＿＿＿　　收到日期：　年　月　日

表 2.4　巡线工作记事簿

月日	星期：	接班时间	巡线员		处 理 结 果
天气：	路段		代码		
时间	巡线记事				

2. 路面维护的主要工作

（1）线路巡回。光缆线路应坚持定期巡回。在市区、村镇、工矿区及施工区等特殊地段和大雨之后，重要通信期间及动土较多的季节，应增加巡回次数。巡回时的主要工作内容如下。

① 检查光缆线路附近有无动土或施工等可能危及光缆线路安全的异常情况，检查直埋线路路由上有无严重坑洼或裸露光缆的现象，检查护坡等加固防护措施有无损坏。

② 检查标石、标志牌和宣传牌有无丢失、损坏或倾斜等情况。

③ 及早处理和详细记录巡回中所发现的问题。遇有重大问题时，应及时上报。当时不能

处理的问题，应列入维修作业计划并尽快解决。

④ 开展护线宣传及对外联系工作。

（2）线务员应准确掌握光缆线路的路由情况，熟悉、掌握直埋光缆线路的埋设位置和埋设深度。

（3）凡在光缆线路附近进行有碍线路安全的施工时，均应按照安全隔距要求，事先会同对方签订协议，制定安全措施，并配合随工进行监督。必要时，应派人日夜值守，确保光缆线路的安全。

（4）新建铁路、公路或其他可能影响光缆线路安全的设施，应根据现场情况，会同施工和建设部门，采取改变路由或合适的保护措施，并增加标志牌；改道的光缆线路非穿越铁路或公路不可时，应采取合适的保护措施，并增加标志牌。

完成路面维护工作任务后，应填写光缆线路路面维护日志，参见表2.5。

表2.5　光缆线路路面维护日志

学习情境			专　业		
日期	组别		维护小组成员		
天气	路段		代码		
维护类别	维护学习情境	学习情境标准	要求	检查结果	工作岗位
维护周期	光缆线路巡回	光缆线路附近没有动土或施工等可能危及光缆线路安全	不得漏巡。一级、二级线路、本地网等各类线路的徒步巡回每月不得少于2次。暴风雨后或有外力影响可能造成线路障碍隐患时，应立即巡回。高速公路中线路的巡回周期为2～3次/月		
路面维护	裸露管道	没有损坏情况			
	护坡	没有损坏情况			
	标石	无丢失、损坏或倾斜等情况			
	标志牌	标志牌周围50cm内无杂草			
	宣传牌				

3. 管道线路的维护

管道线路的维护首先应会查看有关资料图。常见的管道、人孔图例参见表2.6。

表2.6　管道、人孔图例

序号	图形符号	说　明
1	——— 灰6×4 / 90	原有水泥管道（4个6孔水泥管块组合的24孔管道，段长90m）
2	——— 塑 φ90×12 / 90	原有塑料管道（12根内径为90mm的单孔塑料管组合的管道，段长90m）
3	——— 钢 φ100×12 / 90	原有钢管管道（12根外径为100mm的单孔钢管组合的管道，段长90m）
4	——— 灰6×4 / 90	新建水泥管道（4个6孔水泥管块组合的24孔管道，段长90m），线宽0.6mm
5	×—— 塑 φ90×12 / 90 ——×	拆除塑料管道（12根内径为90mm的单孔塑料管组合的管道，段长90m）
6	M1 ▭━━━ M2 ◢ 改建为X型人孔	扩建管道平面图（上面细线为原有管道，下面粗线为新建管道，改建人孔程式可用文字具体表示，M1和M2为人孔编号）

续表

序 号	图形符号	说　明
7		原有管道断面（6孔管道，并做管道基础，管孔材料可为水泥管、钢管、塑料管等）
8		新建塑料或钢管管道断面（上面为6孔水泥管道，下面做管道基础）
9	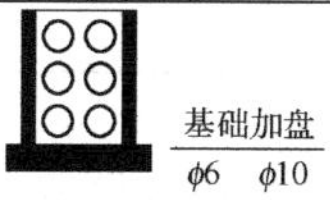 基础加盘 ϕ6　ϕ10	混凝土管道基础加筋（$\phi 6mm$，$\phi 10mm$ 为受力钢筋的直径，按管道基础不同，分成一立、一平、二立、四平B、三立或二平、八立型等）
10	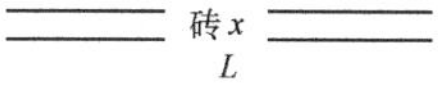 砖 x L	砖砌通信光（电）缆通道（按通道宽度不同，x 为 1.6m，1.5m，1.4m，1.2m，L 为长度）
11	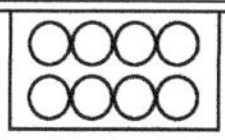	原有过桥管道（箱体内或吊挂式）断面
12	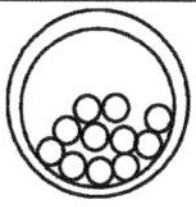	原有过河或过铁路管道断面（大双细线圆为过河钢管或过铁路顶管，小圆为 11 根单孔塑料管或钢管）
13	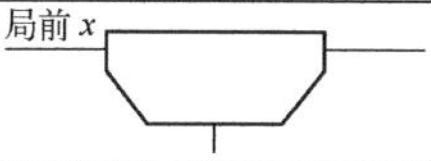 局前 x	局前人孔（原有为细线，新建为粗线）
14	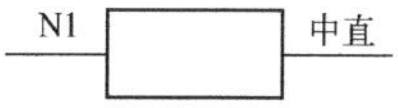 N1　中直	原有直通型人孔（直通型人孔有大号、中号、小号之分，中直表示中号直通型人孔，N1 为人孔编号）
15	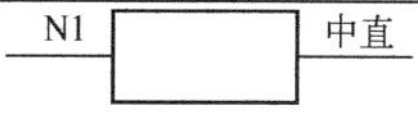 N1　中直	新建直通型人孔（中直表示中号直通型人孔，N1 为人孔编号）
16	 N1　中斜30°	斜通型人孔（斜通型人孔有大类和小类之分，大类有大号、中号、小号之分，小类分为15°，30°，45°，60°，75°，中斜30°表示中号30°斜通型人孔，N1 为人孔编号）
17	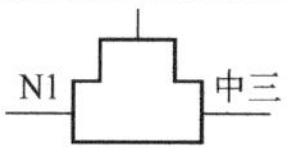 N1　中三	三通型人孔（三通型人孔有大号、中号、小号之分，中三表示中号三通型人孔，N1 为人孔编号）
18	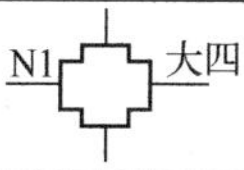 N1　大四	四通型人孔（四通型人孔有大号、中号、小号之分，大四表示大号四通型人孔，N1 为人孔编号）
19	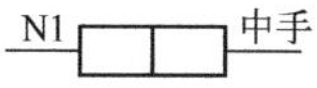 N1　中手	手孔（手孔有大号、中号、小号或三页、两页、单页之分，中手表示中号手孔，N1 为手孔编号）
20	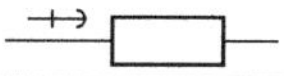	有防蠕动装置的人孔（本图示为防左侧电缆蠕动）
21	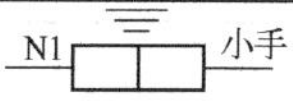 N1　小手	埋式手孔（原有为细线，新建为粗线）
22	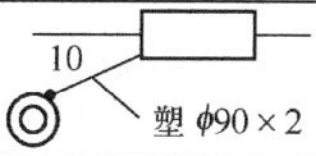 10 塑 $\phi 90 \times 2$	引上管（原有为细线，新建为粗线，2 根长 10m，内径为 $\phi 90$ 的引上塑管）
23	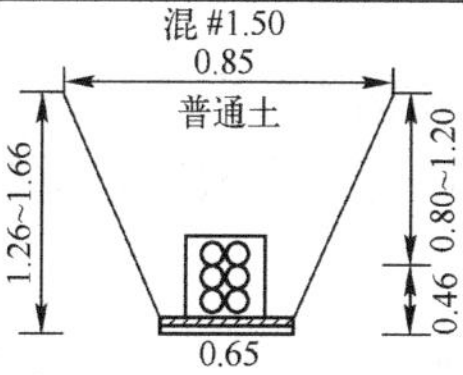 混 #1.50 0.85 普通土 1.26~1.66　0.80~1.20 0.46　1.20 0.65	一立型（一般要标注管道挖深范围，管道基础厚度和宽度，并标注路面情况（混#150），挖土土质（普通土），管群净高度，管道包封情况，管群上方距路面高度） 注：序号24、25、29为水泥管道断面图

续表

序 号	图 形 符 号	说 明
24		四平 B 型（一般要标注管道挖深范围，管道基础厚度和宽度，并标注路面情况，挖土土质，管群净高度，管道包封情况，管群上方距路面高度）
25		2 孔（2×1）（一般要标注管道挖深范围，管道基础厚度和宽度，并标注路面情况，挖土土质，管群净高度，管道包封情况，管群上方距路面高度） 注：序号 26、27、28 为塑料管道（包封）断面图
26		6 孔（3×2，一平型）（同上）
27		18 孔（6×3，三立型）（同上）
28		72 孔（8×9）（同上）
29		管道电缆管孔占用示意图（管孔数量依实际排列情况定，▨ 表示已穿放电缆，□ 表示管孔空闲，05 表示本次敷设的电缆及编号）
30		管道电缆管孔占用示意图（管孔数量依实际排列情况定，❋ 表示光缆子管）

（1）人孔、管道的主要维护工作。

① 定期检查人孔内的托架、托板是否完好，标志是否清晰醒目，光缆的外护套及其接头盒有无腐蚀、损坏或变形等异常情况，发现问题应及时处理。

② 定期检查人孔内的走线排列是否整齐，预留光缆和接头盒的固定是否可靠。

③ 发现管道或人孔沉陷、破损及井盖丢失等情况，应及时通知产权部门采取措施进行修复。

④ 清除人孔内光缆上的污垢，根据需要抽除人孔内的积水。

（2）高速公路管道光缆的主要维护工作。

① 高速公路管道内光缆线路的维护以车巡为主。

② 检查有无涵箱盖、人孔盖丢失。如有丢失要及时通知产权部门予以补充。

③ 及时清理桥涵下方堆积的柴草等易燃物。

④ 定期与高速公路管理部门进行联系，了解可能影响光缆线路安全的施工动向并及早做出安排。

⑤ 高速公路管道人孔的维护标准参照（1）中提出的要求。

（3）局站内的主要维护工作。

① 进线室内、走线架上的光缆线路应有明显的标志，以便与其他缆线相区别。

② 光缆和管线的布线合理整齐，光缆上标志醒目，并标明 A 端和 B 端。

③ 站房内光缆线路设备应清洁、完好。

（4）启/闭人孔盖。

① 启/闭人孔盖时应用专用工具，以免挤伤手。如不易找到，应用木块垫在铁盖边缘上，再用铁锤等敲打垫木震松，不可用锤击打铁盖，以免孔盖破裂。

② 人孔周围如有冰雪，打开人孔盖前必须先铲除，必要时，人孔周围可垫砂土或草袋防滑。

③ 人孔盖打开后，应设置明显的标志，必要时派人值守。

（5）人孔内工作。

① 打开人孔后必须通风，如图 2.13 所示。人孔通风采用排风布或排风扇，排风布在井口上下均不小于 1m，并将布面设在迎风方面，下人孔前必须确知人孔内无有害气体。下人孔时应使用梯子，不得踩、蹬光缆、电缆或托板。

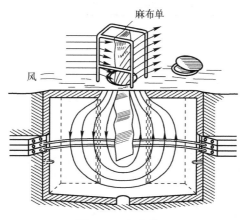

图 2.13　人孔通风

② 在人孔内工作时，如感觉头晕或呼吸困难，必须立即离开人孔，并采取通风措施。

③ 在人孔内抽水时，抽水机的排气管不得靠近人孔口，应放在人孔的下风方向。

④ 在人孔、手孔内工作时，必须事先在井口处设置井围、红旗，夜间设红灯，上面设专人看守。

⑤ 在人孔、手孔内工作时，不许吸烟，不准在人孔内点燃喷灯。

⑥ 在刮风或下雨时，应在人孔上设置篷帐。雨季工作时应采取必要的措施，防止雨水流入人孔。

管道线路的维护项目与质量要求参见表 2.7。

表 2.7　管道线路的维护项目与质量要求表

学习情境	子　项	要求与标准
管道	管孔畅通检查	通畅
	人孔、手孔工艺	井盖无缺损，人孔无破损，人孔、手孔内壁粉刷，人孔、手孔内清洁，人孔、手孔有托架
	人孔、手孔的编号	无脱落
	管孔堵头	子管、硅管、多孔塑料管、PVC 管、水泥管、备用管口堵头封闭
	进人孔的子管有没有留长 10～20cm	子管留长、子管绑扎
	管道路由安全保护	无威胁管道安全问题，特殊地段管道有保护，安全程度高

（6）管道光缆线路维护质量标准。

管道光缆线路的维护应达到以下要求：人孔内光缆标志醒目，名称正确，标牌正规，字样清晰；人孔内光缆托架、托板完好无损、无锈；光缆外护层无腐蚀、无损伤、无变形、无污垢、无积水；人孔内走线合理，排列整齐，孔口封闭良好，保护管安置牢固，预留线布放整齐、美观。

完成管道光缆线路维护工作任务后，应填写管道光缆线路维护日志，参见表 2.8。

4. 架空线路的维护

（1）架空光缆线路的维护。

架空光缆线路常见设施的图例参见表 2.9。

表 2.8　管道光缆线路维护日志

工作任务			专　业		
日期	组　别		维护小组成员		
天气	路　段		代　码		
维护类别	维护学习情境	学习情境标准	要求	检查结果	备注
管道光缆线路维护	巡检	6～8 次/月	1. 人孔内光缆标志醒目，名称清楚，标牌正规，字样清晰		徒步巡检不少于两次，暴雨后立即巡检，重大节假日前安排巡检
	人孔检查及清洁	每两个月一次			
	路由探测砍草修路	全线半年一次	2. 人孔内光缆托架、托板完好无损、无锈；光缆外护层无腐蚀、无损伤、无变形、无污垢、无积水		可结合徒步巡回进行
	标石　除草培土	半年一次			或用水泥、砂浆将标石底部土地封固
	标石　涂漆描字	一年一次	3. 人孔内走线合理、排列整齐，孔口封闭良好，保护管安装牢固，预留线布放整齐、美观		含标志牌，宣传牌

表 2.9　架空光缆线路常见设施图例

序　号	名　称	图　例	序　号	名　称	图　例
1	普通电杆	○	15	电力杆	
2	L 形杆		16	铁路杆	

续表

序 号	名 称	图 例	序 号	名 称	图 例
3	H 形杆		17	军方杆	
4	品接杆		18	分界杆（地区长线局维护段落分界）	
5	单接杆		19	单方拉线杆	
6	井形杆		20	双方拉线杆	
7	装有避雷线电杆		21	三方拉线杆	
8	引上杆		22	四方拉线杆	
9	撑杆		23	铁地锚拉线	
10	高桩拉线		24	石头拉线	
11	杆间拉线		25	横木拉线	
12	打有帮桩的电杆		26	起讫杆号	$P_1 \rightarrow P_{128}$
13	分线杆		27	承接上页杆	
14	长途/市话合用杆				

（2）架空光缆线路的主要维护工作。

① 整理、添补或更换缺损的挂钩；清除光缆和吊线上的杂物。

② 检查光缆的外护套及垂度有无异常情况，发现问题应及时处理；剪除影响线路的树枝，砍伐妨碍光缆线路安全的树木。

③ 检查吊线与电力线、广播线等其他线路交越处的防护装置是否齐全、有效及符合规定。

④ 逐个检修电杆、拉线及加固设备。

⑤ 检查架空光缆线路的接头盒和预留处的固定是否可靠。

架空光缆线路的维护项目与质量要求参见表 2.10。

表 2.10 架空光缆线路（杆路）维护项目与质量要求

学 习 情 境	子 项	要 求 与 标 准
杆路	电杆埋深	电杆埋深符合标准（偏差 5cm），有其他保护措施（护墩），护墩符合要求（高度为 60cm 以上，上口直径为 60cm，下口为 80cm）
	电杆垂直度	电杆横直线偏差不超过 1/3 杆梢，无眉毛弯、梅花桩现象
	角杆及终端杆	角杆向内移动 1/2 杆根，角杆内扑，终端杆向接线处倾斜
	杆号编制	电杆编号正确，编号面向写有公里数一侧，杆号高度为 2～3m，字迹清晰
	拉线数量	拉线数量与原竣工资料一致
	拉线的质量	拉线质量不低于原竣工资料
	拉线警示	拉线距人行道 1m 内，须安装警示装置

续表

学习情境	子项	要求与标准
杆路	避雷线及接地装置	进基站前5根杆装避雷线，且接地良好（不易拔），不碰吊线，绑扎合理
	吊线净高	吊线净高符合要求
	三线交越	交越电力线保护套或接地、保护套长度符合要求
	挂钩	挂钩匀称，无脱落、无损坏
	吊线的垂度	一条光缆的吊线垂度为20cm，两条为25cm
	电杆质量	电杆质量符合标准（无大裂缝及断杆）
	砍青	无树枝碰线路
	铁件质量	铁件材料符合标准（主要指生锈）

（3）架空光缆线路维护质量标准。

架空光缆线路维护应达到以下要求：杆身、防腐、培土、线杆保护、杆号、拉线、地槽等应符合长途明线维护质量标准。吊线终结、吊线保护装置线的垂直、挂钩的缺损、锈蚀情况应符合市话电缆维护标准。光缆无明显下垂，杆上预留线，保护套管牢固，无锈蚀，无损伤。光缆、吊线与电力线、广播线及其他建筑物平行接近和交越的隔距符合规定标准。

完成架空光缆维护工作任务后，应填写架空光缆线路维护日志，参见表2.11。

表2.11　架空光缆线路维护日志

工作任务			专业		
日期	组别		维护小组成员		
天气	路段		代码		
维护类别	维护学习情境	学习情境标准	要求	检查结果	备注
架空光缆线路维护	巡回	6～8次/月	1. 杆身牢固、正直、无腐蚀，拉线及地锚稳固、可靠、无锈蚀，杆号牌清楚 2. 光缆无明显下垂，吊线和挂钩无缺损、锈蚀，与电力线交越保护牢靠，杆上预留线、引接保护套安装牢固，余缆盘放整齐 3. 光缆外护层无异常，接头盒、预留线安装牢固，无腐蚀，无损伤 4. 光缆、吊线与电力线、广播线及其他建筑物、树木平行接近和交越的隔距符合规定标准 5. 防强（雷）电设施完好，杆路无树枝、杂物搭挂，无鸟巢		按长途明线维修标准，台风前后对电杆逐杆检修
	杂物及树枝清理	结合巡回进行			
	吊线及保护装置检修	1～2次/年			
	整理更换挂钩	1～2次/年			

架空光缆线路与其他设施最小水平净距参见表2.12。

表 2.12 架空光缆线路（杆路）与其他设施最小水平净距

名　称	最小水平净距	备　注
消火栓	1.0m	指消火栓与电杆的距离
地下管线	0.5～1.0m	包括通信管线
火车铁轨	地面杆高的 1～2 倍	
人行道边石	0.5m	
房屋建筑	2.0m	裸线线条到房屋的水平距离
市区树木	1.25m	
郊区树木	2.0m	

架空光缆线路与其他建筑物的最小垂直净距参见表 2.13。

表 2.13 架空光缆线路与其他建筑物的最小垂直净距

名　称	与杆路平行时		与杆路交越时	
	垂直净距	备　注	垂直净距	备　注
市内街道	4.5m	最低缆线到地面	5.5m	最低缆线到地面
胡同（里弄）	4.0m	最低缆线到地面	5.0m	最低缆线到地面
铁路	3.0m	最低缆线到地面	7.0m	最低缆线到地面
公路	3.0m	最低缆线到地面	5.5m	最低缆线到地面
土路	3.0m	最低缆线到地面	4.5m	最低缆线到地面
房屋建筑			距脊 0.6m 距顶 1.5m	最低缆线距屋脊或平顶
河流			1.0m	最低缆线距最高水位最高时桅杆顶
市区树木			1.0m	最低缆线到树枝顶
郊区树木			1.0m	最低缆线到树枝顶
通信线路			0.6m	一方最低缆线与一方最高缆线

架空光缆线路与其他电气设施交越时的最小垂直净距参见表 2.14。

表 2.14 架空光缆线路与其他电气设施交越时的最小垂直净距

其他电气设施名称	最小垂直净距/m		备　注
	架空电力线路有防雷保护设施	架空电力线路无防雷保护设施	
1kV 以下电力线	1.25	1.25	最高线条到供电线条
1～10kV 电力线	2.0	4.0	最高线条到供电线条
35～110kV 电力线	3.0	5.0	最高线条到供电线条
154～220kV 电力线	4.0m	6.0m	最高线条到供电线条
供电线接户线	0.6m		带绝缘层
霓虹灯及其铁架、电力变压器	1.6m		
有轨电车及无轨电车滑接线			通信线路不允许架空交越

5. 水线的主要维护工作

(1) 水线的标志牌和标志灯应符合国标要求，安装牢固，指示醒目，字迹清晰。

(2) 水线两侧各 100m 内禁止抛锚、捕鱼、炸鱼、挖沙及建设有碍于水线安全的设施。

(3) 做好水线倒换开关和水线监视设备的维护；保持水线房的清洁，禁止无关人员进入水线房。

(4) 经常巡视水线登岸处的加固设施是否完好、牢固，发现问题应及时处理。

(5) 查看水线区域内有无妨碍水线安全的施工，如疏通河道、挖沙取肥等。发现问题及时处理，并向上级主管部门汇报。

(6) 新开或改道河渠与直埋光缆线路非交越不可时，交越处的光缆线路应采取下落保护措施。必要时，可利用附近的预留或介入长度不小于 200m 的短段光缆下落光缆线路。下落时光缆的埋深，对于河床不稳、土质松软的河流应不小于 1.5m；对于河床稳定、土质坚硬的河流应不小于 1.2m；对于有可能疏汛和挖沙取肥的河渠，优先采用定向钻方式进行改造或在光缆上覆盖水泥板或水泥沙包等保护措施。

6. 海缆线路的主要维护工作

(1) 海缆两侧各 0.2n mile 内禁止船只抛锚、养殖、捕鱼、挖沙及建设有碍于光缆安全的设施。

(2) 积极与海事监管部门联系，了解海域内的作业计划。养殖高峰期应会同有关部门及时进行海上巡回、宣传。

(3) 在浅海区域或特殊地点的海缆上方要设置标志用浮漂，以便于维护。

(4) 对海缆两侧海域的船只要进行 24h 跟踪、定位、测速、定向，发现异常情况及时处理汇报。

(5) 监测站各种仪表设备要由专人负责管理，认真登记。

(6) 检查海缆登陆区域的加固设施是否完好、牢固，发现问题应及时处理。

(7) 海缆维护人员要熟悉和掌握各种海洋法规、制度。

四、护线宣传

随着地方经济建设的飞速发展，城市改造、兴修水利等施工造成光缆线路维护形势和外部环境日益严峻和复杂。通信光缆的维护出现了人为干扰预测难、通信线路防护难、涉线施工盯防难等严峻态势，通信光缆的安全、畅通时刻受到外界的威胁。为进一步加强光缆安全保护，唤起全社会依法保护通信光缆的意识，增强全社会的法律意识，护线宣传工作是预防光缆线路故障发生的有效手段。

据统计，光缆线路损坏中人为因素约占 2/3，自然灾害破坏约占 1/3。因此，加强对广大群众的护线宣传，提高广大群众的防护意识，是减少光缆线路故障的重要手段。

1. 护线宣传的目的

通过护线宣传活动，与当地政府、公安、媒体、市政规划等部门建立良好的合作关系，与群众建立互信互助的关系，创造和谐的护线环境。

2. 护线宣传的对象

(1) 对企业内部人员进行光缆维护、通信系统知识的培训学习，使他们掌握基础的光缆维护知识，做好通信网络的支撑服务和对外的护线宣传工作。

（2）对沿线的单位、住户、群众、大型机械手、施工单位等进行护线宣传，使他们了解线路的走向、埋深和重要性，增加对光缆线路的认知度。

（3）向当地政府、部队、公检法部门汇报线路维护情况，争取他们的支持，创造良好的护线环境，为维护工作保驾护航。

（4）加强与城建、水利、规划等相关部门的联系，通过沟通与合作，及时了解他们的工程施工动向，告知光缆走向，为光缆线路的维护增加一道安全屏障。

3．护线宣传的方式

（1）在电台、电视、报刊等媒体上用新闻、广告、纪录短片、点播、海报等方式进行宣传。

（2）用网络、短信、彩铃等通信手段进行宣传。

（3）在城镇、野外用大型广告牌、墙体广告、标语、宣传画、宣传牌、高标桩、标石和线杆进行宣传。

（4）重大节日或通信保障的重要阶段，联合部队、公安、通信运营商通过宣传车播放宣传录音、散发宣传单和宣传品、走访交流进行大型护线宣传。

（5）举办大型文艺演出进行宣传。

（6）召开座谈会、新闻发布会进行宣传。

（7）"三盯"现场的警示保护宣传。

（8）每年对光缆经过的院落、厂房、田地等区域的住户、业主进行登记，互通联系电话，定期回访。

（9）发展沿线附近的义务宣传员，开展群众护线。

一些护线宣传的案例如图 2.14 所示。

4．护线宣传的主要内容

（1）保护通信设施的有关法律、法规和规章。

图 2.14　护线宣传案例

（2）依法严厉打击破坏、偷盗光缆等通信设施的违法犯罪行为的案例，关于严厉打击盗窃、破坏公用通信设施违法犯罪活动的通告等方面的威慑性文件。

（3）光缆、光纤、通信传输的普及知识和光缆在社会经济生活中的重要作用。

（4）向相关部门、施工单位告知光缆位置、走向和重要性的文件。

五、光缆线路隐患防范

1. 光缆线路隐患的分类

（1）可防范的隐患。

可防范的隐患包括：光缆线路附近的开山放炮取石、公路改道扩宽新建、城镇建设、农田耕作、水利建设、捕鱼挖沙等外力施工影响造成的线路隐患；易燃、易爆物附近的线路隐患；由于环境变化，敷设位置、深度、高度或与其他设施隔距不符合维护规程要求造成的线路隐患。

（2）突发性隐患。

突发性隐患包括：突发性外力造成的线路隐患；枪支打鸟、盗墓等隐蔽性活动造成的线路隐患。

（3）不可抗拒性隐患。

不可抗拒性隐患包括：特大型自然灾害、人为故意破坏等人力无法抗拒的线路隐患。

2. 光缆线路隐患主要防范措施

（1）加强内部管理，提高维护水平，使维护人员能及时预见或发现可防范线路隐患。干线光缆可根据地域情况，制定适应不同线路、不同地域条件、不同人员配置、不同巡回周期的巡回制度。将巡回工作与信息钮识读结合起来，把光缆线路的巡回与线路隐患的影响程度有机结合，做到河边、村边、路边、沟边、池边等易动土地段的信息钮每巡必读，逐步实现雨雪天不下泥路，庄稼期不进大田的按季节、气候变化的差异化巡回，及时发现事故隐患且消除隐患。

（2）干线直埋光缆可在路由上或路由附近采取相应措施明显标志光缆的位置和走向，使直埋光缆线路明显化，提高干线直埋光缆线路的质量和自身的防障能力、对外宣传能力。例如，在城区、城乡结合部、过路、过河、过沟、过村、过院等特殊地段，用加装高标石、宣传牌、路由提示牌、人行道铺地砖、人孔盖、路面刷漆喷字等方法标志光缆的位置和走向，使光缆位置和走向一目了然。

（3）外力施工影响、敷设位置、深度、高度或与其他设施隔距不符合维护规程要求的光缆线路可采取迁改、下沉、升落、加固、设立安全警示标志、加装三线防护装置、进行"三盯"看护等措施。

（4）易燃、易爆物附近的线路隐患应及时联系相关部门尽快清除。

（5）突发性隐患没有明显征兆，时间短、危害大，防范困难。突发性外力、枪支打鸟、盗墓和人为破坏等造成的线路隐患，可通过加强护线宣传，提高社会对光缆线路的认知度；加强与政府、公检法等部门的沟通联系，加大对破坏、偷盗通信设施违法犯罪行为的打击力度，减少外界对通信设施的破坏。

（6）提高线路设备质量，增强线路抵御自然灾害能力；依靠完善的传输网络和先进的传输技术，降低自然灾害和人为破坏对通信网络造成的损失。

重庆晚报曾报道过一则社会新闻，提示人们很多线路隐患是由人为因素造成的，如有些市民在吊线或光缆上挂饰衣物、腊肉等，如图2.15所示。如果发现此类现象，应该首先向这些市民做说服工作，讲清楚光缆的重要性和损害光缆的严重后果；如果行不通可以请当地居委会或村干部协调解决，甚至由当地公安部门出面做妥善处理。

图 2.15　线路隐患实例

六、"三盯"工作

在长途光缆线路附近的外力施工，危及到光缆线路安全并有可能造成光缆线路故障时采取的盯防措施简称"三盯"，即盯紧、盯死、盯到底。"三盯"工作是预防和减少线路故障的有力措施和行之有效的手段，是预防线路故障工作的重点。

线务员在巡回中发现危及线路安全的外力施工迹象，应立即上报。线路维护部门应按照要求设置"三盯"现场。"三盯"现场按责任段划分责任，第一责任人是责任段线路维护人员。

1. "三盯"现场分级

根据对线路的影响程度将"三盯"现场分为 3 个等级并采取下列措施。

（1）一级看护。当施工点或有施工迹象点距光缆垂直距离在 10m 以内时，应实行 24h 看护。

（2）二级看护。当施工点或有施工迹象点距光缆垂直距离在 10～20m 范围内时，要采取随工方式看护。

（3）三级看护。当施工点或有施工迹象点距光缆垂直距离在 20～50m 范围内时，要采取流动方式看护。

2. "三盯"现场管理

（1）"三盯"现场线路设备完好，线路路由上喷洒白灰线，警戒线、标志明显，字迹清晰。"三盯"现场应增加标石、标志牌，张挂大型宣传条幅。对影响较大的大型施工现场，可利用广播、电视等护线宣传手段配合宣传。

（2）"三盯"人员责任段落明确，严格信息钮识读每小时一次制度，认真检查考核。对存在安全隐患的地段，应采取可靠保护及警戒措施，避免和减少线路安全隐患。

（3）与施工单位建立有效的联系方式，掌握施工动向与进度，签订安全协议，共同设立"三盯"和安全责任人员，共同保护光缆线路的安全。

积极与施工现场负责人、特别是大型机械手联系，讲明监护范围、作业要求、保护措施和注意事项及联络方式等。签订安全协议，在确保线路安全的前提下，开展施工工作。

（4）严格检查制度。地市中心负责人对"三盯"现场的检查，每月检查各不少于一次；分局负责人每周不少于一次；维护人员一天一次，严格落实，做好记录。检查记录应记录检查情况、整改意见。

（5）严格交接班制度，要有交接班时间表和"三盯"人员责任地段划分表。"三盯"日志应详细记录现场施工进展情况和发现问题、采取措施、责任人员等。

"三盯"现场联络工具齐备，妥善安排好现场人员食宿。

3. "三盯"现场人员要求

（1）熟悉线路路由、埋深，特殊危险地段埋深有详细登记，负责绘制"三盯"现场线路路由图、剖面图（一米一点）和光缆线路保护图。

（2）熟悉施工管理人员和大型机械手，了解施工方案和变动情况，能准确、及时掌握施工动向和进度要求，并及时做好"三盯"记录。

（3）加强现场的巡回，发现警戒线内动土应及时制止并汇报，注重施工高峰、工程复工、收尾等时段的防护工作。

（4）"三盯"人员和联络安全员应按要求坚守岗位，佩带明显标志，做好交接班工作。

4. "三盯"工作资料管理

"三盯"工作资料主要包括："三盯"防护保障领导小组名单和"三盯"管理制度、"三盯"报告单（有领导批复、安排及保护措施）、与施工单位的安全协议、"三盯"情况每月分析及汇总统计表、"三盯"现场旬报及季度总结，以及"三盯"检查记录表。

本地网线路外力施工影响地段的防护参照上述要求执行。

"三盯"现场和资料管理如图 2.16 所示。

封闭式管理

"三盯"资料

图 2.16　"三盯"现场图片

任务三　光时域反射仪的使用和后向散射信号曲线分析

【任务分析】

光时域反射仪（OTDR）是光缆线路技术维护和故障查找所依赖的仪表，掌握其基本原理和使用方法，熟悉主要参数设置，通过分析后向散射信号曲线判断熔接损耗、测量光纤长度和判断故障点位置是技术维护人员的基本技能。

【任务目标】

● 光时域反射仪（OTDR）基本工作原理；

● 光时域反射仪（OTDR）常用参数设置；
● 光时域反射仪（OTDR）基本应用。

一、光时域反射仪（OTDR）

1. 基本概念

OTDR 的英文全称是 Optical Time Domain Reflectometer，即光时域反射仪。OTDR 是利用光线在光纤中传输时的瑞利散射和菲涅耳反射所产生的背向散射而制成的精密的光电一体化仪表，它被广泛应用于光缆线路的维护、施工之中，可进行光纤长度、光纤的传输衰减、接头衰减和故障定位等的测量。

瑞利散射是光纤材料的固有特性，当窄的光脉冲注入光纤后沿着光纤向前传播时，所到之处将发生瑞利散射。

瑞利散射光向各个方向散射，其中一部分的方向与入射方向相反，沿着光纤返回到入射端，这部分散射光称为背向散射光，如图 2.17 所示。

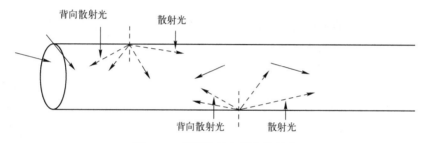

图 2.17 瑞利散射和背向散射光

另外，当光脉冲遇到裂纹或其他缺陷时，也有一部分光因反射而返回到入射端，而且反射信号比散射信号强得多。这种现象称为菲涅耳反射，如图 2.18 所示。

这些返回到入射端的光信号中包含有损耗信息，经过适当的耦合、探测和处理，就可以分析到光脉冲所到之处的光纤损耗特性。

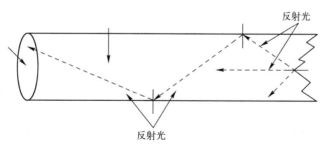

图 2.18 菲涅耳反射

2. OTDR 的结构

OTDR 仪表主要是由脉冲发生器、光源、光定向耦合器、光纤连接器、光电检测器、放大器、信号处理器、内部主时钟和显示器等几部分组成，如图 2.19 所示。

（1）由图 2.19 可知，脉冲发生器的功能是产生所需要的规则的电脉冲信号。

（2）光源的功能是将电信号转换成光信号，即将脉冲发生器产生的电脉冲转换为光脉冲进行测试使用。

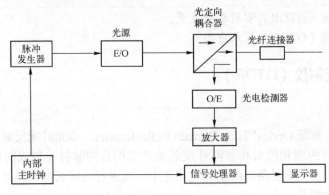

图 2.19　OTDR 结构图

（3）光定向耦合器的功能是使光按照规定的特定方向输出/输入。

（4）光纤连接器的功能是将 OTDR 仪表与被测光纤相连接。

（5）光电检测器的功能是将光信号转换成电信号，即将经光定向耦合器传来的背向散射光转换成电信号。

（6）放大器的作用是将光电检测器转换的微弱电信号进行放大，以便处理。

（7）信号处理器的作用是对由背向散射光转换的含有光纤特性的电信号进行平均化处理。

（8）显示器的功能是将处理后的结果显示出来。

（9）内部主时钟的作用：一方面是为脉冲产生器提供时钟，使其有频率地产生电脉冲信号；另一方面是为信号处理器提供工作频率，使其处理频率与脉冲频率保持同步。

光时域反射仪工作原理

3．OTDR 工作原理

OTDR 工作过程：机器内的脉冲发生器产生脉冲，驱动半导体激光器发出光脉冲，入射到被测光纤中，将返回来的光信号利用光定向耦合器分离取出后，在光接收装置中（光电检测器）变成电信号，经过放大和平均处理馈送到显示器，对波形进行显示。当光脉冲在光纤内传输时，会由于光纤本身的性质，连接器结合点，弯曲或其他类似的事件而产生散射、反射，其中一部分的散射和反射就会返回到 OTDR 中。返回的有用信息由 OTDR 的探测器来测量，它们就作为光纤内不同位置上的时间或曲线片断。首先测量从发射信号到返回信号所用的时间，再确定光在光纤中的速度，就可以计算出距离，即

$$d=（c×t）/2（IOR）$$

式中　c——光在真空中的速度；

　　　t——信号发射后到接收到信号（双程）的总时间（两值相乘除以 2 后就是单程的距离）；

　　　IOR——折射率。

因为光在光纤中要比在真空中的速度慢，所以为了精确地测量距离，被测的光纤必须要指明折射率（IOR）。IOR 是由光纤生产厂家来标明。

OTDR 的工作原理就类似于一个雷达。它先对光纤发出一个信号，然后观察从某一点上返回来的是什么信息。这个过程会重复地进行，然后将这些结果进行平均并以轨迹的形式来显示，这个轨迹就描绘了在整段光纤内信号的强弱（或光纤的状态），这条轨迹称为背向散射信号曲线。

OTDR 使用瑞利散射和菲涅耳反射来表征光纤的特性。OTDR 测量回到 OTDR 端口的一部分散射光，这些背向散射信号表明了由光纤而导致的衰减（损耗/距离）程度，形成的轨迹是一条向下的曲线，它说明了背向散射的功率不断减小，这是由于经过一段距离的传输后发射和

背向散射的信号都是有所损耗的。菲涅耳反射是离散的反射，它是由整条光纤中的个别点而引起的，这些点是由造成反向系数改变的因素组成，如玻璃与空气的间隙。在这些点上，会有很强的背向散射光被反射回来。因此，OTDR 就是利用菲涅耳反射的信息来定位连接点、光纤终端或断点。

二、OTDR 的操作过程和参数设置

OTDR 仪表有许多不同厂家生产的多种型号，但每一种型号的 OTDR 仪表的基本原理是相同的，操作基本流程大体相同，重要参数的选择依据相同。下面以 EXFO 公司的 FTB－400 型 OTDR 为例，讲解 OTDR 的操作过程和参数设置。

1. 基本操作

（1）面板结构。

FTB－400 面板结构如图 2.20 所示。

（2）基本操作。

① 选择实用程序，如图 2.21 所示。

② 日期和时间系统设置，如图 2.22 所示。

③ 选择开始界面，如图 2.23 所示。

④ 模块安装使用，如图 2.24 所示。

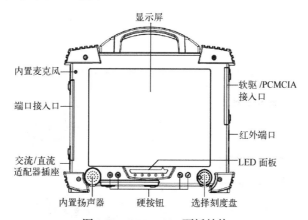

图 2.20　FTB－400 面板结构

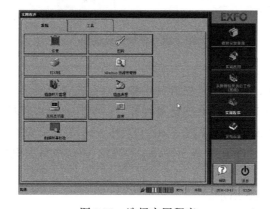

图 2.21　选择实用程序

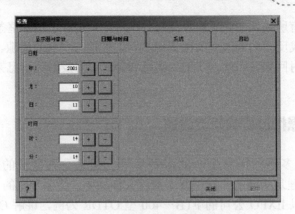

图 2.22　日期和时间系统设置

图 2.23　选择开始界面

图 2.24　模块安装使用

⑤ 启动应用程序。

● 选择要应用的模块，所选择的应用程序将会以白色突出显示。

● 选择并双击在线应用程序栏中的适用按键，以执行此应用程序。

● 该测试应用的主画面中包含 FTB – 400 OTDR 的所有执行命令。

● 如果最后一次使用 OTDR 时调出轨迹，OTDR 测试应用出现的主画面将和以上的显示图示有所不同。

⑥ 模式设置，如图 2.25 所示。

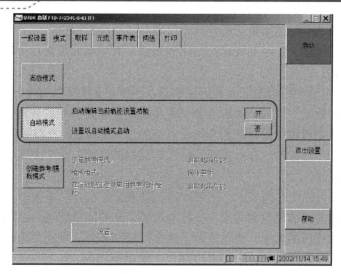

图 2.25 模式设置

● 自动模式：此模式可自动评估光纤长度，设置取样参数，获取轨迹，显示事件表和所获取的轨迹。

● 高级模式：此模式提供所有使用工具，以便能以手动方法执行集成 OTDR 测试与测量，以控制所有的测试参数。此外，可以从高级模式中设定参数，以便于自动模式的使用。

● 创建参考/模板模式：此模式可以执行光纤测试，并和先前所获取和分析的参考轨迹作比较；也可以在模板模式中将新获取轨迹上所检测到的事件加入参考轨迹，以更新该轨迹。

2. 测试步骤

（1）检查仪表的附件。

（2）开启电源，进行自检。

（3）确认待测光纤无光，检查光纤前对端没有接入其他设备和仪器。在线路查修或割接时，被测光纤与 OTDR 连接之前，应通知该中继段对端局站维护人员取下 ODF 架上与之对应的连接尾纤，以免损坏光盘。

（4）连接测试尾纤。

首先清洁测试侧尾纤，将尾纤垂直仪表测试插孔处插入，并将尾纤凸起 U 形部分与测试插口 U 形部分充分连接，并适当拧紧。如果待测光纤没有连接到 ODF 架，还需要重新制备端面，再连接到仪表的耦合器。

（5）正确设置参数。

① 测试距离：首先用自动模式测试光纤，然后根据测试光纤长度设定测试距离，通常是实际距离的 1.5~2 倍为宜，主要是为了避免出现假反射峰，影响判断。

② 脉冲宽度：仪表可供选择的脉冲宽度一般有 10ns、30ns、100ns、300ns、1μs、10μs 等参数选择，脉冲宽度越小，取样距离越短，测试越精确，反之则测试距离越长，精度相对下降。根据经验，一般 10km 以下选用 100ns 及以下参数，10km 以上选用 100ns 及以上参数。

③ 折射率：光纤生产厂家来标明的参数值，如不确定，选取 1.4678。

④ 测试光波长：选择测试所需波长，有 1310nm 和 1550nm 两种波长供选择。

⑤ 测量模式：一般设为平均。

⑥ 事件门限：非反射事件门限设置为 0dB，是指在测试中对光纤的接续点或损耗点的衰

耗进行预先设置，当遇有超过阈值的事件时，仪表会自动分析定位。

（6）开启激光。经过一定时间优化，关闭激光器，对测量曲线进行分析。

3．参数的选取说明

（1）测试距离：由于光纤制造以后其折射率基本不变，这样光在光纤中的传播速度就不变，这样测试距离和时间就是一致的，实际上测试距离就是光在光纤中的传播速度乘以传播时间，对测试距离的选取就是对测试采样起始和终止时间的选取。测量时选取适当的测试距离可以生成比较全面的轨迹图，对有效地分析光纤的特性有很好的帮助。通常根据经验，选取整条光路长度的 1.5～2 倍最为合适。

（2）脉冲宽度：可以用时间表示，也可以用长度表示，在光功率大小恒定的情况下，脉冲宽度的大小直接影响着光的能量的大小，光脉冲越长，光的能量就越大。同时，脉冲宽度的大小也直接影响着测试死区的大小，也就决定了两个可辨别事件之间的最短距离，即分辨率。显然，脉冲宽度越小，分辨率越高；脉冲宽度越大，测试距离越长。

（3）折射率：就是待测光纤实际的折射率，这个数值由待测光纤的生产厂家给出，单模石英光纤的折射率在 1.4～1.6 之间。越精确的折射率对提高测量距离的精度越有帮助。这个问题对配置光路由也有实际的指导意义，实际上，在配置光路由时应该选取折射率相同或相近的光纤进行配置，尽量减少不同折射率的光纤芯连接在一起形成一条非单一折射率的光路。

（4）测试波长：就是指 OTDR 激光器发射的激光的波长，在长距离测试时，由于 1310nm 衰耗较大，激光器发出的激光脉冲在待测光纤的末端会变得很微弱，这样受噪声影响较大，形成的轨迹图就不理想，宜采用 1550nm 作为测试波长。所以，在长距离测试时适合选取 1550nm 作为测试波长，而普通的短距离测试选取 1310nm 也可以。

（5）平均值：为了在 OTDR 形成良好的显示图样，根据用户需要动态地或非动态地显示光纤状况而设定的参数。由于测试中受噪声的影响，光纤中某一点的瑞利散射功率是一个随机过程，要确知该点的一般情况，减少接收器固有的随机噪声的影响，需要求其在某一段测试时间的平均值。根据需要设定该值，如果要求实时掌握光纤的情况，那么就需要设定时间为实时。

4．OTDR 使用注意事项

（1）光输出端口必须保持清洁，光输出端口需要定期使用无水乙醇进行清洁。清洁光纤接头和光输出端口可防止下列情况的发生：

① 由于光纤纤芯非常小，附着在光纤接头和光输出端口的灰尘和颗粒可能会覆盖一部分输出光纤的纤芯，导致仪器的性能下降。

② 灰尘和颗粒可能会导致输出端光纤接头端面的磨损，这样将降低仪器测试的准确性重复性。

（2）仪器使用完后将防尘帽盖上，同时必须保持防尘帽的清洁。

（3）定期清洁光输出端口的法兰盘连接器。如果发现法兰盘内的陶瓷芯出现裂纹和碎裂现象，必须及时更换。

（4）适当设置发光时间，延长激光源使用寿命。

三、背向散射信号曲线的基本分析

后向散射信号曲线识读

1．盲区的概念

盲区的产生是由于反射淹没散射并且使得接收器饱和引起，通常分为衰减盲区和事件盲区两种情况。

（1）衰减盲区，是从反射点开始到接收点回复到后向散射电平约 0.5dB 范围内的这段距离。这是 OTDR 能够再次测试衰减和损耗的点。

（2）事件盲区，是从 OTDR 接收到的反射点开始到 OTDR 回复到最高反射点 1.5dB 范围内的这段距离，这里可以看到是否存在第二个反射点，但是不能测试衰减和损耗。

衰减盲区和事件盲区如图 2.26 所示。

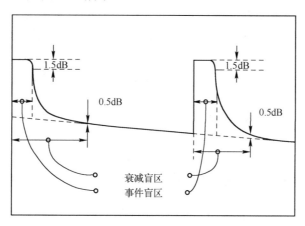

图 2.26　衰减盲区和事件盲区

2. 背向散射信号曲线毛糙，无平滑曲线

背向散射信号曲线毛糙，无平滑曲线可能的原因及处理如下。

（1）测试仪表插口损坏（换插口）。

（2）测试尾纤连接不当（重新连接）。

（3）测试尾纤问题（更换尾纤）。

（4）线路终端问题（重新接续，在进行终端损耗测量时可介入假纤进行测试）。

3. 背向散射信号曲线平滑

（1）信号曲线横轴为距离（km），纵轴为损耗（dB），前端为起始反射区（盲区），约为 0.1km，中间为信号曲线，呈阶跃下降曲线，末端为终端反射区，超出信号曲线后，为毛糙部分（即光纤截止点）。

（2）如图 2.27 所示普通接头或弯折处为为一个下降台阶，活动连接处为反射峰（后面介绍假反射峰），断裂处为较大台阶的反射峰，而尾纤终端为结束反射峰。

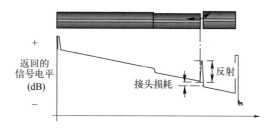

图 2.27　下降台阶和反射峰

（3）当测试曲线中有活动连接或测试量程较大时，会出现两个以上假反射峰，可根据反射峰距离判断是否为假反射峰。

假反射峰的形成原因：由于光在较短的光纤中，到达光纤末端 B 产生反射，反射光功率仍然很强，在回程中遇到第一个活动接头 A，一部分光重新反射回 B，这部分光到达 B 点以后，在 B 点再次反射回 OTDR，这样在 OTDR 形成的轨迹图中会发现在噪声区域出现了一个反射现象。

4. 接头损耗分析

（1）自动分析：通过事件阈值设置，超过阈值事件自动列表读数。

（2）手动分析：采用 5 点法（或 4 点法），即将前 2 点设置于接头前向曲线平滑端，第 3点设置于接头点台阶上，第 4 点设置于台阶下方起始处，第 5 点设置在接头后向曲线平滑端，从仪表读数，即为接头损耗。

（3）接头损耗采用双向平均法，即两端测试接头损耗之和的 1/2。

5. 环回接头损耗分析

（1）在工程施工过程中，为及时监测接头损耗，节省工时，常需要在光缆接续对端进行光纤环接，即光线顺序 1#接 2#，3#接 4#，依此类推，在本端即能监测中间接头双向损耗。

（2）以 1#、2#纤为例，在本端测试的接续点损耗为 1#纤正向接头损耗，经过环回点接续点损耗则为 2#纤正向接头损耗，注意判断正、反向接续点距环回点距离相等。

6. 光纤全程衰减分析

将 A 标设置于曲线起始端平滑处，B 标设置于曲线末端平滑处，读出 A、B 标之间的衰耗值，即为光纤全程传输衰减（实际操作中光源光功率计对测更为准确）。

7. 曲线存储

OTDR 均有存储功能，其操作与计算机操作功能相似，最大可存储 1000 余条曲线，便于后续维护分析。

四、OTDR 基本应用

OTDR 产生返回光强度（背向散射加上反射）与光纤长度相关的光纤曲线，通过对该曲线的分析，可以测量出光纤长度、查找故障点和测量光纤接头的损耗。

1. 光纤长度测量及误差

如图 2.28 所示为背向散射信号长度测量分析曲线。

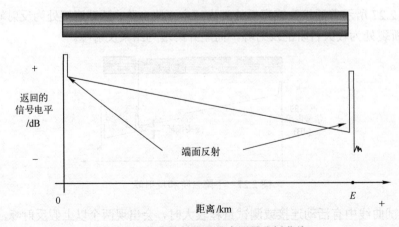

图 2.28 背向散射信号长度测量分析曲线

如图 2.28 所示，背向散射信号曲线的光强度是与光纤长度相关的，在光纤末端因光纤中断，在此点会产生菲涅耳反射，形成较强的反射峰（图中 *E* 点），可通过事件分析读出该点对应的距离，就可得出被测光纤的长度。

在测量中有时也会产生误差。例如，甲、乙两地间的光纤长度为 50km，其光纤折射率为 1.469，光时域仪操作人员测得长度为 48.94km，为什么会产生 1.06km 的误差呢？原来光时域仪上的折射率设置为 1.5，结果造成长度误差为

$$\Delta L = L \times (N - N') / N = 50000 \times (1.469 - 1.5) / 1.469 = -1055.1\text{m}$$

计算结果表明，因折射率的取值不同而造成光纤测试长度比实际长度缩短 1055.1m，误差比较大，如果根据该测量结果用于查找故障点，就会出现较大偏差，在实际查找光纤障碍点时就有较大困难。

2. 查找故障点

查找障碍点的具体位置：当遇到自然灾害或外界施工等其他外力影响造成光缆阻断，这些障碍的现场一般可直观看出，能较容易找到障碍地点。但若障碍不明显时，光缆内部分光纤断裂，如气枪子弹打穿光缆造成断纤，则不容易从路面一眼找到障碍地点，这时就要用光时域反射仪测出故障的大致距离，同原始测试资料进行核对，查出障碍点大概处于哪两个标石之间，然后分段缩小范围，通过必要的换算后精确丈量，直到找出障碍的具体位置。

查找故障点的方法如图 2.29 所示。

在靠近故障点最近的端局使用 OTDR 对该通道故障光纤进行监测，如图 2.29（a）所示。

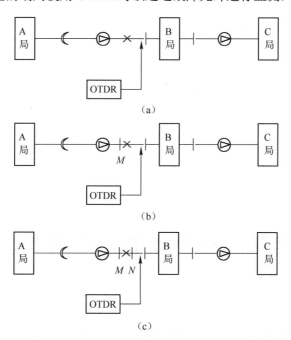

图 2.29 查找故障点的方法

此时，OTDR 屏幕上将显示一故障点形成的反射峰，在怀疑有故障的光纤接头保护套管的后面 1cm 左右处，远离 OTDR 的一边，如图 2.29（b）所示的 *M* 点处剪断光纤，并将断面浸入匹配油中，此时 OTDR 上若无反应，即屏幕的反射峰仍存在，说明 *M* 点不是造成反射峰的断面，也就是说故障点在 *M* 点的前面，靠近 OTDR 的一边。再在此接头的保护套管前面 1cm

处，靠近 OTDR 的一边，如图 2.29（c）所示的 N 点，剪断光纤，即剪断了原接头，此时 OTDR 屏幕上的反射峰不再是故障点，而是由于 N 点断面形成的只是相距很近无法分辨而已，将该断面浸入匹配油中，若此时反射峰消失，则说明此反射峰是 N 点断面形成的，也就是说故障点被剪断，猜测得到证实，否则故障点不在该接头，尚需继续寻找。

在查找故障点时为提高准确性，一般使用双向测试法，如图 2.30 所示。

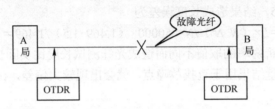

图 2.30　双向测试法

双向测试法是在两端中继站分别用 OTDR 进行测试，把两边测试结果进行综合分析，一般可准确判断出光纤的断点位置。

3. 测量接头的熔接损耗

通过背向散射信号曲线，可以测量被测光纤接头的熔接损耗，如图 2.31 所示。

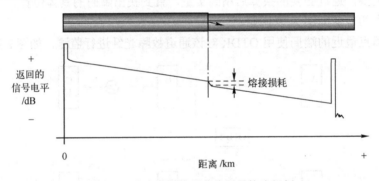

图 2.31　背向散射信号曲线测量接头损耗

熔接损耗是一种由于信号电平在接头点突然下降而造成的点损耗，可通过事件分析读出被测量接头点的熔接损耗。

任务四　光缆线路工程施工过程认知

【任务分析】

光缆线路维护是工程施工后的延续，维护过程中也会涉及光缆改道、线路大修等工程性工作，对光缆线路工程施工的过程和基本内容也应熟悉。

【任务目标】

● 施工准备；
● 施工要求；
● 竣工移交。

一、施工准备

1. 施工图

通常，光缆线路工程施工图由以下几部分组成。

（1）光缆数字通信工程线路传输系统配置图，包括：光缆传输系统配置图和光缆纤芯分配使用图。

（2）光缆线路路由示意图，包括：光缆线路总体路由图和光缆线路路由图（比例为 1：50000）。

（3）光缆配盘图。

（4）进局光缆线路路由示意图，包括：局端机房平面布置图、局端光缆走向示意图和局端进线室光缆走向示意图。

（5）光缆路由施工图，包括：管道光缆路由施工图、架空光缆路由施工图、直埋光缆路由施工图和水底（海底）光缆路由示意图。

（6）光缆截面图。

2. 如何看懂光缆施工图

光缆施工图具有方向性与实物参考性。在看施工图时，除了要认识特定的符号意义外（在施工图中有所注释），还要认清楚施工图的方向标志，结合地形地貌寻找图中的参照物。如图 2.32 所示为常见参照物图例。

图 2.32　常见参照物图例

3. 线路勘查工具准备

设计、监理、施工三方应共同参与线路勘查，通常会用到以下工具：测远仪、望远镜、指南针、地阻仪、土壤腐蚀测试箱、标杆、大旗、手旗、测量地链、皮尺、钢尺、专用取土铲、木工斧、铁锤、克丝钳、写标桩笔、红磁漆、土样袋、工具袋、哨子、移动通信工具、旗杆、红白小旗、经纬仪、平板仪、交通车辆、表格、文具、药品、劳保用品等。

4. 线路勘查关键点

光缆线路工程初步设计查勘的主要工作内容包括以下几个方面。

（1）选定光缆线路路由，选定线路与村镇、公/铁路、河、桥等地形、地物的相对位置。选定市区占用街道的位置，管道利旧和新建的长度和规模，特殊困难地段光缆的具体位置。估算统计选定路由方案中各段的距离长度并出图。

（2）选定相关站址位置，与其他相关专业一起共同商定站址及站总平面布置和光缆的进线方式和走向位置。

（3）拟定各段光缆的规格、型号。拟定光缆路由上采用直埋、管道、架空、桥上、水底光缆等的具体规格、型号及长度。

（4）拟定光缆线路的防护地段及其防护措施，拟定防雷、防蚀、防强电、防啮齿动物，以及防机械损伤的地段长度和防护措施，估算工程量。

（5）对外联系。对于光缆线路穿越铁路、公路（或在路肩敷设）、重要河道、大堤，以及光缆线路进入市区等，与相关单位协商穿越地点、保护措施及进局路由，必要时发函备案。

（6）整理提供图纸。光缆线路路由图、路由方案比较图、系统配置图、管道系统图、主要河流水线路由的平、断面图等。

二、施工要求

1. 光缆工程施工主要内容和规范要求

（1）光缆工程按光缆通信传输线路的用途分，常见的工程类别主要有长途光缆线路、中继光缆线路、用户接入光缆线（环）路三种。

① 长途光缆线路工程和中继光缆线路：一般本地网之间的传输线路可称为长途线路，本地网内交换局间的传输线路称为中继线路。工程的主体内容集中在两地入局机房 ODF 架以外的光缆线路施工，可能会涉及直埋敷设、管道敷设、架空敷设、海底敷设、水下敷设，以及过桥敷设、进局敷设、墙壁敷设等多种专业，施工难度根据外线的地形、地貌来决定。

② 用户接入光缆线（环）路工程：交换局去用户间的传输线路称为用户接入线路，其工程主要集中在局端机房 ODF 架与用户机房 OLT 之间的光缆线路施工，施工专业以管道为主，施工难度集中在协调方面。

（2）光缆工程需要根据以下规范要求进行施工。

① YD/T 5025－2005《长途通信光缆塑料管道工程设计规范》。

② YD/T 5095－2005《SDH 长途光缆传输系统工程设计规范》。

③ YD/T 5098－2001《通信局（站）雷电过电压保护工程设计规定》。

④ YD 5102－2005《长途通信光缆线路工程设计规范》。

⑤ YD/T 5137－2005《本地通信线路工程设计规范》。

⑥ YD 1429－2006《通信局（站）在用防雷系统的技术要求和检查方法》。

⑦ YD/T 778－2006《光纤配线架》。

⑧ YD/T 841.2－2008《地下通信管道用塑料管 第 2 部分：实壁管》。

⑨ YD/T 5151－2007《光缆进线室设计规定》。

2. 施工中注意事项

（1）施工现场摸底：核对图纸，确定障碍点、关键点。

（2）光缆单盘检测：对光缆进行光性能测试。

（3）路由复测及光缆配盘：根据实际情况对路由进行适当调整，线缆合理配盘。

（4）立线杆：电杆、拉撑设备及附属设备电器性能和物理性能检测；电杆的埋设工艺；拉撑设备的安装工艺。

（5）架设吊线：调整吊线垂度（松紧度），架设时空中障碍物、电力线交越的处置。

（6）光缆敷设：防止放缆时光缆打背扣，注意光缆卡勾间距、预留、保护。

（7）局内成端光缆布放：余长定位，布放绑扎。

（8）光缆接续及中继段全程测试：光纤损耗 OTDR 实时测试，接头盒的安装。

3. 其他

在施工单位施工过程中，要充分考虑施工的实际情况，对施工方案的可行性进行深入分析，必要时可以向设计方提出设计变更。在工程施工的过程中，因工程实际需要增加的工程量，需要向监理单位提出工程签证。

三、竣工移交

1. 光缆工程质量检查测试

光缆工程施工质量包括以下两方面的要求。

（1）光缆工程施工工艺符合规范要求。

在光缆工程施工的过程中，工艺要求主要体现在架空、管道两项专业上。例如，架空专业部分的工艺要求：对全线新杆路进行纠正检查，对有偏差的杆路进行扶正（转角杆允许合理偏差）；引上杆与终端杆要用两抱箍做成"8"字形锁紧并扶正；光缆冗余弯要统一标准（电杆两边弦长各80cm，打标准蝴蝶结，下垂长度为25～30cm）；新杆路保持每5挡杆挂一光缆牌，引上、引下电杆各挂一光缆牌。

（2）光缆工程的光纤通信质量应符合相关规范要求，参见表2.15。

表 2.15 光缆工程光纤质量标准

序　号	项　　目	单　位	指　标	备　　注
1	中继段光缆最大衰耗（1310nm）	dB/km	0.36+0.08/光缆平均盘长	1310nm窗口指标以合同为准
2	中继段光缆最大衰耗（1550nm）	dB/km	0.22+0.08/光缆平均盘长	1550nm窗口指标以合同为准
3	中继段同一光纤接头平均衰耗（双向测试平均值）	dB/km	≤0.08dB	原则上同一中继段单个熔接点的测试衰耗值（双向测试平均值）在0.1～0.15dB范围内不得超过0.5%

2. 竣工资料整理

在光缆工程竣工时，通常需要提交以下资料：施工单位资质证明、交工验收申报书、工程说明、安装工程量总表、施工现场签证表、随工验收、隐蔽工程检查签证记录、安装工艺检查情况表、工程设计变更单、开工报告、停（复）工报告、重大工程质量事故报告单、测试记录目录及测试记录表、光纤连接信息表、OTDR测试图形结果、接头衰耗测试记录表、移交清单、单项（单位）工程验收证书、存在问题及处理结果、设计验收证书、监理验收证书、招投标情况记录表、工程施工图纸等。

3. 其他事项

光缆工程完工后，在制作竣工资料的过程中，要充分考虑当地竣工资料制作的特色，必要时要以当地长线局的制作标准来制作。

四、光缆敷设施工技术基本要求

1. 管道光缆的敷设

（1）管道光缆敷设前应做好下列准备：

① 按设计核对光缆占用的管孔位置；

② 在同路由上选用的孔位不宜改变，如变动或拐弯时，应满足光缆弯曲半径的要求；

③ 所用管孔必须清刷干净。

（2）人工布放光缆时每个人孔应有人值守；机械布放光缆时拐弯人孔应有人值守。

（3）光缆穿入管孔或管道拐弯或有交叉时，应采用导引装置或喇叭口保护管，不得损伤光缆外护层。根据需要可在光缆周围涂中性润滑剂。

（4）光缆一次牵引长度一般不大于 1000 米。超长时应采取盘∞字分段牵引或中间加辅助牵引。

（5）光缆布放后，呈绷直状态且多数位于人孔中央，因此，应由前边开始逐个人孔整理。将光缆退回 0.5m 左右，靠人孔壁放置在相应的托板上，并用蛇形软管（或软塑料管），作纵向剖开后包裹在光缆外面保护，并用扎带固定。

（6）光缆预留一般按每 5 个人井作一处，预留 8～10 米，进光交箱处预留 20 米。由管道做架空引上时，其地上部分每处增加预留 6～8 米。

人孔内光缆预留长度：

表 2.16　人孔内光缆预留长度

自然弯曲增加长度 （m/km）	人孔内拐弯增加长度（m/孔）	接头重叠长度 （m/侧）	局内预留长度 （m）
5	0.5～1	8～10	15～20 其他预留按设计预留

设计要求作特殊预留的光缆按规定位置妥善放置。

① 布放后的接头人孔内的光缆，应盘成圈妥善地挂在人孔壁上，光缆端头用热缩帽进行封装处理，注意勿将光缆端头浸泡于水中。

② 光缆接头盒在人孔内宜安装在常年积水水位以上的位置，采用保护托架或其他方法承托。

③ 人孔内的管口应采取堵口措施。光缆应挂有光缆标牌，便于维护人员识别；

④ 严寒地区应按设计要求采取防冻措施，防止光缆损伤。

塑料子管的管道布放方法基本上与光缆布放相同，还应符合下列要求；

① 布放两根以上无色标的子管时，在端头应做好标志；

② 子管数量应根据管孔直径及工程需要确定。数根子管的总等效外径宜不大于管孔内径的 85%；

③ 一个管孔内安装的数根子管应一次性穿放。子管在管道中间不得有接头；

④ 布放塑料子管管道的环境温度应在-5℃～+35℃间；

⑤ 连续布放塑料子管的管道长度，不宜超过 300 米；

⑥ 牵引子管的最大拉力，不应超过管材的抗张强度；牵引速度要求均匀；

⑦ 子管在人孔内的伸出长度应不小于 10cm；

⑧ 穿放塑料子管的管孔，应安装塑料管堵头（也可采用其他方法），以固定子管；

⑨ 子管布放完毕，应将管口作临时堵塞；本期工程不用的子管必须在管端安装堵塞（帽）。

2. 架空光缆的敷设

架空光缆的架挂方式有支承式、自承式。目前，主要采用吊线托挂方式简称吊挂式。

（1）架空光缆垂度的取定应十分慎重，要考虑光缆架设过程中和假设后受到最大负载时产生的伸长率应小于 0.2%。工程中应根据光缆结构及架挂方式计算架空光缆垂度，并应核算光缆伸长率，使取定的光缆垂度能保证光缆的伸长率不超过规定值。

（2）架空光缆的布放应通过滑轮预挂牵引，先将滑轮安装于吊线上，一般每个杆距安装 5～10 个滑轮，光缆通过预放牵引绳将光缆较轻松地牵引过去。布放过程中不允许出现过度弯曲。

（3）吊挂式架空光缆布放后应统一调整，挂钩程式可按照光缆外径选用。光缆挂钩的卡挂间距为 50cm（允许偏差应不大于±3cm），挂钩在吊线上的搭扣方向应一致，挂钩托板齐全。

挂钩程式选用表，见表 2.17。

表 2.17　挂钩程式选用表

挂 钩 程 式	光 缆 外 径（mm）
65	32 以上
55	25～32
45	19～24
35	13～18
25	12 及以下

（4）中负荷区、重负荷区和超重负荷区布放吊挂式架空光缆应在每根杆上设置伸缩弯，轻负荷区应每 3～5 杆挡留一处。

（5）光缆预留一般按每 10 棵杆或 15 棵杆做一处预留，约 15m，跨越重要交通要道、铁路、路口、河流，做预留约 10m。进局做预留 30～50m。每做一处接头，每侧预留 8m。进光交箱处预留 20m。

（6）将预留光缆整齐地盘绕好，固定在支架上，并按规定保持曲率半径，妥善地挂于杆上，接头一般位于杆旁 1m 左右处。光缆与电杆接触部位，应加装一节 50cm 长的塑料管保护。

（7）由管道方式过渡到架空方式时，需做引上安装。钢管地面部分长度一般大于 250cm，以防止人为损伤光缆，钢管内应穿放塑料子管。上部过渡到架空部位应作"伸缩预留"。

（8）架空光缆防强电、防雷措施应符合设计规定。吊挂式架空光缆与电力线交越时，应采用胶管或竹片将钢绞线作绝缘处理。光缆与树木接触部位，应用胶管或蛇形管保护。

3. 直埋光缆的敷设

（1）因应地质条件的不同，直埋光缆的埋深也不同，具体应符合表 2.18 的要求。

表 2.18　光缆的埋深

敷设地段或土质	埋深（m）	备　　注
普通土（硬土）	≥1.2	
半石质（沙砾土、风化石）	≥1.0	
全石质	≥0.8	从沟底加垫 10cm 细土或沙土的上面算起
流沙	≥0.8	
市郊、村镇	≥1.2	
市区人行道	≥1.0	
穿越铁路、公路	≥1.2	距道闸底或距路面
沟、渠、水塘	≥1.2	
农田排水沟（沟宽 1m 以内）	≥0.8	

（2）直埋光缆与其他建筑物及地下管线的距离，应符合表 2.19 的要求。

表 2.19　直埋光缆与其他建筑物间最小净距（m）

名　称		平行时	交越时
市话管道边线（不包括人孔）		0.75	0.25
非同沟的直埋通信电缆		0.5	0.5
埋式电力电缆	35kV 以下	0.5	0.5
	35kV 以上	2.0	0.5
给　水　管	管径小于 30cm	0.5	0.5
	管径为 30～50cm	1.0	0.5
	管径大于 50cm	1.5	0.5
高压石油、天然气管		10.0	0.5
热　力、下水管		1.0	0.5
煤　气　管	压力小于 3kg／cm^2	1.0	0.5
	压力 3～8kg／cm^2	2.0	0.5
排　水　沟		0.8	0.5
房屋建筑红线（或基础）		1.0	
树　木	市内、村镇大树、果树、路旁行树	0.75	
	市外大树	2.0	
水　井、坟墓		3.0	
粪　坑、积肥池、沼气池、氨水池等		3.0	

（3）同沟敷设的光缆，不得交叉、重叠，宜采用分别牵引同时布放的方式。

（4）直埋光缆敷设应符合下列要求：

① 光缆沟的深度应符合规定，沟底应平整无碎石；石质、半石质沟底应铺 10cm^2 厚的细土或沙土；

② 机械牵引时，应采用地滑轮；

③ 人工抬放时，光缆不应出现小于规定曲率半径的弯曲，以及拖地、牵引过紧等现象；

④ 光缆必须平放于沟底，不得腾空和拱起；

⑤ 光缆敷设在坡度大于 20°，坡长大于 30m 的斜坡上时，宜采用"S"形敷设或按设计要求的措施处理；

⑥ 布放过程中或布放后，应及时检查光缆外皮，如有破损应立即修复；直埋光缆敷设后应检查光缆护层对地绝缘电阻，一般要求达到出厂指标的 $\frac{1}{2}$，若绝缘不合格应及时检查光缆外护层，对损伤及时进行修复；

⑦ 光缆中光纤及铜导线必须经检查确认符合质量验收标准后，方可全沟回土。

（5）埋式光缆接头处每侧预留 8～10m。将光缆按坑盘好，接头坑一般确定在 A—B 前进方向的右侧。

（6）光缆沟回填土应符合下列步骤和要求：

① 在完成光缆布放的当日，先回填 15cm 厚的沙土或细土，严禁将石块、砖头、冻土等推入沟内，并应人工踏平；

② 在尽量短的时间内完成 15cm 回土以上的作业，如布放防雷用排流线、加铺红砖、喷洒

防白蚁药物如砷铜合剂等（这些内容根据设计在规定地段上进行）；

③ 回填土应高出地面 10cm。对于有要求夯实的地段，应按要求将回填土夯实。

（7）埋式光缆的防护措施应按设计规定并符合下列要求：

① 光缆线路穿越铁道以及不开挖路面的公路时，采取顶管方式。顶管应保持平直，钢管规格及位置应符合设计要求，允许破土的位置可以采取埋管保护，顶管或埋保护管时管口应做堵塞；

② 光缆线路穿越机耕路、农村大道以及市区、居民区或易动土地段时，应按设计要求的保护方法完成沟坎加固、封沟、护坡等光缆的保护措施。

4. 局内光缆的敷设

（1）局内光缆程式：局内光缆一般分为普通型光缆和阻燃型光缆。

① 普通型光缆。

由管道、架空或埋式光缆直接进局，经进线室布放至机房 ODF 架或光缆终端盒。这种方式的优点是较方便不需在进线室设置接头。

② 阻燃型光缆。

这种光缆结构简单，外护层由聚氯乙烯防火材料制成。采用这种局内光缆时，局外光缆只放至进线室，通过一个接头改由阻燃型光缆进入机房 ODF 架或光缆终端盒。这种方式的缺点是增加了二个接头（一个段），但由于具有阻燃性能，对于防火性能较差的局所显然提高了光缆线路的安全和系统的稳定。

（2）局内光缆的长度和预留。

预留长度一般规定局内为 15～20m，对今后可能移动位置的局所，可按需要预留。

① 普通型进局光缆预留。

配盘、敷设的预留长度为 15～20m；成端的预留长度一般不少于 10m。如环境允许，预留长度分进线室、机房两部分各预留 5m 左右。

② 阻燃型进局光缆预留。

局外普通光缆，在进线室内配盘、敷设按 8～10m 预留，终端连接后最终预留为 5m 左右；阻燃型光缆在进线室预留同普通型进局光缆，即 8～10m。机房内预留同普通型光缆，即预留 15～20m。

（3）进局光缆的布放。

① 局内光缆一般从局前人孔经地下进线室引至光端机。由于路由复杂，宜采用人工布放方式。布放时上下楼道及每个拐弯处应设专人传递，统一指挥，布放中保持光缆呈松弛状态，严禁出现打小圈和死弯。避免光缆在有毛刺、硬物上拉扯，防止护层损伤。

② 局内光缆应作标志，以便识别。

③ 光缆在进线室内应选择安全的位置，当处于易受外界损伤的位置时，应采取保护措施。

④ 光缆经由走线架、拐弯点（前、后）应予绑扎。上下走道或爬墙的绑扎部位，应垫胶管，避免光缆受侧压。

⑤ 按规定预留在光端机侧的光缆，可以留在光端机室或电缆进线室。有特殊要求预留的光缆，应按设计要求留足。

任务五　施工和维护安全须知

【任务分析】

始终贯穿施工和维护工作的一项重要内容就是人身和设备的安全，掌握维护工作安全知识可以有效防止各类意外事故的发生。要熟知施工和维护工作中应注意的一般安全要求，掌握在登高作业、在电力线附近工作、在人孔内工作等情形下的安全事项，掌握工具和仪器的使用安全，以及有害气体和易燃气体的预防方法，熟悉日常急救常识。

【任务目标】

- 人身安全、一般安全须知；
- 登高及人孔内作业的安全事项；
- 工具和仪器的使用安全注意事项；
- 有害、易燃气体的预防；
- 日常急救常识。

在光缆线路施工和维护工作中，必须把人身安全放在首要位置。线路安全工作包括以下几个方面：一是施工人员的人身安全，包括作业人员及现场其他人员的安全；二是通信设备及器材的安全，包括线路器材安全，如光缆线路等；三是施工环境的安全，主要指在施工时，不得对周围的环境造成损害。

光缆线路遍布城乡，周围环境复杂，地上地下各种设备管线与之纵横交错。因此，从事光缆维护的工作人员必须树立安全意识，充分了解和掌握通信线路安全技术操作知识，遵守安全技术规程，实现安全生产的目标。

一、一般安全要求

（一）人身安全

1. 一般规定

（1）必须经过岗前技术培训和安全操作知识培训的人员，方可从事通信线路作业。

（2）施工维护作业前，应检查劳动保护用品、器具是否完好、齐全。

（3）作业人员在从事有潜在危险性作业时，在未采取有效保护措施之前不得作业。

2. "三不伤害"及"三防"

（1）"三不伤害"指：不伤害别人、不伤害自己、不被别人伤害。

（2）"三防"指：防触电、防坠杆、防交通事故。

3. 季节性预防

春夏季预防虫、蛇叮咬，预防食物中毒、有害气体、溺水、中暑、雷击等。

秋冬季注意安全用电，严禁使用电炉取暖，防煤气中毒等。冬雨季路滑，防交通事故，防冻伤，防坠杆。

（二）场地及行车安全

1. 工作场地安全

（1）需要设置安全信号标志的作业地点。

街道拐角处或公路转弯处；在街道上有碍行人或车辆行驶处；在跨越道路架线需要车辆暂时停止时；可能使行人、车辆陷入地沟、杆坑或拉线洞的处所；架空光缆接头处；已经打开盖的人孔；在高速公路上进行通信线路维修作业时。

（2）设置作业现场信号标志的要求及注意事项。

在工作现场需要设置信号标志时，白天用红旗，晚上用红灯，以便引起行人和各种车辆的注意。必要时应设围栏，并请交通警察协助，以保证安全。信号标志设备应随工作地点变动而转移，工作完毕应及时撤除。在通行的公路、街道上挖沟、坑、洞，除须设立标志外，必要时应用盖板盖好或搭设临时便桥，以保证交通安全。在高速公路上临时停车进行维护作业的，安全标志应放置在维护点后方 1km。

施工现场安全标志如图 2.33 所示。

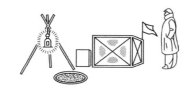

（a）人孔周围标志

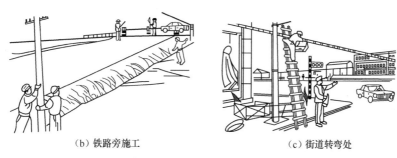

（b）铁路旁施工　　　　　　　　　　（c）街道转弯处

图 2.33　施工现场安全标志图

凡需要阻断公路或街道通行时，应事先取得有关单位的批准。

在铁路、桥梁及有船只航行的河道附近，不得使用红旗或红灯，以免引起误会造成事故，应使用有关规定的标志。

在工作进行时，应制止一切非工作人员，尤其是儿童，走近工作地区。注意禁止接近和触碰下列事物。

① 打开盖的人（手）孔、立杆吊架，以及悬挂物。

② 加热的焊锡、白蜡、沥青，以及带有毒性的填充剂和点燃的喷灯、照明灯等用品。

③ 正在使用的绳索、滑车、紧线钳，以及其他料具。

④ 使用的各种机械设备。如发电机车、充气机、射钉枪、起重吊车、凿孔机、抽水机、人工和机动绞盘等。

⑤ 正在架设的光缆和杆根临时设施等。

2. 车辆行驶

（1）驾驶机动车和非机动车，都要严格遵守交通规则。

（2）施工和维护人员所用的自行车，应装保险叉子，并经常检查叉子及刹车的牢固情况。禁止在有危险的地方冒险骑车。

（3）骑自行车时，不得将笨重料具放置在车把上，必须放在车后铁架上，并捆绑妥当；不得肩抗物件、携带梯子或较长的杆棍等物，如需在自行车上携带 3m 以内的器材如帮桩等，应顺着车身捆绑在车上。

（4）汽车运送人员和物品时，不能客货混装，不能超载。车辆行驶时，严禁将头、手及身体其他部位伸出车厢之外。要注意沿途的电线、树枝及其他障碍物，防止碰伤。禁止在车内吸烟和打闹。汽车停稳后，方可上下车。

（三）器材搬运

1. 一般安全规定

（1）搬运器材前，必须检查担杠、撬杠、绳索、倒链、滑轮、滑车、绞车等能否承担足够的负荷。

（2）人工挑、扛、抬工作时，应注意以下事项。

每人负载一般不超过 50kg，体弱者、女工须酌情减少。

捆绑要牢靠，结解简便，着力点应放物体允许处，受剪切力的位置应加衬垫保护。

肩扛电杆或笨重物体时，应佩戴垫肩。抬杆时要顺肩抬，脚步一致，同时换肩，过坎、越沟、遇泥泞时，前者要打招呼，稳步慢行，必要时应有备用人员替换，抬起和放下时互相照应。

（3）短距离移动笨重器材，采用滚木等撬运、拉运时，应注意以下事项。

物体下所垫滚木，须保持两根以上，如遇软土，滚木下应垫木板或铁板，以免下陷。

撬动点应放在器材允许承力位置，滚移时要保持左右平衡，上下应注意用三角木等随时支垫并用绳索徐徐拉住器材。

应注意滚木和器材移动方向，统一指挥，不可站在滚木运行的前方，以免不慎压伤。上、下坡地段严禁使用此法。

（4）利用叉车进行短距离运输时，要叉牢器材并离地不宜过高，以方便行驶为度。

（5）用跳板或坡度坑进行装卸时应注意以下事项。

坡度坑的坡度应小于 30°，坑位应选择坚实土质处。

普通跳板应选用厚度大于 6cm 没有死节的坚实木材，放置坡度不大于 1∶3（高∶底长），跳板上端最好用钩、绳固定，如遇雨、冰或地滑时，除清除泥冰外，地上应铺垫草包等防滑。若装卸较重（如光缆、钢绞线等）物体时，其跳板厚度应大于 15cm 并在中间位置加垫支撑木。跳板使用前必须仔细检查有无破损、开裂、腐朽现象。

（6）汽车载运行驶时，必须严格遵照交通法规。随车押运人员除注意器材在运行中的变化（如器材移动、跳动、下滑、滚摇等），还应协助司机瞭望前进方向和上空可能触及的障碍物（如树枝、电线、桥梁、隧道等），以提醒司机停车或慢行。

（7）器材传递不得抛递。堆放器材应不妨碍交通，五金器材要随时放好。必要时设标志或专人看管，以免碰伤行人。

（8）搬运脆弱物品，要轻拿轻放，不可与金属材料或其他笨重物体放在一起。

2. 电杆器材的搬运

（1）汽车装运杆材时，杆材平放在车厢内时一般根向前、梢向后；装运较长电杆时，车上应装有支架，尽量使杆材重心落在车厢中部。用两只捆杆器将前后车架一齐绑住。严禁电杆支架超出车厢两侧，以免行车时发生刮碰事故。

（2）用板车装运电杆，应先垫好支架，随时调整板车前后重量的平衡，逐杆架起，捆绑牢固；停车时用木枕或石块垫住车轮前后，防止车辆移动。

（3）用车辆运杆，杆上不能坐人。

（4）装卸杆料时，应检查杆料有无伤痕，如有折断现象，应予剔除。

（5）卸车时，应逐个松捆，不可全部解开，以防电杆从车厢两边滚下，发生危险。严禁将电杆直接由车上向地面抛掷，以免摔伤杆材。

（6）沿铁路抬运杆料，严禁放在轨道上或路基边道的里侧。停留休息时，要选择安全的地方。抬运杆料器材需通过铁路桥梁、涵洞时，须事先取得铁路桥驻守人员的同意。

（7）堆放电杆应统一使杆根放在同侧，杆堆两侧应用短木或石块塞住，以免滚塌。电杆码放时，木杆最高不得超过6层，水泥杆不超过两层并且垫木要平放，堆完后用铁线捆牢，以免杆堆塌散，伤人损材。

3. 光缆运送

（1）光缆宜用汽车或光缆拖车载运，不宜在地上做长距离滚动。如需在地上短距离滚动时，应按光缆绕盘方向逆向或按光缆盘标注的滚动方向推行；在软土、沙地上滚动光缆盘时，地上应垫木板或铁板。汽车装运光缆如图2.34所示。

（2）装卸光缆盘时，必须有专人指挥，全体人员应行动一致。

（3）光缆盘不可放在斜坡上，安放光缆盘时，必须在光缆盘两面垫木枕，以免滚动。

（4）光缆盘不可平放，不能长期屯放在潮湿的地方，以免木盘腐烂。若光缆盘已损坏，应及时更换，倒盘时，千斤顶应安置稳固。

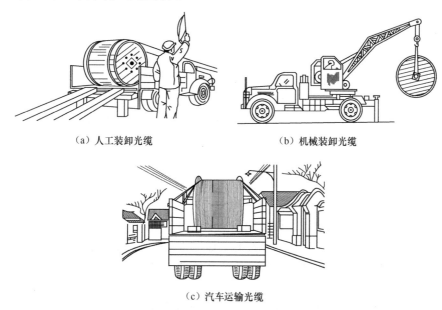

（a）人工装卸光缆　　　　　　　　（b）机械装卸光缆

（c）汽车运输光缆

图2.34 汽车装运光缆图

（5）光缆如需放在路旁过夜，必须将光缆盘上的护板完全钉好，以免遭受损失，必要时，可派专人值守。

（6）人工转动光缆盘时，撬棍应坚实，长度适宜，应选择光缆盘的坚固位置作为着力点。

（7）光缆盘装车后，将光缆盘绑固在车身铁架上，若车上无光缆盘支架时，必须垫木枕。光缆盘的轴向必须与车厢平行，不准平放。押运者还应随时检查木枕和光缆盘的移动情况，如发现问题，应停车加固处理。

（8）光缆盘装卸车，一般用吊车。如用人工装卸时，不可将光缆盘直接从车上推下；应用粗细合适的绳索绕在盘上或中心孔的铁轴上，用绞车、滑车或足够的人力控制光缆盘，使其慢慢从跳板上滚下。工作人员应远离跳板两侧，在3m内不准有人活动。

（9）装卸光缆盘如使用光缆拖车，根据不同对象，用三角木枕恰当制动车轮。行车前应捆绑牢固，防止光缆盘受震跳出槽外。

（10）用光缆拖车装卸光缆盘时，应轻拉轻放，保证安全。装卸时，不得有人站在拖车下面和后面，以免伤人和摔坏光缆。

（11）使用光缆拖车运输光缆，车速不可过快，以保证安全为宜。

（四）消防设施

（1）光缆地下室、水线房、无（有）人站，以及施工工地、材料库等处，应设置适当的消防设备，如各种型号的灭火器、消防水龙及用具等。

（2）消防器材应设置于明显的地方，并应注意使分布位置合理，便于取用。

（3）对各种消防器材、设备，应定期检查，确保有效。

（4）所有工作人员应熟知各种消防设备的性能及其使用方法。

（五）野外工作

（1）遇有地势高低不平的地方，切勿贸然下跳，以防跌撞扎伤。地面被积雪、积水覆盖时，应用棍棒试探前进。

（2）在农田中工作，注意保护农作物。

（3）进入山区和草原工作时，应注意下列事项。

攀登山岭，不要站在活动的石块或裂缝松动的土方边缘上。

在山区应遵守当地政府规定，要注意防火，不得点燃荒山野草。工作时，禁止吸烟，休息时吸烟，要将烟头和火柴余火熄灭。烤火、热饭前应铲除周围一切枯草，以免发生火灾。

必须熟悉工作地区的环境，了解有毒动、植物或攻击性动物情况，以便引起注意。必要时，应带防护手套、眼镜，并绑扎裹腿，以防止各种动植物的伤害，必要时应有两人以上并携带防护用具。

不要触碰或玩弄猎人设置的捕兽陷阱或器具。勿食不知名的果实或野菜，并不得喝生水，防止受伤和中毒。

（4）在水田、泥沼、河流小溪工作时应注意以下事项。

在水田和泥沼地带长时间工作时，须穿长筒胶靴以防吸血动物，如蚂蟥等。

在未弄清河水的深浅时不得涉水过河。因工作需要涉渡河流小溪时，应以竹竿探测前进。不得任意下河洗澡、游泳。

洪水季节时，禁止游泳过河。冬季结冰的承载力不够或融冰季节禁止贸然从冰上通过。

在船只和木排上工作时，要有熟悉水性的工作人员负责安全工作，并备有救生用具。在有风浪惊险或急流、旋涡的水道上航行时，应听从船务人员的指挥。

（5）在铁路沿线工作，注意下列要求。

不许在铁轨、桥梁上休息、睡觉或吃饭。

路基边有人行道时，不要在铁轨当中行走。在双轨的路基上，应在面向火车进行方向的一侧行走，绝对不准在双轨中间行走。火车走近时，应停止前进，并注意防止被列车及其所载运的货物挂伤或被火车掉下的东西砸伤，等火车过去后再继续前进。

携带较长的工具时，工具一定要与路轨平行。

（6）野外工作应根据不同地区，携带防毒及解毒药品，以备应急使用。

（7）架设帐篷时，应选择安全、合适的位置，注意山洪和泥石流的危害。

（六）其他注意事项

（1）工作现场，首先应详细观察了解周围环境设备情况，对可能发生的灾害，采取有效防止措施。

（2）所有工作设施必须安全牢固，不准使用不符合安全规定的材料。

（3）在离开工作地点时，应清除工地、杆下、沟坑内等地方的破碎割刺器材，并检查工、器具，防止遗失。

（4）使用有毒物品时，应佩戴口罩、风镜及胶皮手套，必要时还需佩戴防毒面具，以防中毒。饭前一定要洗手消毒。携带有毒物品、易燃易爆物品，根据不同情况至少两人以上共同工作，并做好隔热、防火、防爆或防寒措施。

（5）在气候特别寒冷和特大风雪天，外出修线、施工时，应备有足够的防寒用品。

（6）冰棱季节应防止被落下的冰棱或折断的大树、工具打伤，并注意防滑倒跌伤。

二、登高作业

（一）登高作业的一般要求

一般线路上超过 3m 以上的攀登作业称为登高作业。

（1）从事登高作业人员必须定期进行身体检查，患有心脏病、贫血、高血压、癫痫病，以及其他不适于登高作业的人，不得从事登高作业。

（2）上杆前必须认真检查杆根有无折断危险，如发现已折断腐烂者或不牢固的电杆，在未加固前切勿攀登。还应观察周围附近地区有无电力线或其他障碍物等情况。

（3）上杆前仔细检查脚扣和保安带等各种工具的安全，发现问题及时更换。

（4）到达杆顶后，保安带放置位置应在距杆梢 50cm 的下面。

（5）利用上杆钉上杆时，必须检查上杆钉是否牢固。

（6）利用上杆钉、脚扣上杆时不准两人同时上下。

（7）利用上杆钉或脚扣在杆上工作时，必须使用保安带，并扣好保安带环方可开始工作。

（8）杆上有人工作时，杆下一定范围内不许有人，在市区内，必要时用绳索拦护。

（9）登高作业所用材料应放置稳妥，所用工具应随手装入工具袋内，防止坠落伤人。

（10）上杆时除个人配备工具外，不准携带任何笨重的材料工具。站在杆上、建筑物上等登高处，不得抛扔工具和材料。

（11）在已经朽蚀、腐烂电杆或用邻杆工作而张力不平衡的电杆上工作时，必须加做临时拉线或临时支撑装置后才能攀登。

（12）在紧拉线时，杆上不准有人，待拉紧后再上杆工作。

（13）在楼房上工作时，如窗外无走廊晒台，勿立或蹲在窗台上工作；如必须站在窗台上工作时，须扎保安带。

（14）遇有恶劣气候（如大风、雷雨），应停止登高、起重和打桩作业。雷雨天气禁止上杆，雨后上杆须防止滑落。

（15）上建筑物工作时，必须检查建筑物是否牢固，情况不明、不牢固不允许登高。

（16）升高或降低吊线时，必须使用紧线器，不许肩扛，并注意周围有无电力线。

（17）在吊线上工作时，不论是用滑行车或梯子，必须先检查吊线。用绳索跨挂于吊线中间，以两人的重量悬于绳上，检验吊线承重能力，确认吊线在工作时不致中断，同时两端电杆不致倾斜倒折、吊线卡担不致松脱时，方可进行工作。

（18）使用平台接续架空光缆时，必须仔细检查平台是否安全可靠。

（二）架空杆路登高

1. 防护用具、工具

（1）安全带。

使用前必须严格检查，确保坚固可靠，才能使用。如出现有折痕，安全扣不灵活或不能扣牢、皮带眼孔有裂缝、安全带绳索磨损和断头超过 1/10 时均禁止使用。

使用时，切勿使皮带扭绞，皮带上各扣套要全数扣妥，皮带头子穿过皮带小圈。安全带的绳索和安全绳不得乱扣节，也不可吊装物件，以免损坏绳索。

应与酸性物、锋刃工具等分开保管、存放，不得放在火炉、暖气片和其他过热过湿之处，以免损坏。

安全带每使用或存放一段时间应进行可靠性试验。试验办法是将 200kg 重物穿过安全带，悬空挂起，检查有无伤痕、折断，扣紧处要牢靠。

（2）脚扣。

经常检查是否完好，勿使其过于滑钝和锋利，脚扣带必须坚固耐用，脚扣登板与钩处必须铆固。

脚扣的大小要适合电杆的粗细，严禁人为将脚扣扩大、缩小，以防折断。脚扣试验办法是：把脚扣卡在电杆上离地面 30cm，一脚悬起，一脚用力猛踩；或在脚板中心采用悬空吊物 200kg，若无任何受损变形迹象，方能使用。

（3）检查脚钉装设是否牢固，有无断裂危险。

（4）检查滑板的吊线钩和绳索等的牢固程度。

（5）用梯子登高时，检查梯子是否安全。

（6）切勿使用一般绳索或各种绝缘皮线代替安全带。

2. 杆路登高

（1）上杆前，必须认真检查杆根埋深和有无折断危险；如发现已折断、腐烂或不牢的电杆，在未加固前，切勿攀登。

（2）上杆前，检查电杆的拉线，特别是角杆拉线，看其是否牢固与锈蚀。

（3）上杆前，仔细观察周围附近地区有无电力线或其他障碍物等情况，上杆后使用试电笔检查每根钢绞线。

（4）利用脚钉，脚扣上杆，均不得两人同时上下。

（5）上杆到杆顶后，保安带在杆上放置位置应在距杆梢 50cm 以下。

（6）在角杆上作业时，应站在与缆线拉力相反的一面，以防缆线脱落将人弹下摔伤。

（7）在杆上作业时，遇到雷雨、大风天气，应立即下杆停止作业，禁止在易受雷击的物体下面停留。

（三）吊线作业

（1）使用滑板前，应先检查滑板的吊线钩和绳索等的牢固程度，滑板钩如已磨损 1/4 时，不准再用。坐滑板必须将安全带搭在吊线上。

（2）坐滑板时，必须用干燥绳子把安全带和滑板系在一起。严禁两人同时在一档内坐滑板作业。

（3）在 7 股 2.0 钢绞线以下的吊线和终结做在墙壁上的吊线上，均不得使用滑板作业。

（4）坐滑板过电杆、光缆接头、吊线接头时，应使用脚扣或梯子，严禁爬抱而过，以防造成人身事故。

（5）在吊线周围 70cm 以内有电力线或用户电线时，不准坐滑板作业。

（四）其他登高

（1）在房上作业时，应检查是否坚固、安全。在屋顶上行走时，瓦房走尖，平房走边，石棉瓦房走钉，机制水泥瓦房走脊，楼顶内走梭。在屋顶内天花板工作时，必须使用行灯，注意天花板是否坚固。

（2）在楼房内外登高作业时，勿站在晒台、窗台上向下扔引线，以防与电力线相触造成人身事故。

三、在电力线附近工作

在电力线附近工作，主要是防止人员及设备与电力线相碰，防止触电、烧坏通信设备等情况发生。

（1）工作人员应熟悉并注意各种供电线的设备，在电力线下或附近紧线时，必须严防与电力线接触。在高压线附近进行架线、做拉线等工作时，离开高压线最小空距 35 千伏以下线路为 2.5m，35 千伏以上线路为 4m，如图 2.35 所示。

图 2.35　离开高压线最小空距图

（2）在通信线路附近有其他缆线时，没有辨明该线使用性质前，一律按电力线对待。

（3）在通过电力线工作时，不得将供电线擅自剪断，须与有关单位联系停电。确认停电后才能开始工作，工作时应带胶皮手套、穿橡胶绝缘鞋、使用胶把钳子等防护措施。

（4）上杆前，沿杆路检查架空缆线、光缆及其吊线，确知其不与供电线接触后方可上杆。上杆后，先用试电笔检查附挂的缆线、光缆、吊线，确知没有电后再进行工作，如发现有电应立即下杆，并沿线检查与供电线接触之处，妥善处理。

（5）在三电（电力线、电车线、电话线）合用的水泥杆上工作时，必须注意电力线、接户线、电车馈电线、变压器及刀闸等电力设备，并不得接触。

（6）如需在供电线（220V、380V）上方架线时，不可用石头或工具等系于线的一端经供电线上面抛过，应使用下列的方法牵引缆线：在跨越两杆各装滑车一个，以干燥绳索做成环形（绳索距电力线至少 2m），再将缆线缚于绳上，牵动绳环，将缆线慢慢通过。在牵动缆线时，勿使过松，免得下垂触及电力线，也可在跨越电力线处做安全保护支架，将电力线罩住，施工完毕后再拆除。放线车和导线应做好接地。

（7）如敷设缆线的杆档过大时，将应挂缆线缚于绳环内，在引渡时每隔相当距离用细绳在绳环上系一小绳圈，套入缆线，以免缆线下垂触碰供电线。

（8）遇有电力线在通信线杆顶上交越的情况时，工作人员的头部不得超过杆顶，所用的工具与材料不得接触电力线及其附属设备。

（9）当通信线与电力线接触或电力线落在地上时，应指定专人采取有效措施排除事故，其他人员立即停止施工，保护现场，不可用工具触动缆线或电力线。事故未排除不得恢复工作。

（10）在吊线周围 70cm 以内有电力线或电灯线时，不得使用滑板。

（11）在地下光缆与电力电缆交叉平行埋设的地段施工时，要核准位置后再进行施工。

（12）在带有金属顶棚的建筑物上工作时应接好地线，拆除地线时，必须先将身体离开地线，戴上胶皮手套将地线拆下。

（13）现场需用临时电灯时，应指派专人装设。所用的电工工具必须绝缘良好，所用的导线要仔细检查，发现漏电时应及时修理或更换。

（14）在高压线下穿缆线时，应将缆线用绳索控制；在通信线吊档放线或紧线时，更要采取可靠措施，防止缆线跳起，碰到高压线发生触电事故。

四、在人孔内工作

（一）地下室内工作

（1）进入地下室工作时，须先进行通风，防止吸入有害气体而中毒。

（2）地下室如有未堵、漏水的管孔，应做好堵塞、修补。

（3）严禁将易燃物品（如汽油等）带入地下室，以防火灾。

（二）启闭人孔盖

（1）开闭人孔盖时应用专用工具，以免挤伤手。如不易找到，应用木块垫在铁盖边缘上，再用铁锤等敲打垫木震松，不可用锤击打铁盖，以免孔盖破裂。

（2）人孔周围如有冰雪，打开人孔盖前必须先铲除，必要时，人孔周围可垫砂土或草袋防滑。

（3）人孔盖打开后，应设置明显的标志，必要时派人值守。

（三）人孔内工作

（1）打开人孔后必须通风。人孔通风采用排风布或排风扇，排风布在井口上下各不小于1m，并将布面设在迎风方面，下人孔前必须确知人孔内无有害气体（如图 2.36 所示）。下人孔时应使用梯子，不得踩蹬光、电缆或托板。

（2）在人孔内工作时，如感觉头晕呼吸困难，必须立即离开人孔，并采取通风措施。

（3）在人孔内抽水时，抽水机的排气管不得靠近人孔口，应放在人孔的下风方向。

（4）在人（手）孔内工作时，必须事先在井口处设置井围、红旗，夜间设红灯，上面设专人看守。

（5）在人（手）孔内工作时，不许吸烟，不准在人孔内点燃喷灯。

（6）在刮风或下雨时，应在人孔上设置帐篷。雨季工作时应采取必要的措施，防止雨水流入人孔。

五、工具和仪器的使用

使用工具和仪表时，操作人员应按规定使用劳保用品，注意自身及周边的安全。

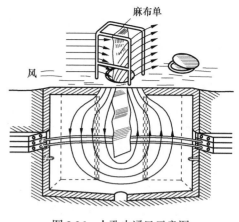

图 2.36　人孔内通风示意图

（一）一般安全规定

（1）工作时必须选择合适的工具，不得任意代替。工具应定期进行检查保持完好无损，发现缺损应及时更换。

（2）各种锋刃的工具不准插入腰带上或放置在衣服口袋内；运输或存放时，锋刃口不可朝上向外，以免伤人。

（3）使用手锤、榔头不允许戴手套，双人操作时应斜对面站立，不可对面站立。

（4）传递工具时，不准上扔下掷。放置较大的工具和材料时必须平放，以免伤人。

（5）工具、器械的安装应牢固、松紧适当，防止使用过程中脱落或断裂，发生危险。

（6）使用钢锯时，锯条要装牢固、松紧适中，用力要均匀，不要左右摆动，以免钢锯条折断伤人。

（7）使用扳手、钳子时，应检查其活动部件，当发现损坏或活动不灵活时不准使用，使用时不要用力过猛。

（8）滑车、滑轮、紧线器等工具，应注意定期保养、加注润滑油，保持活动部位活动自如，不准以小代大或以大代小。紧线器手柄不准加装套管或接长。

（9）使用绳索前必须检查，如有断股、霉变等损坏情况发生时，不准使用。不准多条连接使用，在电力线下方或附近，不准使用潮湿的绳索牵拉缆线。

（二）梯子

1. 一般规定

（1）使用梯子、高凳等工具前，必须严格检查是否完好，确保可靠，方可使用，不得使用牢固强度不够的梯子、高凳。

（2）梯子应架设在平整、坚固的地面。梯子靠在墙上、吊线上使用时，其上端接触点与下端支持点间的水平距离应等于接触点和支持点间高度的 1/4~1/2。

（3）梯子靠在吊线上时，其顶端至少要高出吊线 30cm（有挂钩的除外）。梯子上端应与吊线绑扎牢固，以防梯子滑动、摔倒。

（4）上下梯子时，应保持"三接触"原则，即双脚和单手、单脚和双手必须在梯子上，不得携带笨重的工具和材料。

（5）梯子上不得两人同时作业。

（6）必须有专人扶梯，梯子所靠的支持物必须稳固，应能承受梯子的最大负荷（100kg）。

2. 梯子上作业

（1）在梯子上作业时，不得一脚踩在梯子上，另一脚踩在其他建筑物上。严禁用脚移动梯子，以免梯子倒塌。

（3）在电力线下或有其他障碍物的地方，不准推梯移动。移动梯子时，梯上不准有人或重物。

（4）折叠梯、伸缩梯只适用于上下人孔和沿墙使用，在使用前必须逐个检查节扣、焊点，确认牢固方可作用。人孔内长久固定的梯子，在下井前要先检查确认无损后，方可使用。

（5）使用人字梯子，一定要把螺丝旋紧或把搭扣扣牢，无此设备时，须用绳索在中间缚紧，严禁两人同时在上面作业。站在上面打洞作业时，应有专人扶梯。

（6）用车梯进行作业时，工作台上的人员不得超过两名；所用的零件、工具等均不得放置在工作台台面上。作业中推动车梯应服从工作台上人员的指挥。当车上有人时，推动车梯的速度不得超过 5km/h，并不得发生冲击和急剧启动、停车。台上人员和推车人员要呼唤应答，配合妥当。

3. 运输和保养

（1）梯子宜使用客货车平装运输，当使用自行车、摩托车运输时，必须平放、绑扎牢固，可以推行，严禁骑行。

（2）梯子需要人力两人抬搬运时，不准直立扛行，需要两人平抬搬运。

（3）发现梯子有折断、松动、破裂、磨损或腐朽的，要及时保养送修。

（4）梯子不用时，随时放倒，妥善保管。

六、有害气体和易燃气体的预防方法

（一）有害气体的知识

1. 几种有害气体的特征

（1）一氧化碳。

一氧化碳（CO）是有毒气体，无色、无味，对人体有强烈的毒害作用。急性 CO 中毒是吸入高浓度 CO 后，引起以中枢神经系统损害为主的全身性疾病。重度中毒者，意识障碍程度，达深度昏迷直至死亡。

（2）硫化氢。

硫化氢（H_2S）是具有刺激性、窒息性的无色气体，具有臭蛋味。低浓度接触仅有呼吸道及眼的局部刺激作用，高浓度时表现为中枢神经系统症状和窒息症状。

按吸入硫化氢浓度及时间不同，表现轻重不一。轻者主要是刺激症状，表现为流泪、眼刺痛、流涕、咽喉部灼热感，或伴有头痛、头晕、乏力、恶心等症状。中度中毒者粘膜刺激症状加重，出现咳嗽、胸闷、视物模糊、眼结膜水肿及角膜溃疡；有明显头痛、头晕等症状，并出现轻度意识障碍；重度中毒出现昏迷、肺水肿、呼吸循环衰竭，吸入极高浓度（$1000mg/m^3$ 以上）时，可出现"闪电型死亡"。严重中毒可留有神经、精神后遗症。

（3）甲烷。

甲烷（CH_4）又名沼气。是无色、无味、易燃易爆的气体，比空气轻，与空气混合能形成爆炸性气体，广泛存在于天然气、煤气、沼气、淤泥池塘和密闭的窑井、煤矿（井）和煤库中。

空气中的甲烷含量达到 25%～30%时就会使人发生头痛、头晕、恶心、注意力不集中、动作不协调、乏力、四肢发软等症状。若空气中甲烷含量超过 45%时就会因严重缺氧而出现呼吸困难、心动过速、昏迷以致窒息死亡。

城市中常用的燃气有以下几种。

第一种是人工煤气：它是用煤炼制而成，主要成分是氢、甲烷和一氧化碳，为了安全，加入一种臭味，以便泄漏时被人们发现。在一定的单位空间中，煤气的单位容量达到 5%～15%，遇到明火可以爆燃，被煤气侵袭，一般会中毒、昏迷直至死亡。

第二种是天然气：天然气是源于地层中天然生成的一种无色、无味的可燃气体，主要成分是甲烷，占总容量的 92%，乙烷占 4%～5%，丙烷和丁烷占 1%。天然气公司为便于维护人员查找泄漏点，在天然气中添加了四氟赛酚化合物。在天然气的泄漏现场嗅到的气味就是挥发的四氟赛酚气体。

第三种是液化石油气：它是石油炼制过程中的一种产品，主要成分是丙烷和丁烷。

2．造成燃气泄漏及爆燃的原因

天然气公司管道输送的天然气，所含有的气体成分较为单一，杂质较少；而煤气公司管道输送的煤气所含有的气体较为复杂，其中有一种气体和铁管壁发生反应，造成沉积形成保护，致使煤气不易逸出。如果煤气管道改为输送天然气，则天然气的成分反而对原有形成的沉积物进行分解反应，在管道材质有差别的情况下，则加速管材的腐蚀，造成气体的逸出。

大地零散电流对天然气管道的腐蚀所致气体的逸出。

外界影响，工程施工时的质量（铁管接缝和防腐）和管材的质量不良，均有可能造成气体的逸出。

3．防护有毒气体应采取的措施

（1）在重要部位安装有毒有害气体检测报警装置，在重点地区和局所加强监测。

（2）各级维护部门配备一定数量的有害气体检测仪器，将有害气体检测列入周期维护的内容，在出现过有害气体的人孔内钉挂警告牌。

（3）在施工前必须进行检测，做好施工中的通风措施，了解施工地段有无燃气管设施，若接到天然气公司或有关单位人员有燃气泄漏的警告时要无条件停止施工。

（4）采用地下室管孔封堵的办法防止有害气体入侵机房。

（5）通信部门和燃气公司互相提供管线位置图，制定检测计划，加大检测密度，并将检测发生的异常情况及时通报对方。互相提供双方各级维护单位、班组的联系人和电话，及时联系加强合作。

（二）易燃气体的预防

（1）地下室管孔应封堵严密，防止有害气体从管孔进入地下室或测量室。

（2）地下室应放置易燃气体报警装置，报警器应装置在明显、经常有人和便于听到报警信号的地方。

（3）对光缆管道附近的生产、经销、储存易燃气或有毒气体的单位，坚持经常走访、巡视、监督。发现其有可能流入通信管道或人孔时，应及时与有关单位联系，敦促其尽快处理，以防有害气体扩大和蔓延。

（4）发现人孔或通信管道中有有害或易燃气体时，千万不要用明火，不要进入现场。

（5）严禁任何人将易燃、易爆及有毒物品带进地下室或人孔内。

巩固与提高

一、填空题

1. 光缆线路维护指标主要包括_____、_____、_____和_____。
2. 光缆线路的维护工作分为_____和_____两大类。
3. "三盯"工作是指_____、_____和_____。

二、多项选择题

1. 区别OTDR分辨率高低的主要指标有（　　）。
   A. 脉宽　　　　B. 采样间隔　　　　C. 光缆因素　　　　D. 动态范围
2. 光纤中由于物质密度不均匀造成的光散射，属于（　　）。
   A. 结构散射　　B. 瑞利散射　　　　C. 菲涅耳散射　　　D. 布里渊散射
3. 决定OTDR测量距离精确度的因素有（　　）。
   A. 时基准确性　B. 抽样距离　　　　C. 折射率设置　　　D. 光缆因素

三、简答题

1. 光缆线路维护的目的是什么？
2. 简述日常维护和技术维护的主要内容和周期。
3. 管道光缆线路维护的主要内容有哪些？
4. 试述架空光缆线路维护工作的主要内容。
5. 简述开展护线宣传的目的、方式和内容。
6. 对"三盯"现场人员有哪些要求？
7. "三盯"分几个等级？分别采用哪些看护方式？
8. 阐述OTDR的工作原理。
9. 简述用OTDR测试判断光缆线路障碍点的方法。
10. 哪些通信线路施工现场需设标志？
11. 登高作业需要注意哪些事项？
12. 人孔作业前准备包括哪些方面？

四、综合题

1. 请说明如图2.37所示中标石标号的含义,并说明此图中反映出维护工作存在哪些不足？

图2.37　综合题1用图

2. 如图 2.38 所示为使用 OTDR 测量所得到的一条背向散射信号曲线。请说明其中测量所使用的参数值，并估算该条光纤的长度及 A 点的接头熔接损耗。

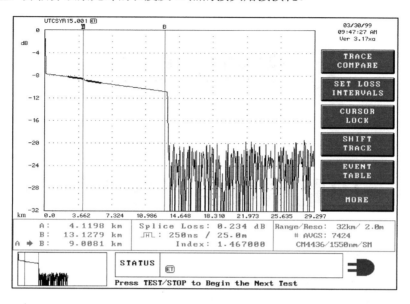

图 2.38 综合题 2 用图

学习情境三

电路调度与光纤连接

电路调度是传输专业基本而重要的一项工作，主要是按照调度需求在配线架上通过跳线连接两个不同的线路端口，从而建立通路。配线架通常可分为光纤配线架（ODF）、数字配线架（DDF）和音频配线架（VDF），对应的跳线有光纤跳线、2M 同轴电缆跳线和音频跳线等。

电路调度根据调度业务可分为光口调度和电口调度；根据调度性质可分为故障应急调度和临时应急调度。故障应急调度是指当光纤通信系统或通信线路出现障碍时，为及时恢复通信而采取的措施。

凡是一级、二级干线光缆传输系统发生重大故障或阻断（包括光缆全阻）时，所涉及范围内的责任局应立即向上级主管部门汇报，其相关省局或业务局的业务主管应亲临现场。由业务领导局统一指挥，依据"电信通信指挥调度制度"的规定，尽快抢通电信业务，以减小重大故障和阻断带来的损失；或根据拟定好的应急调度方案，包括利用现有可用网络，临时调通部分系统，以确保重要通信。临时应急调度一般是指因重大事件或其他重要原因临时调通电路。电路的开放和调度是光纤通信系统施工和维护工作过程中的一项常见工作，它要求工作人员熟练掌握电路开放和调度的程序、方法及电路的调度原则。

电路开放的具体操作步骤如下所述。

（1）用户申请：用户在前台办理申请，经相关部门办理后转到光纤传输机房。

（2）设置开放路由：传输机房根据现有的设备开通情况，制定开放的电路和路由。

（3）相关连接、调测：对拟开放的路由进行连接和调测，并记录调测资料。

（4）开放电路。

（5）资料变更：对机房的资料进行变更。

电路调度的基础是同轴电缆的制作和配线架标签的识读，本情境将围绕这些内容展开。

本情境学习重点

- 2M 同轴电缆接头制作
- 对线
- ODF 命名规范
- DDF 命名规范
- 光纤连接器的使用

任务一　2M 同轴电缆接头的制作

【任务分析】

2M 同轴电缆是数据传输的常用媒介，在日常维护中需要根据要求制作接头，在故障查找时也需要判断 2M 同轴电缆的好坏。本任务完成 2M 同轴电缆接头的制作，是传输维护工作要求的一项基本技能。

【任务目标】

- 同轴电缆结构;
- 2M 同轴电缆接头的制作方法和步骤;
- 对线测试。

一、同轴电缆

1. 同轴电缆结构

同轴电缆（Coaxial Cable）是由内外相互绝缘的同轴心导体构成的电缆，内导体为铜线，外导体为铜管或铜网。电磁场封闭在内外导体之间，故辐射损耗小，受外界干扰影响小，常用于传送多路电话和电视。同轴电缆结构如图 3.1 所示。

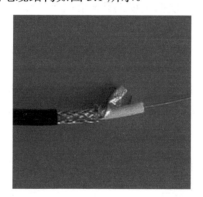

图 3.1　同轴电缆结构

同轴电缆由外向内分别由保护胶皮、金属屏蔽网线（接地屏蔽线）、乳白色透明绝缘层和芯线（信号线）构成。芯线由一根或几根铜线构成，金属屏蔽网线是由金属线编织而成的金属网，内外层导线之间用乳白色透明绝缘物填充，内外层导线保持同轴，因此称为同轴电缆。同轴电缆的设计可以防止外部电磁波干扰信号的传递，是通信网络最常见的传输介质之一。

2. 同轴电缆的分类和特点

同轴电缆从用途上可以分为基带同轴电缆和宽带同轴电缆，即通信或网络同轴电缆和视频同轴电缆。基带同轴电缆又分细同轴电缆和粗同轴电缆。基带同轴电缆仅仅用于数字传输，数据传输速率可达 10Mb/s。2M 同轴电缆是指传输速率支持 2.048Mb/s 的同轴电缆。

同轴电缆从阻抗上又可分为 50Ω 电缆和 75Ω 电缆两种。

3. 物理接口

通常同轴电缆物理接口类型分为平衡 120Ω 的 RJ—45 和非平衡 75Ω 的 BNC 接头，如图 3.2 所示。

（a）RJ-45 接头　　　（b）BNC 接头

图 3.2　RJ—45 和 BNC 接头

（1）BNC 接头，是一种用于同轴电缆的连接器，英文全称是 Bayonet Nut Connector，中文翻译为刺刀螺母连接器，这个名称形象地描述了这种接头外形。BNC 接头又称 British Naval Connector（英国海军连接器，可能是因为英国海军最早使用了这种接头）或 Bayonet Neill Conselman（Neill Conselman 刺刀，这种接头是一个名叫 Neill Conselman 的人发明的）。

BNC 接头有传送距离长、信号稳定的优点，目前被大量应用于通信系统中，如网络设备中的 E1 接口（传输速率为 2.048Mb/s）就是用两根 BNC 接头的同轴电缆来连接的，即通常所说的 2M 同轴电缆。在高档的监视器、音响设备中也经常使用 BNC 接头来传送音频、视频信号。

（2）RJ—45 接头通常应用于数据传输，共由 8 芯做成，最常见的应用为网卡接口。

RJ—45 接头是各种不同接头的一种类型，如 RJ—11 接头也是不同接头的一种类型，不过它是电话上使用的。RJ—45 接头根据电缆的排序的不同分为两种：一种是橙白、橙、绿白、蓝、蓝白、绿、棕白、棕；另一种是绿白、绿、橙白、蓝、蓝白、橙、棕白、棕。对应的电缆也分为两种：直通线和交叉线。

4. 电气接口

电气接口分为非平衡接口与平衡接口，平衡接口是指两条输出端信号全部输出，是 120Ω；非平衡接口的两条输出端信号只有一条输出，而另一条则接地，是 75Ω，如图 3.3 所示。

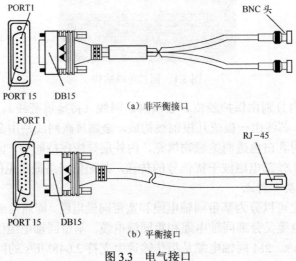

（a）非平衡接口

（b）平衡接口

图 3.3　电气接口

（1）非平衡接口：该电缆在路由器端为 DB－15（公）连接器，在网络端是 BNC 接头。

（2）平衡接口：该电缆在路由器端为 DB－15（公）连接器，在网络端是 RJ－45 接头。

二、2M 同轴电缆接头的制作

1. 2M 同轴电缆接头制作常用工具

2M 同轴电缆接头制作常用工具如图 3.4 所示。

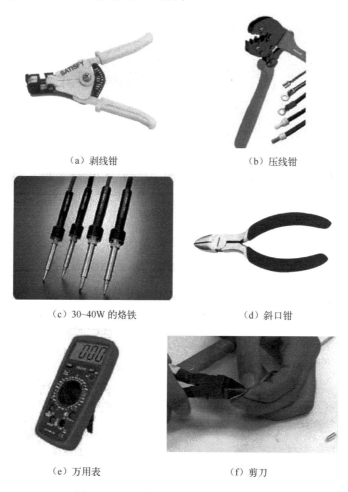

（a）剥线钳   （b）压线钳

（c）30~40W 的烙铁   （d）斜口钳

（e）万用表   （f）剪刀

图 3.4　2M 同轴电缆接头制作常用工具

2. 2M 同轴电缆接头的制作方法和步骤

同轴电缆不可绞接，各部分是通过低损耗的连接器连接的。连接器在物理性能上与电缆相匹配。同轴电缆一般安装在设备与设备之间。在每一个用户位置上都装备有一个连接器，为用户提供接口。2M 同轴电缆接头接口的制作方法：将同轴电缆切断，两头装上 BNC 接头。

2M 同轴电缆调线制作的具体操作步骤如下所述。

（1）选择与同轴电缆接头相匹配的同轴电缆。如图 3.5 所示为直式公型 L9 接头。

（2）拧开同轴电缆接头配件，将套管套到同轴电缆上，如图 3.6 所示。

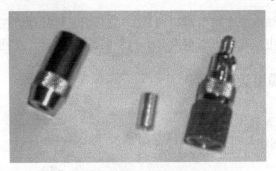

图 3.5 直式公型 L9 接头

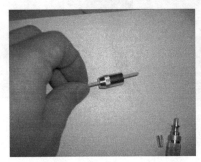
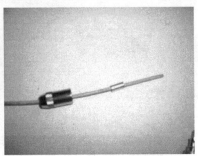

图 3.6 穿套管

（3）剥开同轴电缆：用小刀将同轴电缆外层保护胶皮剥去约 1cm，小心不要割伤金属屏蔽网线。剥开长度最好与同轴电缆接头的连接长度相一致，如图 3.7 和图 3.8 所示。注意：尽量使金属屏蔽网线保持完好。

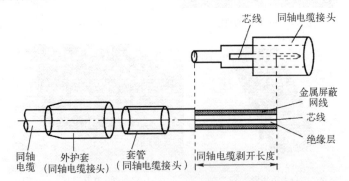

图 3.7 同轴电缆的剥开长度

图 3.8 剥线钳剥去外皮

（4）剥除芯线外的乳白色透明绝缘层，其长度与同轴电缆接头的连接长度一致（约 0.6cm），使芯线裸露，如图 3.9 和图 3.10 所示。

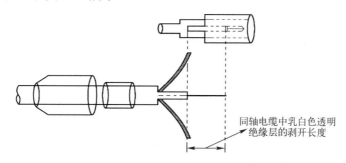

图 3.9 同轴电缆中乳白色透明绝缘层的剥开长度

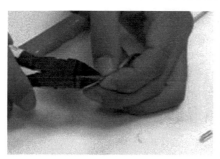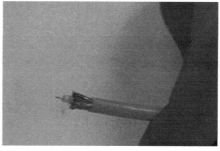

图 3.10 撕去保护胶皮，用斜口钳剪去金属屏蔽网线和乳白色透明绝缘层

注意：剪除金属屏蔽网线时应保留一部分，一般以中继线内部乳白色透明绝缘层的 2/3 为宜。

（5）将同轴线的芯线插入同轴电缆接头的内芯中，要求插到同轴电缆接头内芯的底部，如图 3.11 所示。

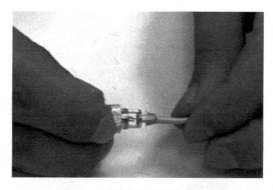

图 3.11 芯线插入同轴电缆接头

（6）用烙铁和焊锡丝将同轴电缆的芯线和同轴电缆接头内芯的连接处焊牢，焊接完成后应保证无虚焊，焊接点焊锡饱满、光滑、有光泽，如图 3.12 所示。

（7）装配金属屏蔽网线：使金属屏蔽网线均匀地分布在同轴电缆接头末端的四周，套上套管，将多余的金属屏蔽网线剪去，用专用压线钳压紧套管，使同轴电缆接头的末端与金属屏蔽网线接触牢靠，如图 3.13 所示。

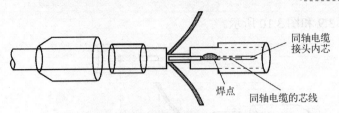

（a）焊接示意图

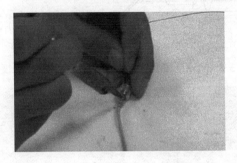

（b）焊接实例图

图 3.12　同轴电缆的芯线和同轴电缆接头焊牢

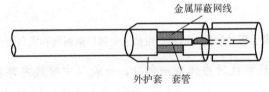

（a）金属屏蔽网线安装示意图

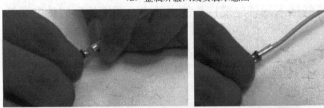

（b）套上套管

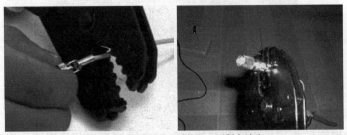

（c）选择压线钳上合适的孔，压制中继头

图 3.13　装配金属屏蔽网线

（8）将连接器保护套筒拧紧，如图 3.14 所示，2M 同轴电缆接头即完成制作，如图 3.15 所示。

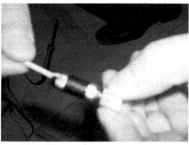

图 3.14 拧紧套筒

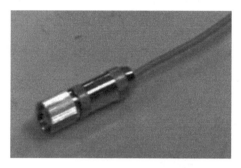

图 3.15 制作好的 2M 同轴电缆接头

（9）用万用表测量电气是否连通，同时检查金属屏蔽网线和内芯是否出现短路现象。

（10）按照上述步骤在电缆另一端制作同样的接头，即完成了一根 2M 同轴电缆的制作。

三、对线

1. 对线的概念和测试参数

对同轴中继电缆进行测试，以判断电缆是否有虚焊、漏焊、短路，以及中继电缆在 DDF（数字配线架）处的连接位置是否正确。这就是通常所说的对线。

对线测试的主要参数如下：

（1）导体或金属屏蔽网线的开路情况；

（2）导体和金属屏蔽网线之间的短路情况；

（3）导体接地情况；

（4）在各屏蔽接头之间的短路情况。

2. 对线操作

将同轴电缆一头的信号芯线和金属屏蔽网线短接（可以用短导线或镊子），在同轴电缆另一头用万用表测试信号芯线和金属屏蔽网线之间的电阻，电阻应约为 0Ω；然后取消信号芯线和金属屏蔽网线的短接，再在另一头用万用表测试，电阻应该为无穷大。这两项测试说明测试的两头是同一根电缆的两头，且此电缆正常。否则说明电缆中间存在断点或电缆接头处存在虚焊、漏焊、短路，或者这两头不是同一根电缆的两头。

3. 对线步骤

（1）先用万用表进行自检检查。首先将万用表调至欧姆挡 200Ω 挡上或蜂鸣器挡上均可，表的内阻一般为 0.1～0.2Ω。两表笔相接触应能听到"嘀——"声，如图 3.16 所示。

图 3.16　万用表自检

（2）检查两端外层金属屏蔽网线的通断并观察阻值大小，正常焊接良好的情况下，10m 以内的电缆阻值应小于 0.5Ω，如图 3.17 所示。

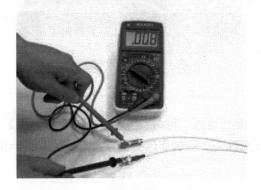

图 3.17　外层金属屏蔽网线检查

（3）校对内层芯线的通断并观察阻值大小，正常焊接良好的情况下，10m 以内的电缆阻值应小于 0.5Ω，如图 3.18 所示。

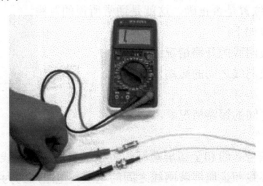

图 3.18　内层芯线检查

（4）校对内层芯线的通断时，注意防止两表笔与接头的外壳接触。

（5）混线检查：表笔的一端接同轴电缆接头的内芯，另一端接接头的屏蔽层，表上无电阻值读数，合格；若显示有阻值，则有可能在焊接和压接时有混线故障，需检查确定故障原因并做故障处理，或剪断重新做同轴电缆接头，如图 3.19 所示。

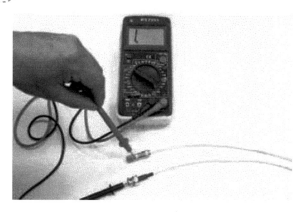

图 3.19　混线检查

任务二　DDF、ODF 结构和用途认知

【任务分析】

DDF、ODF 设备是通信系统常用的一种设备,它们大量应用在通信网络中,其定义是什么? ODF 终端的方法是什么? 命名规范又是如何? 这些就是我们需要掌握的内容。

【任务目标】

- DDF 设备的概念;
- DDF 设备适用范围;
- DDF 设备的结构特点;
- DDF 标签命名规范;
- ODF 设备的概念;
- ODF 终端的方法;
- ODF 标签命名规范。

一、DDF 设备

(一) DDF 设备的概念

数字配线架 (Digital Distribution Frame,DDF):是数字复用设备之间、数字复用设备与程控交换设备或非话业务设备之间的配线连接设备。

数字配线架又称高频配线架,在数字通信中越来越有优越性,它能使数字通信设备的数字码流连接成为一个整体,传输速率 2～155Mb/s 的信号输入/输出都可连接在 DDF 架上,这为配线、调线、转接、扩容都带来很大的灵活性和方便性, 如图 3.20 所示。

随着网络集成程度越来越高,出现了集 ODF、DDF、电源分配单元于一体的光数混合配线架,适用于光纤到小区、光纤到大楼、远端模块局及无线基站的中小型配线系统。

图 3.20　DDF 架接线端子布线效果

（二）DDF 设备的适用范围

数字配线架适用于传输速率为 2～155Mb/s 以下的数字终端设备或程控交换机的数字信号的配线与转接，如图 3.21 所示，具有电路调度、转接和测试等功能。维护使用方便，能灵活地实现电路调线和业务变更的需要，所以，该设备的适用范围广泛，是数字传输机房和程控交换机机房必不可少的传输配套设备。

图 3.21　2M 同轴电缆走线

（三）DDF 设备的结构及功能

1. DDF 设备结构特点

（1）DDF 设备为单元结构，全使用 75Ω 同轴连接器，方便安装、使用和扩容。

（2）机架采用积木式拼装的开架结构。

（3）机架、支架及同轴连接器屏蔽罩采用环氧静电喷塑，防腐能力强。

（4）同轴连接器件端子盒有良好的屏蔽性能及互换性，保证了设备的主要技术指标的稳定、可靠。

2. DDF 设备的功能

（1）配线功能：同速率、同阻抗、同方向、在数字配线架上收/发之间构成通信链路的互相连接方式。

（2）跳线功能：同速率、同阻抗、同方向、在数字配线架上任一收与任一发间进行互相连接的方式。

（3）转接功能：同速率、同阻抗、不同方向、在数字配线架上任一收与任一发间进行互相连接的方式。

（4）测试功能：线序清晰，便于进行检测或自环测试。

二、DDF 标签命名规范

DDF 标签的信息基本包括两部分：标志点的物理信息和逻辑信息。物理信息描述结点的具体物理位置，包括机架、子框、单板、端口等，如 DDF4－4－6，2－A－PQ1－01－46。逻辑信息描述结点在网络中所处的逻辑位置，包括电路代号、系统名称等，如北京－沈阳 30N099。

（一）DDF 架标签信息

DDF 标签根据需要最多可以有 3～4 行信息。第一行描述本端 DDF 机柜编号和连接器端子号，第二行描述局向信息和电路代号，第三行描述业务源，第四行描述业务对端 DDF 架信息。其中第二行业务局向信息和电路代号为必填项目。

（二）传输电路的分级

传输电路按照其在传输网络中的位置和承载业务种类划分为一级干线传输电路、二级干线传输电路和本地网传输电路三个层次；每个层次传输电路按照承载业务的重要程度，可分为三级，具体定义参见表 3.1。

表 3.1 传输电路的分级

项　　目	一级干线传输电路	二级干线传输电路	本地网传输电路
一级电路	信令电路、计费电路和一级专线电路	信令电路、计费电路和一级专线电路	信令电路、计费电路、互联互通电路和一级专线电路
二级电路	BITS 电路、数据结点、支撑网结点电路和二级专线电路	BITS 电路、数据结点、支撑网结点电路和二级专线电路	BITS 电路、数据结点电路、本地局间电路、MSC 与 BSC 之间电路、VIP 基站电路、支撑网结点电路和二级专线电路
三级电路	其他电路	其他电路	其他电路

专线电路是指出租给客户，用于承载客户业务；或是用于承载党政、公司等特殊业务的传输电路。专线电路分级参见表 3.2。

表 3.2 专线电路的分级

级　　别	一级专线	二级专线	其他专线
专线	党政专线，战备、抗灾应急，特殊业务电路	集团客户，业务保障，会议专线等	上述电路以外专线电路

（三）DDF 架标签颜色

为了保证维护人员能够准确辨别电路重要程度，实现电路精细化维护，DDF 架以标签颜色来区分传输电路类别。

一级传输电路用红底黑字表示。

二级传输电路用绿底黑字表示。

三级传输电路用白底黑字表示。

（四）DDF架命名规范

DDF架分为普通DDF架、绕接式DDF架和卡接式DDF架。

DDF架命名规范目前还没有国家统一标准，各运营商根据自身情况发布了内部命名规范。下面以中国移动DDF架标签命名方法为例进行讲解。

普通DDF架标签分为业务上下点的DDF标签、业务转接点的DDF标签和BITS设备的DDF标签三种情况。

1. 业务上下点的DDF标签

（1）第一行：本端DDF机柜编号和连接器端子号（可选项目）。

可根据机房实际情况，制定DDF机柜编号，以及机柜模块号和连接器端子号，但要求编号的唯一性，格式如下。

	DDF	机柜号	－	模块号	－	端子号
符号	DDF	文本	字符	数字或字母	字符	数字
字符数	3	≤4	1	≤2	1	≤3

- DDF：固定标志"DDF"。
- 机柜号：可依据各省维护习惯制定，要求在本机房内命名唯一。建议采用自然数字编号方式，从1开始顺序编号，如果DDF机柜是背靠背摆放，分别以奇/偶数表示行号，即一个方向用1，3，5，…表示，另一个方向用2，4，6，…表示。
- "－"：连接符。
- 模块号：适用于带模块的DDF架，建议采用自然数字编号方式，从1开始顺序编号，否则填写默认值0。
- "－"：连接符。
- 端子号：从1开始顺序编号。

[例1] 第8个DDF机柜第2个模块的第12个连接端子命名为DDF8－2－12。

[例2] 第8个DDF机柜的第12个连接端子命名为DDF8－0－12。

（2）第二行：局向信息和电路代号的信息（必填项目）。

未开通电路时标志局向信息，要求与设计资料标志一致。开通电路后标志电路代号。

[例3] 所承载的业务方向是沈阳A1局到长春A1局，局向信息命名为沈阳－长春30N001，电路代号取自电路调单。如未开通业务则填写：沈阳浑南－长春电信枢纽或沈阳A1－长春A1。

（3）第三行：业务源（可选项目）。

要求写明设备单板端口，格式可以采用以下两种方式。

① 第一种方式格式如下。

	机柜号	－	子框号	－	单板名称	－	单板板位	－	单板端口
符号	文本	字符	数字	字符	字母或汉字	字符	字母或数字	字符	数字
字符数	≤4	1	≤2	1	≤12	1	≤4	1	≤2

● 机柜号：可依据各省维护习惯制定，要求在本机房内命名唯一。建议采用自然数字编号方式，从 1 开始顺序编号，如果 DDF 机柜是背靠背摆放，分别以奇/偶数表示行号，即一个方向用 1，3，5，…表示，另一个方向用 2，4，6，…表示。

● "－"：连接符。

● 子框号：用英文字母标志，从 A 开始顺序编号。

● "－"：连接符。

● 单板名称：填写设备单板的名称，与单板面板标志名称保持一致。

● "－"：连接符。

● 单板板位：填写设备单板板位的名称，与单板面板标志名称保持一致。

● "－"：连接符。

● 单板端口：从 1 开始顺序编号，或与单板面板标志名称保持一致。

[例 4] 第 3 个机柜的第 2 个子框的第 1 个板位（PQ1）的第 16 个端口命名为 Fr：3－B－PQ1－1－16。

② 第二种方式。

按照目前的中国移动传送网资源管理系统的命名方式，即传输设备－单板板位－单板名称－单板端口。

例如，N－BJMXY－JJ/WDM10G－10－H－2.5G－K2－1－PQ1－03。

在标签上架过程中，考虑到 DDF 架标签位置大小，允许将本行信息写成两行。例如：

N－BJMXY－JJ/WDM10G－10－H－2.5G－K2－1－PQ1－03							
2M1	2M2	2M3	2M4	2M5	2M6	2M7	2M8

（4）第四行：业务宿端信息（可选项目）。

填写宿端的连接点信息，填写方法同第一行。

2. 业务转接点的 DDF 标签

（1）第一行：本端 DDF 机柜编号和连接器端子号（可选项目）。

同"业务上下点的 DDF 标签"第一行。

（2）第二行：局向信息和电路代号的信息（必填项目）。

同"业务上下点的 DDF 标签"第二行。

（3）第三行：业务源（可选项目）。

因为业务转接点的信号取自/发向 DDF 架，本行的命名规则同"业务上下点的 DDF 标签"第一行。

（4）第四行：业务对端信息（可选项目）。

同"业务上下点的 DDF 标签"第一行。

注：本命名规范适用于一个或多个业务转接点的情况。

3. BITS 设备的 DDF 标签

该 DDF 可以分为以下两种情况。

（1）BITS 的输入信号。

① 第一行：本端 DDF 机柜编号和连接器端子号。

同"业务上下点的 DDF 标签"第一行。

② 第二行：信号源端端子信息。

标明 BITS 信号来源的格式如下。

	机柜号	－	子框号	－	单板 名称	－	单板 板位	－	单板 端口
符号	文本	字符	字母	字符	字母或汉字	字符	字母或数字	字符	数字
字符数	≤4	1	1	1	≤12	1	≤4	1	≤2

● 机柜号：可依据各省维护习惯制定，要求在本机房内命名唯一。建议采用自然数字编号方式，从1开始顺序编号，如果DDF机柜是背靠背摆放，分别以奇/偶数表示行号，即一个方向用1，3，5，…表示，另一个方向用2，4，6，…表示。

● "－"：连接符。

● 子框号：用英文字母标志，从A开始顺序编号。

● "－"：连接符。

● 单板名称：填写设备单板的名称，与单板面板标志名称保持一致。

● "－"：连接符。

● 单板板位：填写设备单板板位的名称，与单板面板标志名称保持一致。

● "－"：连接符。

● 单板端口：从1开始顺序编号或与单板面板标志名称保持一致。

[例5] 第3个机柜的第1个子框的5板位S16的CK01时钟输出端口命名为Fr:3－A－S16－5－CK01。

③ 第三行：信号宿端端子信息。

标明时钟信号的使用者，格式如下。

	机柜号	－	子框号	－	单板 名称	－	单板 板位	－	单板 端口	信号 种类
符号	文本	字符	字母	字符	字母或汉字	字符	字母或数字	字符	数字	数字字母
字符数	≤4	1	1	1	≤12	1	≤4	1	≤2	≤7

● 机柜号：可依据各省维护习惯制定，要求在本机房内命名唯一。建议采用自然数字编号方式，从1开始顺序编号，如果DDF机柜是背靠背摆放，分别以奇/偶数表示行号，即一个方向用1，3，5，…表示，另一个方向用2，4，6，…表示。

● "－"：连接符。

● 子框号：用英文字母标志，从A开始顺序编号。

● "－"：连接符。

● 单板名称：填写设备单板的名称，与设备面板标志名称保持一致。

● "－"：连接符。

● 单板板位：填写设备单板板位名称，与设备面板标志名称保持一致。

● "－"：连接符。

● 单板端口：从1开始顺序编号，或与设备面板标志名称保持一致。

● 时钟信号种类：标明2Mb或2MHz。

[例6] 第2个机柜的第2个子框的5板位TSG3800的S1.1端口命名To:2－B－TSG3800

－5－ S1.1（2MHz）；第 2 个机柜的第 1 个子框的 15 板位 LCI 的第 1 个输入端口命名为 To：2－A－ LCI－15－1（2Mb）。

（2）BITS 的输出信号。

① 第一行：本端端子信息。

同"业务上下点的 DDF 标签"第一行。

② 第二行：时钟源和时钟信号种类。

同 BITS 的输入信号第三行"信号宿端端子信息"。

③ 第三行：时钟宿端。

时钟信号的使用者，可能是 DDF 架、传输网设备端口或业务网设备，具体命名参见以上相关部分的内容。

4. 绕接式 DDF 架和卡接式 DDF 架标签命名

机房安装绕接式 DDF 架或卡接式 DDF 架时，采用背靠背方式，分为传输侧和交换侧两面。传输侧 DDF 模块（端子板）水平安装（简称横板），DDF 模块标签水平粘贴。标签的颜色采用白底黑字。

绕接式 DDF 架或卡接式 DDF 架每架有多个收、发模块（端子板），每个模块有若干个端子，可接若干条电路（通常是 32 条电路）。

绕接式 DDF 架或卡接式 DDF 架的命名格式分为业务上下点 DDF 架标签和业务转接点 DDF 标签两种。

（1）业务上下点 DDF 架标签。

	机柜号	－	设备架号	空格	板卡号	/	起始端子号	－	终止端子号	收发状况（可选）
					（可选）					
符号	文本	字符	数字	字符	数字或字母	字符	数字	字符	数字	数字或字母
字符数	≤4	1	≤2	1	≤4	1	≤2	1	≤2	≤2

例如，IJ11－02 IU2/1－32 或 IJ12－01/1－32。

（2）业务转接点 DDF 标签。

	用途	列号	－	发模块号	/	收模块号	－	起始端子号	/	终止端子号
符号	H 或 V	数字	字符	数字或字母	字符	数字或字母	字符	数字	字符	数字
字符数	1	≤3	1	2	1	2	1	≤2	1	≤2

例如，H7－A2/E2－1/32。

注：采用绕接式 DDF 架和卡接式 DDF 架时，标签的命名以模块为标志单位。要求制作《DDF 架槽路表》关联 DDF 架的每个端子上承载的电路业务、源端与宿端、电路代号等信息，且表中用颜色区分不同级别电路。制作内容参见以上相关内容。

此外，考虑到本地网电路调度较为灵活，对于未开通电路的标签命名也可采用以下方式，待开通电路后再标志具体方向：

① 第一行：本端 DDF 机柜编号和连接器端子号；

② 第二行：业务源。

5．DDF 架的布线要求

（1）在机柜内中继电缆要绑扎整齐，不要拉得过紧，从两边的绑线框内出线，在绑线框内走线时绑成束状，标签要整齐，并朝一个方向，如图 3.22 所示。

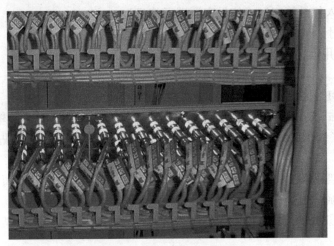

图 3.22　机柜内中继电缆绑扎

（2）中继电缆在走线架上布放时要平直，不交叉，层次要分明，如图 3.23 所示。

（3）中继电缆的上走线方法与用户电缆相同，出机柜时要全部将中继电缆绑成圆形，不交叉，如图 3.24 所示。

中继电缆上了走线架之后，可扎成束形也可扎成方形，但不能交叉，电缆要全部拉直，不能存在某些电缆松动，如图 3.25 所示。

（4）中继电缆在做拐弯时，尽量将弯度做大些，防止对电缆的折伤，如图 3.26 所示。

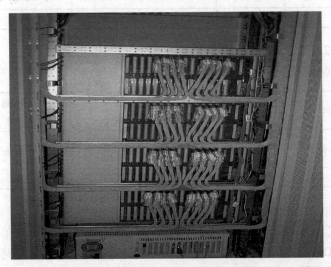

图 3.23　中继电缆在走线架上布放

图 3.24 中继电缆上走线方法

图 3.25 中继电缆在走线架上走线方法

图 3.26 中继电缆拐弯处理

三、ODF 设备

（一）ODF 设备的概念

光纤配线架（Optical Distribution Frame，ODF）用于光纤通信系统中局端主干光缆的成端和分配，是专为光纤通信机房设计的光纤配线设备，可方便地实现光纤线路的连接、分配和调度。具有光缆固定和保护功能、光缆终接功能、调线功能，以及光缆纤芯和尾纤保护功能。现在的 ODF 设备既可单独装配成光纤配线架，也可与数字配线单元、音频配线单元同装在一个机柜/架内，构成综合配线架，这样设备配置灵活、安装使用简单、容易维护、便于管理，是光纤通信光缆网络终端，或中继点实现排纤、跳纤、光缆熔接及接入必不可少的设备。

（二）ODF 终端方法

进入光端机的尾巴光纤先进到 ODF 架，然后通过一双插头的连接纤（又称跳线）将 ODF 架和光端机相连接。在此终端方式中，尾巴光纤进 ODF 架的这一部分由光缆专业施工人员布放，工艺规范，且路径较短，所以这一部分在以后的运行中故障通常很少。而出现问题最多的是 ODF 架和光端机间的跳线部分，跳线一般由机务人员布放，如果布放环境复杂，布放中不注意规范，常常会使所布放的跳线留下隐患，所以，需要注意以下几点。

（1）避免跳线在走线中出现直角，特别是不应用塑料带将跳线扎成直角，否则光纤因长期受应力影响而可能出现断裂，并引起光损耗不断增大。跳线在拐弯时应走曲线，且弯曲半径应≥40mm，布放中要保证跳线不受力、不受压，以避免跳线长期的应力疲劳。

（2）避免跳线插头和转接器（又称法兰盘）在连接中出现耦合不紧的情况，如果插头插入不好或者只插入一部分，一般会引起 10～20dB 的光衰耗，使跳线的插入损耗大大增加，引起光通信系统的传输特性劣化。特别是在中继距离较长或光端机光发送功率低的情况下，光通信系统的不稳定性将表现得尤为明显。

（3）有些安装在农村地区用户端的光通信系统设备，因为环境较差易受鼠害的攻击，所以一方面要注意环境的治理，另一方面连接的跳线尽量由光通信系统设备的上方进入，避免跳线由地槽或地面进入设备。有些光通信系统如果用的是直接终端法，则终端盒最好挂在墙上而不要放在地槽下或地面上。

维护人员如对跳线的布放不加以注意，光通信系统在使用一段时间后会出现单个或瞬间的大误码，光通信系统将变得不稳定。此时光通信系统出现故障的表现形态不一，故障的原因不易判断，故障的部位不易查找，严重时光通信系统将出现中断。故规范操作，避免不规范行为是保证光通信系统稳定的重要条件。

配线箱内采用抽屉式结构，操作时可抽出，完毕后放回。在机箱后部有光缆引入孔和固定模块，固定后经光缆盘绕架引入分配盒。光纤分配盘结构为可开启上下层结构：开启上层，将尾纤光纤连接器与下层适配器连接后沿走线架盘绕经出线孔绕至上层，即可合起上层，尾纤头与引入的光缆纤芯熔接后把熔点固定在槽位内，即完成操作，将分配盘插入对应层位即可；分配盒下面为跳纤存储盘，由于各功能模块可分开操作，使用灵活方便。

ODF 配线箱结构如图 3.27 所示。

图 3.27 ODF 配线箱结构图

四、ODF 标签命名规范

（一）光缆的分级

为了便于维护人员有效进行光缆维护，计划和实施合理的光缆应急预案，降低光缆故障对业务带来的影响，根据光缆承载的业务，分为三级，具体分级情况参见表 3.3。

（二）ODF 架标签颜色

为了能够正确区分光缆线路等级，ODF 架光缆采用不同颜色加以区分，ODF 标签信息根据需要最多可以有 3～4 行。

表 3.3　光缆的分级

级　别	描　述
一级光缆（纤）线路	承载一级干线、互联互通、一级专线业务光缆（纤）或尾纤
二级光缆（纤）线路	承载二级干线、二级专线业务光缆（纤）或尾纤
三级光缆（纤）线路	承载本地网、三级专线业务光缆（纤）或尾纤

一级光缆（纤）线路用红底黑字表示。
二级光缆（纤）线路用绿底黑字表示。
三级光缆（纤）线路用白底黑字表示。

（三）ODF 标签命名方法

ODF 标签命名目前还没有国家或行业标准，各运营商根据自身情况规定了本单位的 ODF 标签命名方法，下面以中国移动 ODF 架标签命名方法为例进行讲解。

1. 外线出入局 ODF
（1）经过本站传输设备。
① 第一行：本端端子信息。

地市公司可以根据机房实际情况，制定 ODF 机柜编号，以及机柜模块号和连接器端子号，但要求编号的唯一性，格式如下。

	ODF	机　柜　号	—	模　块　号	—	端　子　号
符号	字符	文本	字符	数字或字母	字符	数字
字符数	3	≤4	1	≤2	1	≤3

● ODF：固定标志"ODF"。
● 机柜号：可依据维护习惯制定，要求在本机房内命名唯一。建议采用自然数字编号方式，从 1 开始顺序编号，如果 DDF 机柜是背靠背摆放，分别以奇/偶数表示行号，即一个方向用 1，3，5，…表示，另一个方向用 2，4，6，…表示。
● "－"：连接符。
● 模块号：适用于带模块的 ODF 架，建议采用自然数字编号方式，从 1 开始顺序编号，否则填写默认值 0。
● "－"：连接符。
● 端子号：从 1 开始顺序编号。

[例7] 第6个ODF机柜第2个模块的第9个连接端子命名为ODF6−2−9。

[例8] 第6个ODF机柜的第29个连接端子命名为ODF6−0−29。

② 第二行：路由信息。

标明线路或尾纤起、止站点信息，可根据机房实际情况，选择下述信息，但要注意标签的唯一性，格式如下。

	起 始 点	−	终 止 点	环网名称系统号	方 向
符号	字符	字符	字符	数字、字符或汉字	字符
字符数	≤12	1	≤12	≤25	3

- 起始点：填写起始站点名称。
- "−"：连接符。
- 终止点：填写终止站点名称。
- 系统号：填写所在环网和系统编号。
- 方向：标明信号的"收"或"发"方向。

[例9] 北京望京发往沈阳701所在系统为东北I环1系统信息命名为北京望京−沈阳701东北I环1系统（发）。

③ 第三行：对端端子信息。

对端如果是ODF，命名方法同经过本站传输设备第一行"本端端子信息"；如果是传输设备，命名方法同业务上下点的DDF标签第三行"业务源"。

[例10] 发向第3个ODF架3模块的第3个端子的信息描述为To：ODF3−3−3。

[例11] 发向第2个机架B子框的9板位LWC的Rx端口的信息描述为To：2−B−LWC−9−Rx。

（2）不经过本站传输设备（跳站）。

① 第一行：本端端子信息。

同经过本站传输设备第一行"本端端子信息"。

② 第二行：路由信息。

路由信息格式：路由起始站点名称（收或发）−跳接站点1名称（跳）−跳接站点2名称（跳）−……−跳接站点n名称（跳）−路由终止站点名称（收或发）系统号。

[例12] 本结点跳接的是收沈阳浑南发辽中二级干线南环1系统的信号，描述为沈阳浑南（发）−701（跳）−辽中（收）二级干线南环1系统。

③ 第三行：对端端子信息。

同经过本站传输设备第三行"对端端子信息"。

2. 波分设备与SDH设备之间的ODF

（1）第一行：本端ODF端子信息。

同经过本站传输设备第一行"本端端子信息"。

（2）第二行：源端DWDM设备信息。

增加波道号字段，其余字段同经过本站传输设备第三行"对端端子信息"的传输设备格式。

[例13]第6个机架B子框的12板位OAU的IN端口第24波道的信息描述为Fr：6−B−OAU−12−IN（λ24）。

（3）第三行：宿端 SDH 设备信息。

同经过本站传输设备第三行"对端端子信息" 的传输设备格式。

传输设备侧需要制作尾纤标签时，仅制作两行标签。

① 第一行：DWDM 或 SDH 设备信息。

[例 14]来自第 9 个机架 C 子框的 1 板位 OBU 的 OUT 端口的信息描述为 Fr：9－C－OBU－1－OUT。

② 第二行：对端 ODF 端子信息。

同经过本站传输设备第一行"本端端子信息"。

3. 电路调度 ODF（直接承载业务）

（1）第一行：本端端子信息。

同经过本站传输设备第一行"本端端子信息"。

（2）第二行：局向信息和电路代号的信息。

未开通电路时标志局向信息，要求与设计资料标志一致。开通电路后标志电路代号。

[例 15]所承载的业务方向是北京 C1 局到上海 C2 局，局向信息命名为北京－上海 1S001IPBB，电路代号取自电路调单。如未开通业务则填写：北京 C1－上海 C2。

（3）第三行：业务源。

业务源分两类情况：

① 第一种情况：业务直接上下。

同经过本站传输设备第四行"对端端子信息"。

[例 16] Fr：3－B－SQ1－4－4，表示从第 3 号机柜 B 子框 4 板位 SQ1 的第 4 个 155M 端口来。

[例 17] To：6－A－SQ1－2－1，表示到第 6 号机柜的 A 子框 2 板位 SQ1 的第 1 个 155M 端口去。

② 第二种情况：跳接点。

同经过本站传输设备第一行"本端端子信息"。

（4）第四行：业务对端信息。

对端如果是设备，参照以上命名方式命名到设备端口；如果是配线架，参照上述命名方式命名到连接器端子。

4. 波长和纤芯使用情况统计表

描述机房中波长和纤芯使用情况，格式如下。

序　号	波　长	A端～Z端	用　途	序　号	波　长	A端～Z端	用　途
1				5			
2				6			
3				7			
4				…			

- 序号：使用的纤芯号。
- 用途：环网名称和系统名称。
- 波长：该纤芯承载的信号波长。

5．命名原则

（1）DDF 和 ODF 的标签是唯一的，不能重复，标明信号的源或宿端，以及电路代号等。

（2）机架内部连纤原则上不做改动，更换内部连纤时需按照原始编号做好标记。

（3）机柜号：可依据各省维护习惯制定，要求在本机房内命名唯一。建议采用自然数字编号方式，从 1 开始顺序编号，如果机柜是背靠背摆放，分别以奇/偶数表示行号，即一个方向用 1，3，5，…表示，另一个方向用 2，4，6，…表示。机柜号不可以为空。

（4）板位号按照单板的自然编号计算，不考虑槽位编号（IU 编号）。

（5）表示源和宿端信息的项目前需标注"Fr："或"To："。

（6）电路代号是唯一的，不能重复，并在电路全程标志清楚，包括跳接的中间站点，以及长途延伸段等，以便于故障查找。

（7）遵循全程全网的原则，长途延伸电路按照长途电路考虑。

（8）字号、字体自行规定，字体建议宋体。

五、应用举例

1．DDF 标签（上下业务）

DDF1－2－3
北京－上海 30NO01LB
Fr：3－A－PQ1－1－46
To：DDF4－2－1

2．DDF 标签（转接业务）

DDF8－2－12
沈阳浑南－沈阳大北
Fr：DDF10－2－16
To：DDF9－3－9

3．BITS 设备的 DDF 标签（输入）

DDF1－2－3
Fr：2－A－SDH（#86[DK]）－CKO1
To：2－A－INP1－3（2MB）

4．BITS 设备的 DDF 标签（输出）

DDF2－3－4
Fr：2－A－POT－2－19（2MBit）
To：JZMSC1

5．ODF 尾纤标签（外线入局外线侧）

ODF4－1－1
沈阳－辽阳二级干线南环（发）
To：ODF3－1－3

6. ODF 尾纤标签（跳纤）

ODF4－1－1
沈阳浑南（发）－（跳）－辽中（收）二级干线南环
To：ODF3－1－2

7. ODF 尾纤标签（波分设备与 SDH 设备之间）

ODF1－2－3
Fr：1－B－TWC－9－Tx（λ24）
To：3－A－S16－5－IN

8. 设备侧尾纤标签

6－B－SL64－7－OUT
To：ODF21－1－6

9. ODF 标签（电路调度）

ODF3－1－3
北京－沈阳 1S006IPSS
Fr：B08－D－LIU19－3－OUT
To：ODF10－4－60

任务三　光纤连接器认知和使用

【任务分析】

　　光纤连接器是光纤通信系统中使用量最大的光无源器件。光纤连接器的发展大致可分三个阶段。在 20 世纪 80 年代，为了探讨制造光纤连接器的工艺方法，各种结构应运而生，多达 20 余种。在 20 世纪 90 年代，经过批量生产和使用，各种结构和工艺的优、缺点逐渐分明，形成了以直径 2.5mm 的陶瓷插针为关键元件的 FC、ST 和 SC 三种类型连接器占主导地位的局面。预计不远的将来，为适应光纤接入网、光纤到家庭的需要，光纤连接器将进入第三阶段，新一代连接器体积更小、价格更低。

　　本任务就是了解光纤连接器和光电收发器的概念和使用。

【任务目标】

- 光纤连接器的概念；
- 光纤连接器的性能；
- 常见光纤连接器的类型；
- 光纤连接器的使用。

一、光纤连接器认知

1. 光纤连接器的概念

光纤连接器，俗称活接头，国际电信联盟（ITU）建议将其定义为"用以稳定地，但并不是永久地连接两根或多根光纤的无源器件"（CCITT 第 VI 研究组 1992 年 3 月于日内瓦通过）。主要用于实现系统中设备间、设备与仪表间、设备与光纤间，以及光纤与光纤间的非永久性固定连接，是光纤通信系统中不可缺少的无源器件。正是由于连接器的使用，使得光通道间的可拆式连接成为可能，从而为光纤提供了测试入口，方便了光系统的调测与维护；又为网路管理提供了媒介，使光系统的转接调度更加灵活。

2. 光纤连接器的一般特征

（1）光纤连接器的基本构成。

目前，大多数的光纤连接器是由 3 个部分组成：2 个配合插头和 1 个耦合管。2 个插头装进两根光纤尾端；耦合管起对准套管的作用。另外，耦合管多配有金属或非金属法兰，以便于连接器的安装固定。

（2）光纤连接器的对准方式。

光纤连接器的对准方式有两种：用精密组件对准和主动对准。

① 使用精密组件对准是最常用的方式，这种方式是将光纤穿入并固定在插头的支撑套管中，将对接端口进行打磨或抛光处理后，在套筒耦合管中实现对准。插头的支撑套管采用不锈钢、镶嵌玻璃或陶瓷的不锈钢、陶瓷套管、铸模玻璃纤维塑料等材料制作。插头的对接端进行研磨处理，另一端通常采用弯曲限制构件来支撑光纤或光纤软线以释放应力。耦合对准用的套筒一般是由陶瓷、玻璃纤维增强塑料（FRP）或金属等材料制成的两半合成的、紧固的圆筒形构件做成的。为使光纤对得准，这种类型的连接器对插头和套筒耦合组件的加工精度要求很高，需采用超高精密铸模或机械加工工艺制作。这一类光纤连接器的介入损耗在 0.18～3.0dB 之间。

② 主动对准方式对组件的精度要求较低，可用低成本的普通工艺制造。但在装配时需采用光学仪表（显微镜、可见光源等）辅助调节，以对准纤芯。为获得较低的插入损耗和较高的回波损耗，还需使用折射率匹配的材料。

（3）光纤连接器的分类。

根据 ITU 的建议，光纤连接器的分类是按光纤数量、光耦合系统、机械耦合系统、套管结构和紧固方式区分的，参见表 3.4。

表 3.4　光纤连接器的分类

光纤类型	光　耦　合	机械耦合	套管结构	紧固方式
单通道	对接	套筒 V 型槽	直套管	螺钉
多通道	透镜	锥型	锥型套管	销钉
单/多通道	其他	其他	其他	弹簧销

（4）光纤连接器的性能。

光纤连接器的性能，从根本上讲首先是光纤连接器的光学性能，另外，为保证光纤连接器的正常使用，还要考虑光纤连接器的互换（同型号间）性能、机械性能、环境性能和寿命（即最大可拔插次数）。

① 光学性能。

对于连接器的光学特性的确定，ITU 建议参见表 3.5 要求加以考虑。

表 3.5 光纤连接器的光学特性

性能因素	单纤连接器	多纤连接器
介入损耗	应当要求	应当要求
回波损耗	应当要求	应当要求
谱损	应当考虑，适当要求	应当考虑，适当要求
背景光耦合	应当考虑，适当要求	应当考虑，适当要求
串话	不要求	应当要求
带宽（仅指多模）	应当考虑，适当要求	应当考虑，适当要求

目前，对于单纤连接器光性能方面的要求，用户所关心的和厂家宣传的重点还是放在介入损耗和回波损耗这两个最基本的性能参数上。

其中，介入损耗（又称插入损耗）是指因连接器的介入而引起传输线路有效功率减小的量值，对于用户来说，该值越小越好。对于该项性能，ITU 建议应根据 20 个样品的测试，确定出平均损耗、标准偏差和样品最大损耗。基保平均损耗值应不大于 0.5dB。

回波损耗（又称反射衰减、回损、回程损耗）是衡量从连接器反射回来并沿输入通道返回的输入功率分量的一个量度，其典型值应不小于 25dB。对于光纤通信系统来说，随着系统传输速率的不断提高，反射对系统的影响也越来越大，来自连接器的巨大反射将影响高速率激光器（如开关速率为 Gb/s 级）的稳定度，并导致分布噪声的增大和激光器抖动。因此，对回波损耗的要求也越来越高，仅满足典型值的要求已无法符合实际要求，还需要进一步提高回波损耗。研究表明，通过对连接器对接端的端部进行专门的抛光或研磨处理，可以使回波损耗更大。ITU 建议此类经专门处理过的连接器，其回波损耗值不应小于 38dB。

需要指出的是，对于上述两项的有关数值要求，ITU 认为当系统受到光功率分配方面的限制，这些取值是合适的；对于分配网等对功率分配要求不高的场合，较低的性能也是可以接受的。

光纤连接器光学性能的试验方法，ITU 建议按 IEC874－1 最新修订版中规定的方法进行。但应注意这些方法是为生产测试规定的，不完全适用于野外环境。其中介入损耗和反射可采用 OTDR 进行测试。为保证测试精度，使用 OTDR 进行介入损耗的测试时必须从两个方向进行。

② 互换性能。

对于光纤连接器的互换（同型号间）性能的确定，在 ITU 的有关建议中未见表述。但在实际应用中，由于光纤连接器是一种通用的光接口元件，因此，对于同一种型号的光纤连接器，如无特殊要求，任意组合而成的连接器组合与已匹配好的连接器组合相比较，传输功率的附加损耗应可忽略不计。而目前由于连接方式、加工精度，以及光纤的本征特征（如模场直径、模场心度误差等）的限制，该附加损耗尚不能完全忽略。用户与厂家一般将此附加损耗限制在 0.2dB 以内。

③ 机械性能。

对于光纤连接器的机械性能的确定，ITU 建议参见表 3.6。

对于光纤连接器机械性能的试验方法，ITU 建议按 IEC874－1 总规范最新修订版所规定的方法进行。抽样数量，除特殊要求外，IEC 规定一般不少于 5 个连接器/光缆组合件。对于部分试验项目，IEC 规定的试验方法中还明确了试验条件，以及评价标准。

表 3.6　光纤连接器的机械性能

性能因素	单纤连接器	多纤连接器
轴向抗张强度	应当要求	应当要求
弯曲	应当要求	应当要求
机械耐力	应当要求	应当要求
撞击（敲击）	应当要求	应当要求
下垂	应当要求	应当要求
振动	应当考虑，适当要求	应当考虑，适当要求
冲击（跌落）	应当考虑，适当要求	应当考虑，适当要求
静态负荷	应当考虑，适当要求	应当考虑，适当要求

对于配对连接器的轴向抗张强度和至少包含 5 个连接器的光缆组合件的强度保持力，IEC 确定其最小值为 90N。

对于弯曲性能，IEC 规定至少应测试 5 个连接器/光缆组合件样品。应在距连接器 1m 处，对光缆施加 15.0N 的力。在 1.25cm 半径的圆轴上弯曲 300 个循环。试验结束后，附加损耗应不超过 0.2dB。

对于耐机械性能（即重复插拔性能），IEC 规定应从 5 个连接器/光缆组合件样品中取出 1 个，用人工方式接入和断开至少 200 次，连接器应加以清洗，每重复接入 25 次就要测量一次介入损耗。完成测试后，与初始值相比，其最大附加损耗不应超过 0.2dB，并仍能工作。

对于下垂性能，IEC 规定应至少试验 5 个安装了连接器的光缆组合件。试验后的最大附加损耗不应超过 0.2dB。

对于振动性能，IEC 规定振动频率范围为 10～55Hz，稳定振幅为 0.75mm。试验后的最大附加损耗不应超过 0.2dB。

④ 环境性能。

对于光纤连接器的环境性能的确定，ITU 建议参见表 3.7。

表 3.7　光纤连接器的环境性能

性能因素	单纤连接器	多纤连接器
温度循环	应当要求	应当要求
高湿	应当要求	应当要求
灰尘	应当要求	应当要求
工业环境	应当要求	应当要求
高低温存放	应当考虑，适当要求	应当考虑，适当要求
腐蚀（盐雾）	应当考虑，适当要求	应当考虑，适当要求
易燃性	应当考虑，适当要求	应当考虑，适当要求

对于光纤连接器环境性能的试验方法，ITU 建议按安装条件来加以考虑。所抽样品及数量，除特殊要求外，ITU 建议一般选用装配了连接器的光缆，其数量不少于 10 根。对于部分试验项目，ITU 还明确了试验条件及评价标准。

对于温度循环性能的试验，ITU 建议低温应为－40℃，高温应为+70℃，循环次数为 40 个温度周期。试验后，与初始值相比较，附加损耗不应超过 0.5dB。

对于高湿度（如稳态湿热）性能，ITU 建议试验环境为 60±2℃，相对湿度为 90%～95%，持续时间为504h。试验后，与初始值相比较，附加损耗不应超过0.5dB。

高低温（冷/干热）性能，主要是用以评估储存温度对装配了连接器的光缆组合件的影响。对于此项目的试验，ITU建议在最高干热温度+80℃和最低温度−55℃下各持续保温360h。然后把带连接器的光缆稳定在21±2℃、相对湿度约为50%的环境下，持续24h。试验后，与初始值相比较，附加损耗不应超过0.05dB。

⑤ 光纤连接器的寿命。

由于维护中转接跳线和正常测试等需要，光纤连接器经常要进行插拔，由此引出了插拔寿命即最大可插拔次数的问题。这个问题的提出应基于这样的前提：光纤连接器在正常使用条件下，经规定次数的插拔，各元件无机械损伤，附加损耗不超过限值（通常该限值规定为0.2dB）。光纤连接器的插拔寿命一般由元件的机械磨损情况决定的。当前，光纤连接器的插拔寿命一般可以达到1000余次，附加损耗不超过0.2dB。对采用开槽陶瓷耦合套筒的光纤连接器来说，由于陶瓷材料存在裂纹生长，因此，静态疲劳将导致套筒破裂。根据有关资料介绍，未经筛选的此类套筒20年的破裂概率为10^{-4}。若以比工作应力大2.6倍的筛选力进行筛选试验，那么在20年内将不会发生破裂。

3. 常见光纤连接器的类型和用途

光纤连接器按传输媒介的不同可分为常见的硅基光纤的单模、多模连接器，还有其他如以塑胶等为传输媒介的光纤连接器；按连接头结构形式可分为FC、SC、ST、LC、MTRJ、MPO、MU、SMA、FDDI、E2000、DIN4、D4等各种类型。如图3.28所示为常见光纤连接器的类型。

图3.28 常见光纤连接器的类型

　　光纤连接器有 SC/PC 型、FC/PC 型、LC/PC 和 LSH/APC 型等，设备单板拉手条上的光口绝大部分为 LC/PC 型光接口，也有少量的 LSH/APC 型光接口，与之配套的 LC/PC 型和 LSH/APC 型光纤连接器分别如图 3.29 和图 3.30 所示。在客户侧 ODF 处一般使用 FC/PC 型或 SC/PC 型光接口，与之匹配的 SC/PC 型和 FC/PC 型光纤连接器分别如图 3.31 和图 3.32 所示。

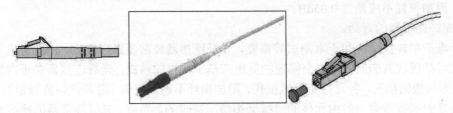

图 3.29　LC/PC 型光纤连接器

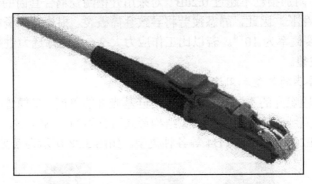

图 3.30　LSH/APC 型光纤连接器

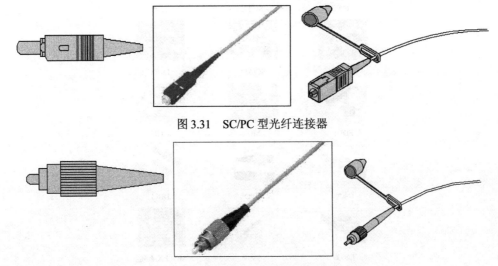

图 3.31　SC/PC 型光纤连接器

图 3.32　FC/PC 型光纤连接器

（1）SC/PC 型光纤连接器。

SC/PC 型光纤连接器的插拔只需要轴向操作，不需要旋转。

插拔 SC/PC 型光纤连接器的操作过程如下：

① 插入光纤时，应小心地将光纤头部对准光接口板上的光接口，适度用力推入；

② 拔出光纤时，先按下卡接件，向里微推光纤插头，然后向外拔出插头即可。

（2）FC/PC 型光纤连接器。

　　FC 是英文 Ferrule Connector 的缩写，表明其外部加强件是采用金属套，紧固方式为螺丝扣。PC 是英文 Physical Connection 的缩写，表明其对接端面是物理接触，即端面呈凸面拱形结构。这种连接器对接端面的结构由平面变为拱形凸面。此类连接器的介入损耗和回波损耗性能较好。以北京住力电通光电技术公司采用日本住友电工的技术和标准生产的 FC/PC 型光纤连接器为例，根据该公司的介绍，配合单模光纤在 1310nm 波长下使用时，其 100 个介入损耗规格值为 0.5dB 的连接器的最大介入损耗为 0.35dB，平均值为 0.18dB。回波损耗均大于 40dB，平均值可达到 44.12dB。

　　插拔 FC/PC 型光纤连接器的操作过程如下：

　　① 插入光纤时，应小心地将 FC/PC 接头对准光接口板上的光接口，避免损伤光接口的陶瓷内管。把光纤插到底后，再顺时针旋转外环螺丝套，将光接头拧紧；

　　② 拔出光纤时，首先逆时针旋转光纤接口的外环螺丝套，当螺丝已松动时，稍微用力向外拔出光纤。

　　（3）LC/PC 型光纤连接器。

　　LC/PC 型光纤连接器的插拔只需要轴向操作，不需要旋转。

　　插拔 LC/PC 型光纤连接器的操作过程如下：

　　① 插入光纤时，应小心地将光纤头部对准光接口板上的光接口，适度用力推入。如果是弯头光纤，插入光接口后，可以将光纤头部向机箱面板侧转弯一个角度以减少走线空间；

　　② 拔出光纤时，先按下卡接件，向里微推光纤插头，然后向外拔出插头即可。

　　（4）LSH/APC 型光纤连接器。

　　LSH/APC 型光纤连接器插拔的操作过程如下：

　　① 打开光纤上的 LSH/APC 型光纤连接器的保护防尘盖；

　　② 将光纤连接器对准单板光接口；

　　③ 对准光口上的导槽，缓慢插入连接器；

　　④ 拔出光纤时，使用拔纤器夹住连接器；

　　⑤ 力度适中，缓慢拔出连接器。

　　注意：LSH/APC 型光纤连接器自带保护防尘盖，当连接器从光口拔出时，保护盖会自动闭合，可以有效防尘和避免强光信号的输出。

二、光纤连接器的使用

1. 各种结构的应用范围

　　随着光纤通信技术的发展，光纤连接在系统中的应用将更为广泛，连接器将趋于多样化。

　　新研制的各种连接器将与传统的 FC、SC 等连接器一起，形成"各显所长，各有所用"的格局。首先，在光缆干线网方面，还是采用 FC 连接器，对于光纤带光缆，则使用 MT 连接器提供固定或活动连接。在光纤用户网的本地交换机中，光缆终端架上则采用 SC 连接器。新型的同步终端设备和用户线路终端，则采用 LC 或 MU 型连接器。当实现 FTTH 时，在安装于每个用户大楼或房屋的光网络单元中，则采用简化的 SC 连接器，以实现高密度封装。在光端机内，印制板与底板之间的光路连接应采用单芯光纤的 MU 或带状光纤的 MPO 连接器，以实现多路光连接。在印制板上，光纤器件间的连接将采用 FPC 连接器，而不用熔接接头。对于平面光器件与光纤之间的连接，则采用 PLC 连接器。

2. 光纤连接器使用注意问题

光链路上各处的损耗衰减都关系到传输的性能，因此要求：

（1）选择符合入网标准的光纤连接器；

（2）光纤连接器要有封帽，不使用时盖上封帽，避免光纤连接器污染而二次污染光模块光口，封帽不使用时应放在防尘干净处保存；

（3）光纤连接器插入是水平对准光口，避免端面和套筒划伤；

（4）光模块光口避免长时间暴露，不使用时加盖光口塞；光口塞不使用时储存在防尘干净处。

3. 清洁光纤连接器

光模块光口和光纤连接器在使用过程中不可避免地会沾染尘埃，应定期进行清洁。

清洁光模块时根据光口类型选用合适的无尘棉棒（SC 使用 ϕ2.5mm 的无尘棉棒，LC 和 MTRJ 使用 ϕ1.25mm 的无尘棉棒）蘸上无水酒精插入光口内部，按同一方向旋转擦拭；然后再用干燥的无尘棉棒插入器件光口，按同一方向旋转擦拭。

光纤连接器的端面保持清洁，避免划伤；清洁端面时使用干燥无尘棉在手指未接触部分按如图 3.33 所示方法擦拭清洁，每次擦拭不能在同一位置；对脏污严重的接头，则将无尘棉浸无水酒精（不宜过多），按相同方法进行擦拭清洁，并需更换另一干燥无尘棉按相同方法操作一次，保证接头端面干燥，再进行测试；此类清洁方法需注意擦拭长度要足够，才能保证清洁效果，并且不能在相同位置重复擦拭；此类无尘棉每张可供按图示方向擦拭 4 次。

图 3.33　将无尘棉放在桌面清洁

场地不足时可将无尘棉放在手掌上，在手指未接触部分按如图 3.34 所示方法在手掌部位进行擦拭清洁，操作方法同上。

图 3.34　将无尘棉放在手掌上清洁

4. 光模块 ESD 损伤

ESD 是英文 Electro－StaticDischarge 的缩写，中文翻译为"静电释放"。

ESD 是自然界不可避免的现象，预防 ESD 从防止电荷积聚和让电荷快速放电两方面着手。

（1）保持环境的湿度为 30%～75%RH。

（2）划定专门的防静电区域，选用防静电的地板或工作台。

（3）使用的相关设备采用并联接地的公共接地点接地，保证接地路径最短，接地回路最小，不能串联接地，应避免采用外接电缆连接接地回路的设计方式。

（4）在专门的防静电区域中操作时，防静电工作区内禁止放置工作不必要的静电产生材料，如未作防静电处理的塑料袋、盒子、泡沫、袋子、笔记本、纸片、个人用品等，这些材料必须距离静电敏感器件 30cm 以上。

（5）包装和周转时，采用防静电包装和防静电周转箱/车。

（6）禁止对非热插拔的设备，进行带电插拔的操作。

（7）避免用万用表表笔直接检测静电敏感的引脚。

（8）对光模块操作时做静电防护工作（如戴静电环或将手通过预先接触机壳等手段释放静电），接触光模块壳体，避免接触光模块 PIN 引脚。

5. 简易光模块失效判断步骤

测试光功率是否在指标要求范围之内，如果出现无光或者光功率小的现象，处理方法如下所述。

（1）检查光功率选择的波长和测量单位（dBm）。

（2）清洁光纤连接器端面。

（3）检查光纤连接器端面是否发黑和划伤，光纤连接器是否存在折断，更换光纤连接器做互换性试验。

（4）检查光纤连接器是否存在小的弯折。

（5）热插拔光模块可以重新插拔测试。

（6）同一端口更换光模块或者同一光模块更换端口测试。

三、新一代光连接器的发展趋势

新型光连接器在结构上大致可分为四类。第一类是在插头直径为 2.5mm 的连接器的基础上加以改进，如 NTT 公司的简化 SC 连接器、Panduit 公司的双联插头 FJ 型连接器、Seicor 公司的单插头但含有 2 芯和 4 芯光纤的 SC/DC 和 SC/QC 连接器。第二类是围绕光纤带而设计的连接器，如 AMP 公司的 MT－RJ 连接器（2 芯）、Seicor 公司的 Mini－MT 连接器（≤4 芯）、Berr 公司的 MAC 连接器（≤8 芯）等。第三类是插头直径为 1.25mm 的小型连接器，如 Lucent 公司的 LC 连接器、NTT 公司的 MU 连接器等。第四类是无套管的光纤连接器，如 3M 公司的 SG 连接器、NTT 公司的 FPC 和 PLC 连接器等。

随着带状光纤在光纤用户网中的广泛应用，预计光纤带用的 MT 型连接器的需求将迅速增加。由于高密度封装的要求，预计插针直径为 1.25mm 的 LC、MU 连接器将会得到迅速发展。这两种类型的产品可能会成为光纤用户网中主要应用的连接器。其他在插头直径为 2.5mm 基础上改进的连接器，可能成为重要的补充。

任务四 光纤熔接与接头盒固定

【任务分析】

光缆因为各种原因会出现断点，称为光缆故障。光缆的热熔接是目前最常用、最有效的处理方式，是日常维护中经常遇到的一项工作。接头盒是保护光缆接头的设备，接头盒的安装固定是光缆抢修的最后一道工序。

本任务将学习光缆熔接的方法、流程和要求，训练光缆故障抢修基本技能。

【任务目标】

- 熟悉光缆故障处理原则；
- 了解光纤连接方式的分类及接续的基本要求；
- 掌握光缆的成端要求；
- 掌握光缆熔接的步骤、方法和接续质量判断方法；
- 掌握降低接续损耗的方法；
- 熟悉接头盒的封装固定方法。

由于外界因素或光纤自身等原因造成的光缆线路阻断影响通信业务的称为光缆线路故障。光缆线路故障按中断的情形可分为光缆全断、部分束管中断、单束管中的部分光纤中断三种情况。

当发生光缆线路故障时，应遵循以下处理原则：先抢通，后修复；先骨干、后接入；分故障等级进行处理。

一、光纤的固定连接

光纤固定接续是光缆线路施工和维护中使用最多的一种光纤接续方式，其特点是光纤一次性接续完成后不能拆卸。

固定接续又分为熔接法和非熔接法。

1. 熔接法

所谓熔接法是指采用加热的方法使待接光纤的端面熔化并连接的光纤接续方法。目前的光纤自动熔接机都是在熔接放电之前对光纤端面进行预放电，先消除端面上的小突起、毛刺等并使端面部分熔化，然后再给一定的推进量，同时放电，使两根光纤熔接到一起。

2. 非熔接法（又称机械连接法）

非熔接法是采用光纤接续子完成的光纤接续，根据光纤轴向对准方式，接续子分为 V 型槽式接续子和毛细管式接续子。

（1）V 型槽对准方式的接续子。这种接续子是将两根待接光纤放入 V 型槽内使其轴向对准，用粘结剂使两根光纤的端面粘合，再合上接续子的上盖使光纤固定，从而达到接续的目的。

（2）毛细管对准方式的接续子。这种接续子的中心部位是一根内径极细的毛细管，使用中，将制备好端面的两根光纤分别从接续子的两端插入，通过接续子的透明视窗观察两根光纤端面接触程度，旋转两边的锁紧装置固定光纤。接续子的内部一般使用少许匹配液，以改善耦合性能，减少菲涅尔反射。

二、光缆接续安装的一般要求

（一）光缆接续工序所包括的内容

光缆接头一般包括以下内容。

（1）接头盒内部组件安装和光缆护套组件的安装。

（2）开剥光缆，去除光缆外护套并清擦光缆内的填充油膏。

（3）将光缆固定到接头盒上，并固定（接续）加强芯。

（4）辨别束管色谱，给束管编号并将束管固定。

（5）去除束管、辨别光纤色谱、套上热熔管。

（6）光纤接续，同时监测接续质量。

（7）余留光纤的收容。

（8）光缆内金属构件的连接以及各种监测线的安装。

（9）接头盒的封装及固定。

（二）光缆接续的一般要求

光线接续的一般要求

（1）光缆接续前应核对光缆的程式、端别无误。光缆应保持良好状态，光纤传输特性良好，护套对地绝缘良好。

（2）接头盒内的束管及光纤的序号应做永久性标记。当两个方向的光缆从接头盒的一侧进入时，光缆的端别要做出标记。

（3）光缆的接续应符合施工规范和接头盒安装工艺的要求。

（4）光缆接续时应做好防尘、防风、防雨等保障措施，当环境温度过低时应考虑保温措施。

（5）接头盒两端的光缆余留应结合敷设方式而定，接头盒内光纤的余留应不少于 60cm。

（6）单个光缆接头应在一个工作日内完成。

（7）光纤接头的连接损耗，应达到指标要求。

（三）对光缆接头盒性能的要求

光缆接头盒必须保护光缆接头部分的光纤和接头免受震动、张力、压力、弯曲等机械外力影响，防止潮湿气体、有害气体的影响侵袭。由于光缆线路敷设后，光缆接头是线路的薄弱环节，日常维护工作中迁改、割接、故障抢修均需动及，因此，光缆接头盒要具备以下性能。

（1）适应性。根据直埋、架空、管道、水线光缆的自然环境和敷设条件的差异，光缆接头盒应满足各种程式光缆在各种敷设条件下的不同要求。

（2）气闭与防水性能。为防止接头盒进水对光纤寿命的影响和北方冬季接头盒结冰造成光纤中断，一般要求接头盒要能保持 20 年的密封性能。

（3）机械性能。光缆接头盒必须具备一定的机械强度，保证光纤接头在一定的外力作用下不受影响。

（4）耐腐蚀、耐老化。目前，光缆接头盒的盒体采用塑料、外部紧固件采用不锈钢制品，以保证接头盒的使用寿命。

（5）操作性。接头盒作为工程、维护中经常进行操作的设备，其操作性应满足以下要求。

① 操作简便。接头盒材料尽量简化，容易拆装。

② 统一性。接头盒材料、工具要尽可能的标准化，便于维护工作的实施。

③ 可拆卸性。要求接头盒的拆卸要容易，材料应能重复利用，尽可能减少拆卸工具。

④ 重量轻。接头盒要尽量轻便，以减少劳动强度。

除此之外，光缆接头盒还应满足以下要求。

（1）光缆接头盒必须是经过质量部门鉴定的产品。

（2）光缆接头盒的规格程式及性能符合设计要求。

（3）接头盒内的各种附属构件必须完备，光纤热可缩管应有一定数量的备用品。

（4）接头盒加强件、金属护套的连接以及监测线的绝缘应符合规定。

（四）常用光缆接头盒介绍

光缆接头盒的型号和种类较多，但构造原理基本相同，分为保护罩部分、固定组件、接头盒密封组件以及余纤收容盘四部分。图 3.35 所示为两种常见光缆接头盒的构造图。

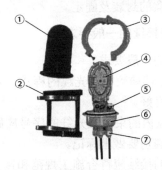

①紧固螺丝孔 ②接头盒罩 ③光缆固定卡 　①接头盒罩 ②接头盒固定架 ③盒罩紧固抱箍
④加强芯固定夹 ⑤光纤收容盘 ⑥入缆口 　④光纤收容盘 ⑤加强芯固定夹 ⑥接头盒座
　　　　　　　　　　　　　　　　　　　　⑦光缆紧固防水装置

图 3.35　光缆接头盒的构造

1. **接头盒外罩（保护罩）**

它是光缆接头盒的保护部分，起着保护接头盒"内脏"的作用，其材质一般为高强度工程塑料，具有抗冲击、耐张力、耐压力、耐腐蚀、抗老化等特点。

2. **固定组件**

固定组件又分为光缆外护套固定、加强芯固定和接头盒固定部分。光缆外护套固定和加强芯固定部分的主要作用是固定待接光缆。接头盒固定部分（直埋光缆接头盒不需要这一部分）的作用主要是固定光缆接头盒，如图 3.35 中右图的接头盒座。

3. **密封组件**

接头盒密封主要有橡胶垫（条、圈）密封、密封胶密封、热缩管密封等形式，目的是防止水、潮气、有害气体等进入接头盒内部。

4. **光纤收容盘**

光纤收容盘又叫容纤盘、光纤接续盘，作用是收容光纤并固定光纤接头，是整个接头盒的核心。

三、光缆的接续方式

光缆的接续一般包括光纤、加强构件、光缆护套接续内容，本节重点介绍加强构件和光缆护套接续的方式。

（一）光缆护套的接续方式

光缆护套接续可分为热接法和冷接法两大类。热接法是采用热源来完成护套的密封连接，热接法中使用较为普遍的是热缩套管。冷接法不需要用热源来完成护套的密封连接，冷接法中使用较普遍的方法是机械连接法。

1. 热缩套管法

热缩套管法是采用热缩材料，按接续要求做成管状（O 型）或片状（W 型），然后包在光缆接头需要密封的部位，加热使其与光缆表面很好地粘接在一起，从而达到密封的目的。

O 型热缩套管一般用于光缆施工时的光缆接续。W 型热缩管是纵剖式的（在边上有金属夹的导槽，以利于纵包），适合光缆接头的修理和光缆外护套的破损修补保护。两种热缩管的功能一样。

2. 机械连接法

机械连接法是冷接法中较为普遍的一种，它是在接头盒盖的接合处以及光缆进口处放置（或预制）橡胶套（或橡胶条）、自粘胶等密封材料，然后利用固定螺栓或收紧钢带等紧固措施，使接头盒达到完全密封的状态。

（二）光缆加强芯及金属护套的接续

为了增强光缆的机械性能，在光缆内部都有加强构件。加强构件有金属、非金属两种，大部分光缆具有金属防潮层。因此，在光缆接续时应根据使用环境不同、所用的材料不同分别进行处理。

1. 电气连接

电气连接就是在光缆接头处分别把两端的金属加强芯和金属护套连接，使其电气连通。

金属加强芯的接续种类很多，有用螺丝固定后通过接头盒里的金属条来实现电气连接，有用金属连接器来实现电气连接，应根据具体的接头盒而定。

金属护套的电气连接一般采用接头过桥线的形式。不同的光缆金属护套结构采取的连接方式不同，这里仅介绍 PAP（铝塑粘接）护套的接续方法。护套一般采取铝接头压接的方式，用光缆纵剖刀在光缆护套端口处制作一个 2.5cm 长的切口并拨开，把铝接头（上面有锯齿）插入切口处压接，使铝接头的锯齿与铝护套紧密相连，用 PVC 胶带在连接处缠绕两圈使接头牢固，如图 3.36 所示。

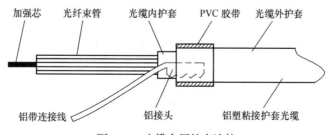

图 3.36　光缆金属护套连接

2. 电气断开

电气断开就是指金属加强芯及金属护套在光缆接头处电气不连接。为了达到防强电的目的，目前大部分光缆线路的接头采取的是这种处理方式。电气断开的操作方法是把两端金属加强芯分别固定，两端的金属护套也不用金属线连接。部分接头盒内部固定组件已电气连通的，应对金属加强构件采取绝缘措施。

3. 监测尾缆的连接

对直埋光缆和管道光缆，为了掌握光缆外护套损伤、接头盒密封状况以及满足维护工作的需要，从光缆接头盒内引出一根监测尾缆。目前所采用的监测尾缆一般采用 5m 长的 6 芯电缆，有专门的光缆监测尾缆成品，也可用 HYAT10×2×0.5 全塑填充型市话电缆替代。

监测尾缆的连接方法：光缆接续完毕后，在封盒之前，把监测尾缆未成端的一端开剥 60cm 左右，再把铜芯线的绝缘层去掉 3~5cm，然后把铜芯线分别与接头盒两侧光缆的加强芯、金属外护套及监测铜片连接，其连接方式如图 3.37 所示。

监测尾缆的铜芯线与加强芯的连接：把铜芯线固定在加强芯固定柱上，或者把加强芯与铜芯线固定在一起。光缆金属外护套与监测尾缆的铜芯线连接与电气连接操作方式相同。

监测尾缆从接头盒内引出时同样要做好密封处理，把成端后监测尾缆一端装入监测标石。

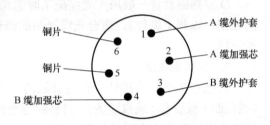

图 3.37　接头盒监测尾缆连接

四、光缆接续的基本方法和步骤

虽然目前光缆接头盒和光缆的程式比较多，不同接头盒所需的连接材料、工具及接续的方法和步骤是不完全相同，但其主要的程序以及操作的基本要求是一致的。

（一）光缆接续前的准备

光缆接续的程序如图 3.38 所示。

光纤断点熔接实践

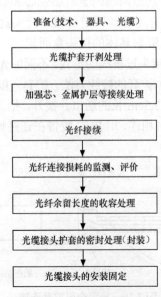

图 3.38　光缆接续程序

（1）技术准备：在光缆接续工作开始前，必须熟悉所使用的接头盒的性能、操作方法和质量要点，尤其是以前从未使用过的接头盒，一定要仔细研究其使用方法。

（2）器具准备：主要包括接头用器材（接头盒）准备、仪表机具（熔接机、OTDR、开剥光缆工具、封装接头盒工具等）准备、车辆准备和防护器具（遮阳伞、帐篷等）的准备。

（3）光缆准备：是指待接光缆在接续前的测试（包括光、电气特性测试），接续前待接光缆出现问题应及时处理。

（4）接续位置的确定：光缆接头的位置一般在光缆施工时已经确定，遇特殊情况时位置应做必要调整。

（二）光缆外护套的开剥

光缆外护套、金属护套、光纤预留开剥尺寸根据光缆结构和接头盒规格而定。用专用工具逐层开剥，光缆口应平齐无毛刺。光缆的护套剥除后，光缆内的油膏应用清洗剂擦干净。光缆开剥尺寸如图3.39所示。

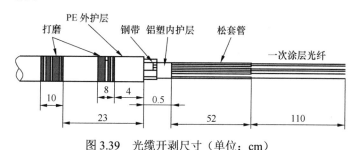

图3.39　光缆开剥尺寸（单位：cm）

在开剥的过程中应注意以下两点。

（1）开剥光缆外护套对操作人员的技术要求比较高，避免在开剥过程中使光纤受伤。如图3.40所示光缆开剥去皮操作。

（2）清洗缆内的油膏时严禁使用汽油等挥发性溶剂，避免加速护套和束管老化。

图3.40　光缆去皮

（三）加强芯和外护套的固定、连接

1. 加强芯的固定、连接

光缆的加强芯是承受光缆拉力的主要构件，加强芯应安装牢固，必要时对加强芯做适度回弯，以避免光缆从接头盒中拉脱。回弯的长度不应过长，当加强芯或外护套安装不牢，光缆发生转动时，过长的回弯会勾住束管，使束管内的光纤受力，造成损耗增大，甚至会发生断纤。

2. 外护套的固定、连接

外护套同加强芯一样也要固定牢固，在固定前要将外护套在接头盒固定的部分和缠密封胶带的地方用砂纸打磨，以增大光缆与接头盒的摩擦力，并使光缆与密封胶带结合得很严密。

（四）光纤熔接的方法和步骤

1. 光纤端面处理

光纤的端面处理（又称端面制备）是光纤接续中的一项关键工序。光纤端面处理包括去除套塑层、穿热缩套管、去除涂覆层、清洗和切割（制备端面）。

（1）去除套塑层。松套光纤去除套塑层（也叫松套管、束管）的方法是采用专用切割钳，在距端头规定长度（视光缆接头盒的规定）处截断松套管。施工过程中去除松套管时务必小心不能伤及光纤。

松套管去除后应及时清洁光纤。清洁光纤采用丙酮或酒精棉球将光纤上的油膏擦去，避免光纤沾上沙土。如果在光缆接续的过程中，由于受到外部环境影响或操作人员的疏忽，在擦去油膏之前光纤已沾上沙土，此时千万不可将整个束管内的光纤捏在一起去擦除油膏，应将光纤分开逐根轻轻擦除油膏。如清洗方法不当，油膏中的小沙砾会损伤光纤，而且这种损伤不易被发现，损伤部位受到空气中水分子的长期作用导致裂痕加深，造成光纤断裂，这是接头盒内发生自然断纤的主要原因。

沾上沙土的光纤也可用如图 3.41 所示的方法擦除油膏和沙土：先在束管根部将光纤逐根分开（不需要全部分开），然后用酒精棉球或纱布轻轻捏住分开的部位，沿光纤轴向擦去油膏和沙土。注意第一遍一定要轻，擦完第一遍后更换酒精棉球后再擦。

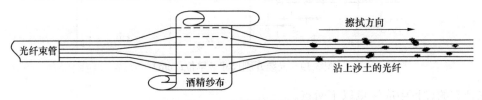

图 3.41　光纤清洁方法

紧套管光纤去除套塑层，是用光纤涂覆层剥离钳按要求去除 4cm 左右，如图 3.43 所示。

套塑层太紧的光纤，可分段剥除，并注意剥除后根部平整。剥除过程中应注意均匀用力，勿弯折光纤。

（2）穿热缩套管。穿热缩套管的方法如图 3.42 所示。

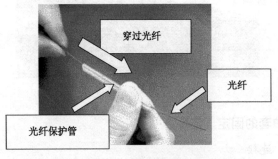

图 3.42　穿热缩套管

（3）去除光纤涂覆层。光纤涂覆层也叫一次涂层或光纤涂覆层，与去除紧套光纤和松套光纤涂覆层的方法相同，一般采用光纤涂覆层剥离钳去除，如图 3.44 所示。

剥除涂覆层时，要掌握平、稳、快 3 字剥纤法。"平"，即手持纤要平放。左手拇指和食指捏紧光纤，使之成水平状，所露长度在 5cm 左右，余纤在无名指、小拇指之间自然弯曲，以增加力

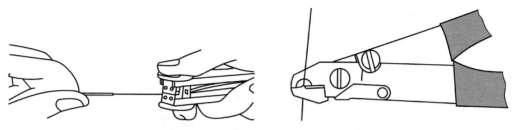

度，防止打滑。"稳"，即手握剥离钳要握得稳。"快"即剥纤要快，剥纤钳应与光纤垂直，上方略向内倾斜一定角度，然后用钳口轻轻卡住光纤，随之用力，顺光纤轴向平推出去，整个过程要自然流畅，一气呵成。

图 3.43　光纤套塑层剥离方法　　　　　图 3.44　光纤涂覆层剥离方法

（4）清洁裸光纤。观察光纤剥除部分的涂覆层是否全部剥除，若有残留，应重新剥除。如有极少量不易剥除的涂覆层，可用棉球沾适量酒精，一边浸渍，一边逐步擦除。将棉花撕成层面平整的方形小块，沾少许酒精（以两手指相捏，无酒精溢出为宜），折成"V"形，夹住已剥离涂覆层的光纤，顺光纤轴向擦拭 3～4 次，直到发出"吱吱"声为止。一块棉花擦 2～3 根光纤后要及时更换，每次要使用棉花的不同部位和层面，提高利用率。

注意：擦拭需使用酒精浓度大于 99% 的酒精。

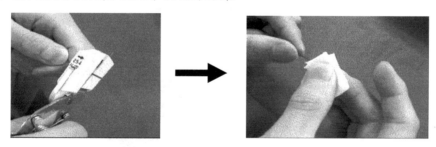

图 3.45　光纤清洁方法

（5）切割、制备光纤端面。光纤端面的切割（制备）是一项关键工序，尤其是光纤熔接的最重要开端，它是低损耗连接的首要条件。

目前制备光纤端面采用的一般都是光纤切割刀，常用的切割刀有日本藤仓 CT03、CT04 型切割刀（机械式切割刀）及英国 YORK 公司的 FK-11 型超声波切割刀，尤以机械式切割刀居多。

光纤切割刀属于精密度较高的器械，切割光纤时要严格按照切割刀的操作顺序进行，动作要轻，不可用力过猛。

操作步骤：

① 给砧臂解锁时，首先慢慢地向下压刀盖，然后把制动螺钉滑到解锁的位置来打开刀盖，如图 3.46 所示。

② 把准备好的光纤放置在切割刀上，并核实正确的切割长度。

③ 往前推一下滑动座。

④ 慢慢地下压砧臂，直到刀刃划过光纤。

⑤ 当砧臂将要压到光纤的时候，迅速地下压砧臂，光纤被压断。

⑥ 慢慢的减小对砧臂的压力。弹簧的弹力会迫使砧臂回到初始的打开位置。

⑦ 取走收集器，倒掉光纤碎屑。

⑧ 慢慢地下压砧臂，直到能顺利地把砧臂锁扣合上。

图 3.46　砧臂解锁

上述步骤操作用到的部件可参见图 3.47。

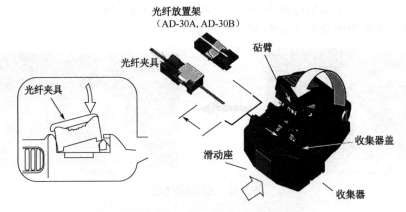

图 3.47　切割光纤过程用到的部件指示

光纤制备端面后的长度一般为 8～16mm。制备好的端面应近乎垂直于光纤轴，切割角度为 89°±1°。端面平整无损伤、边缘整齐、无缺损、无毛刺，符合熔接要求。

图 3.48 所示为是几种常见的光纤端面制备后的状态。

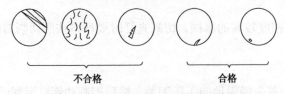

图 3.48　光纤端面制备的几种状态

2. 光纤的自动熔接（这里仅介绍单模光纤的自动熔接）

（1）放置光纤。

① 打开防风盖和光纤压板。

② 将准备好的光纤放置在 V 型槽上，并使光纤的尖端处于电极尖端和 V 型槽边缘之间，如图 3.49 所示。

③ 用手指捏住光纤，然后关闭压板，压住光纤。确保光纤放置在 V 型槽的最底部。如果光纤放置不正确，请重新放置光纤。

④ 按上面的步骤放置另外一根光纤。

⑤ 关闭防风盖。

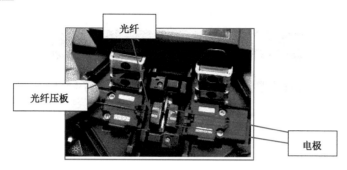

图 3.49　放置光纤

（2）熔接操作。

① 光纤检查。

目前实际使用的光纤熔接机自动化程度较高，操作人员将制备好端面的光纤按要求放入熔接机的 V 型槽内，合上防风盖，按下"开始"键，光纤做相向运动。在清洁放电之后，光纤的运动会停止在一个特定的位置。然后，检查光纤的切割角度和光纤端面的质量，如图 3.50 所示。如果测量出来的光纤的切割角度大于设定的极限值，或者检查出光纤的端面有毛刺，蜂鸣器响同时显示器会显示一个错误信息来警告操作者。此时，熔接过程暂停。将光纤从熔接机上取下，然后重新制备，直至没有错误信息显示为止。光纤的表面缺陷可能会导致一次失败的熔接。

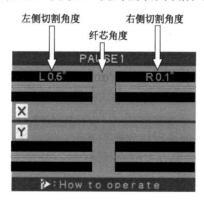

图 3.50　检查切割角度

② 光纤对准。　光纤检查完毕之后，会按照芯对芯或者是包层对包层的方式来对准。包层的轴偏移和芯的轴偏移会被显示出来。

③ 光纤熔接。光纤对准完成之后，执行放电功能，熔接光纤。

④ 估算损耗。熔接完成之后，将显示估算的熔接损耗，如图 3.51 所示。

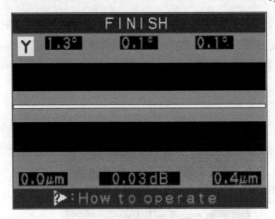

图 3.51　估算熔接损耗

3．连接质量评价

光纤完成熔接后，应及时对连接质量进行评价，确定是否需要重新接续。由于光纤接头的使用场合、连接损耗的标准等不同，具体要求也不尽相同，但评价的内容、方法基本相似。

（1）外观目测检查：光纤熔接完毕在熔接机的显示屏上观察熔接部位是否良好。

（2）连接损耗估测：熔接机上显示的损耗估测值可以作为参考，估测值不符合要求需要重新接续。

（3）张力测试：光纤自动熔接机上的张力自动测试装置，一般情况下，当光纤熔接好以后，熔接机自动加上 240 克的张力，如果光纤不断裂说明达到了接续强度的要求。

（4）连接损耗测量：对于长途光缆的光纤接续损耗，只靠目测是不够的，而且自动熔接机上显示的连接损耗也是按照熔接机内存储的经验公式推算出来的，有些因素没有考虑进去，因此准确的接续损耗必须通过 OTDR 的测量才能得出。具体测量方法参见学习情境二介绍。

4．光纤接头的增强保护

光纤熔接后需要增加专门的保护。光纤接头增强保护的方法有金属套管补强法、V 型槽板补强法、紫外光再涂覆补强法、热可缩管补强法等，在这里只介绍最常用的热可缩管补强法。

热可缩管补强法是指用热可缩管（也叫热熔管）对光纤接头进行保护的方法。热熔管由易熔管、不锈钢加强棒和外面的热可缩管组成（见图 3.52（a））。它是在光纤接续之前（制备端面之前）套到一侧待接光纤上，熔接后移到接头部位，然后加热使之收缩，将光纤接头的裸光纤部位保护起来。加热光纤热熔管需要专门的热熔炉，一般光纤熔接机上都带有热熔炉。图 3.52（b）所示为收缩后的热缩管示意图。

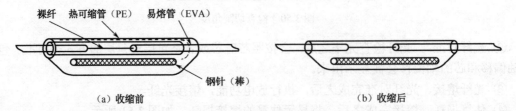

（a）收缩前　　　　　　　　　　　　　　　　　（b）收缩后

图 3.52　裸光纤热熔管保护

操作步骤：

（1）取出光纤。

① 打开加热炉的盖子。

② 打开防风盖。

③ 左手在防风盖的边缘持左侧光纤，并打开左侧压板，如图 3.53 所示。

④ 打开右面压板。

⑤ 右手持右部光纤，把接好的光纤从熔接机上取下。

⑥ 持稳光纤一直到光纤全部被移动到加热炉中。

图 3.53 取出光纤

（2）定位热缩套管（见图 3.54）。

将热缩管放置在加热炉的热缩管中央定位上。长度标尺已经预先根据热缩管的长度设置好。向右慢慢的滑动熔接好的光纤，直到左手触及加热炉的边缘。热缩管被放置在加热炉的中央。

注意：应用热缩管中央定位设备可以把熔接点设置在加热保护管的中间位置。

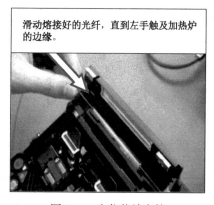

图 3.54 定位热缩套管

（3）加固熔接点。

① 将带有热缩管的光纤从熔接机的中央设备移动到加热炉中。

② 将带有热缩管的光纤移动到加热炉中，放入时，轻轻把光纤拉直，加热炉盖自动关闭，如图 3.55 所示。

注意：

● 确定熔接点被放置在加热保护管的中间位置。

● 确保加热保护管中的加强芯被放置在下面。

● 确保光纤无扭曲。

图 3.55　准备加固熔接点

③ 按 HEAT 键开始加热。加热完毕时，蜂鸣器响，并且加热指示灯 LED（橙色）自动关闭。

④ 打开加热炉盖并取走已经由热缩管保护的光纤，当从加热炉中取出光纤时，施加一定的拉力。

注意：热缩管可能会沾到加热器的底板上，在这种情况下，用棉签来取出热缩管。

⑤ 观察加热完的热缩管，核查内部是否有气泡和灰尘。

（五）带状光纤的接续

带状光纤的接续和单芯光纤的接续步骤基本一致，所不同的是带状光纤从剥除涂覆层、制备端面到光纤熔接、带状接头的保护，使用的都是专门的装置，主要有带状光纤涂覆层剥除器、带状光纤切割刀、带状光纤熔接机、带状光纤热可缩管等。

（六）光纤接续的现场监测

光纤接续的同时应监测接续质量，主要依靠 OTDR 进行监测。

（七）光纤余留的收容处理

光纤接续完毕并测试合格后，收容光纤余长。目前接头盒常用平板式盘绕法，就是将裸光纤盘绕在接头盒内的光纤收容盘中（俗称盘纤），如图 3.56 所示。

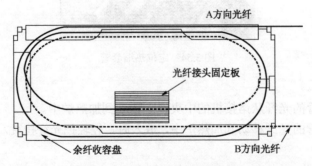

图 3.56　裸光纤平板式盘绕法

盘纤方法分为如下几种。

（1）先中间后两边，即先将热缩后的保护管逐个放置于固定槽中，然后再处理两侧余纤。

优点：有利于保护光纤接点，避免盘纤可能造成的损害。在光纤预留盘空间小、光纤不易盘绕和固定时，常用此种方法。

（2）从一端开始盘纤，固定热缩管，然后再处理另一侧余纤。优点：可根据一侧余纤长度灵活选择热熔保护管安放位置，方便、快捷，避免出现曲率半径过小的情况。

（3）特殊情况的处理：个别光纤过长或过短时，可将其放在最后，单独盘绕；带有特殊光器件时，可将其另盘处理；若与普通光纤放置在同一盘时，应将其轻置于普通光纤之上，两者之间加缓冲衬垫，以防止挤压造成断纤，且特殊光器件尾纤不可太长。

（4）根据实际情况采用多种图形盘纤。按余纤的长度和余留空间大小，顺势自然盘绕，切勿生拉硬拽，应灵活地采用圆、椭圆、"CC"、"～"多种方式盘纤（注意盘绕半径≥3.75cm），尽可能最大限度利用余留空间和有效降低因盘纤带来的附加损耗。

经验提示：

（1）在接续之前将光纤在容纤盘中进行试盘纤，将多余部分掐断（掐断长度不超过容纤盘最大圈周长的一半），这样接续完盘纤时就会又省力又整齐，而且光纤也不会出现微弯现象。

（2）有些接头盒内固定热熔管的卡槽比较紧，在固定热熔管时一定要使钢棒在上方，光纤在下方，按照如图 3.57 所示的方法往下用力，可避免指甲将热熔管内的光纤掐断，也可避免卡槽将光纤夹伤。

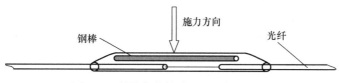

图 3.57　热熔保护管放入固定槽的方法

（八）光缆接头盒的封装、固定

盘纤完毕并检查光纤不受力后，进行接头盒的封装和固定，完成光缆接续的最后一道工序。详见本任务第六部分内容。

五、光纤接续损耗

📖 **要点：降低光纤连接损耗的方法**

对于光缆线路施工和维护来说，光纤接续量非常大，主要应由技术人员操作完成，因此，每个技术人员都必须掌握光纤连接损耗产生的原因和如何改善光纤连接损耗的方法。多模光纤和单模光纤有一定区别，本节仅介绍单模光纤熔接损耗产生的原因和改善方法。

（一）光纤连接损耗产生的原因

影响光纤连接损耗的因素以下有两类（如图 3.58 所示）。

其一，固有连接损耗是由于连接的两根光纤在特性上的差异或光纤本身的不完善而造成的连接损耗。它主要是因为两根待接续单模光纤的模场直径偏差、折射率偏差、模场与包层的同心度偏差、纤芯不圆度等原因而造成。这类损耗不能通过改善接续工艺和熔接设备来减少损耗。

其二，由于外部原因造成的损耗称为非固有损耗。如接续时的轴向错位、光纤间的间隙过大、端面倾斜等。它主要是由于操作工艺不良、熔接设备精度不高、接续环境质量差等因素造成的。这类损耗可通过改善接续工艺和熔接设备来减少。

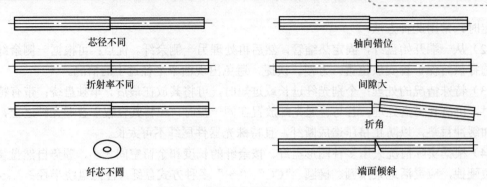

图 3.58　光纤连接损耗产生的原因

1. 固有损耗产生的原因

（1）模场直径不同引起的连接损耗。

由于单模光纤的纤芯直径只有 10μm 左右，一般用传输光的模场直径来描述。如 ITU-T G.652 单模光纤的特性指出：单模光纤在 1310nm 波长处模场直径的标称值应落在 8.6～9.5μm 范围内，偏差不超过±10%。如果两根待接单模光纤的模场直径不一样，就会使光纤接头的固有损耗增大。当两纤的模场直径偏差达到 20%时，其引起的接头损耗大约是 0.2dB。

（2）折射率不同引起的连接损耗。

两根待接光纤的折射率不同会引起连接损耗，但这个因素所造成的连接损耗不大，可以忽略不计。当两纤的折射率差达到 10%时，由此所产生的连接损耗大约为 0.01dB。

（3）包层的同心度偏差和不圆度引起的连接损耗。

理论上讲两根待接光纤的包层同心度偏差和不圆度也会导致产生连接损耗，但目前在实际中所有的单模光纤自动熔接机采用的都是纤芯对准方式，这样就避免了由这两个本征参数的不同而引起连接损耗。

2. 非固有损耗产生的原因

（1）光纤轴向错位引起的连接损耗。

一般产生光纤轴向错位的原因是由于光纤接续设备的精度不高，光纤放置在熔接机 V 型槽中时产生光纤轴向错位。经过试验得出：仅 2μm 的轴向错位，就会导致 0.5dB 的连接损耗。

（2）光纤间隙引起的连接损耗。

光纤接续时，如果光纤端面间的间隙过大，会使传导模部分泄漏而产生连接损耗。从试验中得知：当光纤间隙达到 10μm 时，会由此而产生约 0.2dB 的连接损耗。

（3）折角引起的连接损耗。

经过试验验证：光纤的接续损耗对折角比较敏感，当折角达到 1°时其所造成的连接损耗就达到 0.5dB。这一点在实际操作中要注意：接续前一定要将熔接机的 V 型槽清干净。

（4）光纤端面不完整引起的连接损耗。

光纤端面不完整包括端面倾斜、端面粗糙。当出现这些情况时，两根光纤就不能完全对接，从而引起连接损耗。据资料显示：当光纤端面的倾角达到 3°时，连接损耗大约有 0.4dB。倾角越大，损耗越大。

（5）光纤成端接续的损耗。

一般来说，一条光缆线路的成端光纤接头损耗要大于中间光纤接头的平均值。这是因为中间的光纤接头，两对光纤的护层直径均为 250μm，放入熔接机后两边相应较为平直，熔接机能较精确地对纤校准，进而能得到较小的接续损耗。而在成端接续时，两对光纤护层的直径不一样，光缆中光纤护层直径为 250μm，但尾纤中光纤的护层直径为 900μm，二者相差很大，放入熔接机后，两边相对不平直（特别是容易造成倾斜），接续损耗普遍会略大。为此成端接续质量控制更为重要。

（二）降低接续损耗的方法

（1）对于固有损耗，也就是由于两段光纤本征因素偏差所引起的连接损耗，在工程和维护工作中，应选择一致性较好的光纤、光缆，如：同型号、同厂家、同批次的光缆，以减少其差别，这样才能保证接续质量。

这里需要特别提醒的是：由于不同型号光纤的特性与应用范围不同，在施工和维护中一定要选择同型号的光纤。最简单地来说绝对不能让单模光纤和多模光纤对接，G.655 光纤和 G.652 光纤一般不能对接。尤其是在维护工作中，经常会出现在光缆线路中介入（或替换）一段光缆的情况，如果在 G.655 光纤链路中介入一段 G.652 光纤，就会影响密集波分系统的正常运行。

（2）对于非固有损耗，可以通过完善操作工艺、改善操作环境或更换高精度仪表、工具，使其降低或改善。具体有以下一些措施。

① 改善接续环境。

由于熔接机属于精密度较高的机械装置，对环境条件要求高。只要改善接续现场的温度、湿度和清洁度，熔接机就会提供较高、较稳定的接续质量，这也是为什么要求在野外进行光缆接续时要搭帐篷的原因。

② 调校接续设备。

在每次光缆接续之前，必须将接续机具调校到最佳状态。

机械式切割刀：

当制备的光纤端面达不到要求时，要查明原因，不可频繁更换切割刀的刀片或刀面（每一个面的切割次数均可达到 2000 次以上）。一般原因有以下几个：刀面的高度不合适；切割刀的夹具出现问题，当刀面划过光纤时光纤出现松动；切割刀的 V 型槽内有灰尘，需要清洁；刀面不清洁。

总之，切割刀的状态以及操作的熟练与否直接反映着操作人员的技术水平，也直接影响着光纤接续的速度与质量。

熔接机的使用：

首先，保持熔接机的清洁是非常重要的，熔接机的清洁分为 V 型槽清洁、微型摄像头清洁和反光镜清洁。

其次，接续前进行熔接机的放电试验。

另外，操作人员还要学会根据仪表说明书对熔接机进行灰尘检查、马达检查、推进量检查等自我诊断，并掌握更换电极、放电校正、稳定电极等基本操作。

③ 提高操作水平。

光缆接续人员的操作水平直接影响着光缆接续质量的高低，作为一个合格的光缆接续者，必须做到："净、轻、稳、细"这四个字。

净：时刻保持接续设备（切割刀、熔接机）的干净，并保证待接光纤的干净（尤其是制备好端面的光纤不能再碰触其他地方），注意经常更换酒精棉球（纱布），养成良好的习惯。

轻：在整个接续过程中动作要轻，一个是操作仪表、器械时要轻；再就是来回移动裸光纤时要轻，避免光纤受力、受伤。

稳：在接续和盘纤时动作要稳，不可急躁，动作幅度也不要太大，以免裸纤受伤。熔接机、切割刀也要放在稳妥的地方。施工经验表明，部分熔接机在 x 轴对正后进行 y 轴对正调整过程中，如熔接机受到震动，将会导致原先对准的 x 轴发生明显位移，且放电过程中熔接机不再对该轴向进行调整，将引起很大的光纤接续衰耗。

细：心要细，避免盘到收容盘内的光纤出现微弯或受力等情况。接续前仔细察看所熔接的光纤是否颜色相同、是否符合设计要求。

六、接头盒的封装及固定

（一）接头盒的封装

在接头盒封装之前，应检查以下内容：

（1）光缆加强芯是否安装牢靠，光缆安装是否牢固；

（2）光纤收容盘是否固定牢靠；

（3）光纤在收容盘内是否有微弯和受力的地方。

检查完以上内容后，可封装接头盒。密封处理是接头盒封装的关键，不同的接头盒其密封方法不一样。具体操作中，应按照接头盒的安装说明书，严格按照操作步骤进行。对光缆密封部位均应做清洁和打磨，以提高光缆与防水材料间可靠的粘合。注意打磨砂纸不宜太粗，光缆打磨的方向应沿光缆垂直方向旋转打磨，不宜与光缆平行方向打磨。

光缆接头盒封装完成后，应做气闭检查和光电特性的复测，以确认光缆接续良好、接头盒密封良好。

（二）接头盒的固定

接头盒安装固定是光缆接续、光缆割接、故障抢修中的最后一道工序。接头盒的固定分接头盒固定和余留光缆固定两道工序。下面分别讲述直埋光缆、架空光缆及管道光缆接头盒的固定方法。

1. 直埋光缆接头盒的固定

（1）直埋光缆的接头坑应位于线路前进方向（A 至 B）的右侧，个别因地形限制，位于线路前进方向左侧时应在光缆路由图上标明。接头坑如图 3.59 所示。

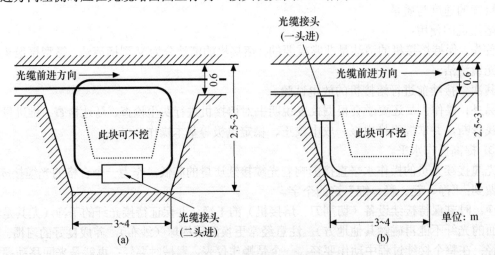

图 3.59　直埋光缆接头坑的开挖

（2）由于地形环境或其他原因，接头坑无法达到标准要求时，可根据实际情况，余留光缆盘的直径应大于 1.5m。

（3）直埋光缆接头的埋深应与该位置直埋光缆的埋深一样，坑底应铺 10cm 的细土，接头盒上方要埋上 30cm 的细土然后盖上水泥盖板加以保护，最后用普通土将接头坑回填平，如图 3.60 所示。

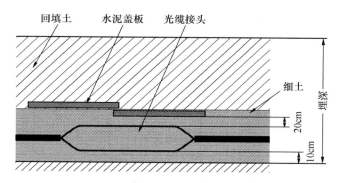

图 3.60 直埋光缆接头盒保护措施示意图

2. 架空光缆接头盒的固定

架空光缆接头盒一般分为立式和卧式。

（1）立式接头盒一般固定在电杆上，光缆余留盘绕在电杆两侧的余留架上，如图 3.61 所示。

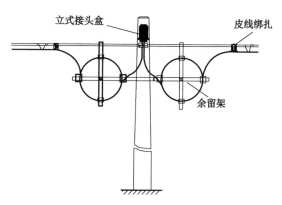

图 3.61 立式接头盒安装示意

（2）卧式接头盒一般固定在电杆旁的吊线上（抢修的接头有时也在一档线的中间），光缆余留盘绕在接头盒两侧或相邻电杆的余留架上，如图 3.62 所示。

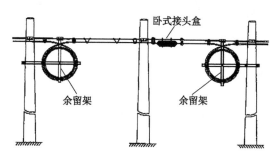

图 3.62 卧式接头盒安装示意图

3. 管道光缆接头盒的固定

管道人孔内光缆接头的固定应满足以下要求：

（1）尽量安装在人孔内较高（贴近人孔上覆）的位置，减少人孔内积水的浸泡，并防止施工人员的踩踏；

（2）安装时尽量不影响其他线路接头的放置和光（电）缆的走向；

（3）光缆应有明显标志，对于两根光缆走向不明显时应做方向标记；

（4）对人孔内光缆进行保护和放置光缆安全标志牌。

根据接头盒进缆的方式不同，可以分别采取不同的固定方式。图 3.63 为管道光缆接头盒及光缆余留的一种安装方式。

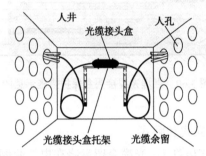

图 3.63　管道光缆接头盒及余留光缆的安装示意

（三）接头盒固定应注意的事项

（1）一般是先固定接头盒，再盘绕光缆余留，避免接头盒在余留盘绕的过程中剧烈晃动；

（2）光缆余留盘绕时，从接头盒根部往外盘，把余留盘绕时所产生的扭转力向光缆侧释放，避免光缆在接头盒根部转动。如图 3.64 所示。

（3）光缆余留盘绕的技巧：在余留盘绕过程中为避免产生扭转力，一般采取正一圈、反一圈的盘绕方法，其原理和盘"∞"字一样，正反圈所产生的扭转力抵消。如图 3.65 所示：先盘个"∞"字，B 点不动，将 A、C 两点重合即可。

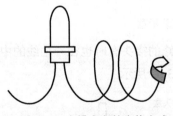

图 3.64　光缆余留的盘绕方式

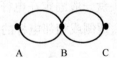

图 3.65　光缆余留的盘绕方式

七、光缆的成端操作

光缆线路到达端局、中继站需要与光端机或中继器相连，这种连接称为光缆的成端，本节着重介绍光缆的成端方法和技术要求。

（一）光缆的成端方法

光缆成端一般在 ODF 架安装，部分边远机房没有 ODF 架时，可采用终端盒成端的方式。

1. ODF 架成端

干线光缆或较大的机房一般应采用这种方式，将光缆固定在 ODF 机架上（包括外护套和加强芯的固定），将光纤与预置在 ODF 机架的尾纤连接，并将余留光纤收容在机架内专用收容盘内。这种方式的优点是适合大芯数光缆的成端，整齐、美观，使用时非常方便。如图 3.66 所示。

光缆　　　　线路终端盒　　　　分配架　　　　线路终端设备

图 3.66　ODF 架成端方式

2. 终端盒成端方式

部分边远机房或接入网点，在机房内没有 ODF 架，可采取终端盒成端的方式。将光缆固定在终端盒上，与接头盒安装一样，把外线光纤与尾纤没有连接器的一端相熔接，把余纤收容在终端盒内的收容盘内，终端盒外留有一定长度的尾纤，以便与光端机相连。这种方式的特点是比较灵活机动，终端盒可以固定在墙上、走线架上等相对安全地方，经济实用。如图 3.67 所示。

光缆　　　　线路终端盒T-BOX　　　　线路终端设备

图 3.67　终端盒成端方式

（二）光缆成端的技术要求

光缆成端应符合以下技术要求。

（1）按有关规定或根据设计要求，留足预留的光缆，并按一定的曲率半径把预留光缆盘好，以备后用（一般不少于 12m）。

（2）采用终端盒方式成端时，终端盒应固定在安全、稳定的地方，远离热源。

（3）成端接续要进行监测，接续损耗要在规定值之内。

（4）采用 ODF 架方式成端时，光缆的金属护套、加强芯等金属构件要安装牢固，光缆的所有金属构件要做终结处理，并与机房保护地线连接。

（5）从终端盒或 ODF 架内引出的尾纤要插入机架的珐琅盘内，空余备用尾纤的连接器要带上塑料帽，防止落上灰尘。

（6）光缆成端后必须对尾纤进行编号，同一中继段两端机房的编号必须一致。无论施工还是维护，光纤编号不宜经常更改。尾纤编号和光缆色谱对照表应贴在 ODF 架的柜门或面板内侧。

巩固与提高

一、填空题

1. 同轴电缆由外向内分别为_____、_____、_____和信号线。

2．在客户侧 ODF 处一般与光接口匹配的光纤连接器类型是_____型和_____型。

3．配线架通常可分为_____、_____和_____。

4．光纤切割时，端面切割角度要求是_____。

5．光纤连接损耗产生的原因主要有_____、_____两大类。

二、判断题

1．DDF 标签的信息基本包括两部分：标志点的物理信息和逻辑信息。　　　（　　）

2．将同轴电缆一头的信号芯线和金属屏蔽网线短接，在同轴电缆另一头用万用表测试信号芯线和金属屏蔽网线之间的电阻，电阻应该约为无穷大。　　　（　　）

3．清洁光纤连接器端口时每张无尘棉可擦拭多次。　　　（　　）

4．连接损耗测量可通过熔接机直接得出结果。　　　（　　）

三、简答题

1．制作 2M 同轴电缆接头应准备哪些工具？

2．什么是对线？如何对线？

3．请描述光纤连接器的性能。

4．简述光纤端面制备的操作步骤分为哪几步？

5．光纤接头质量好坏如何评价？

6．光缆接头盒固定时有哪些注意事项？

7．光缆成端有哪些技术要求？

四、综合题

1．如图 3.68 所示的连接器是什么类型？

图 3.68　综合题 1 用图

2．说明下列 DDF 标签的含义。

DDF6－2－12
广州天河—广州白云
Fr：DDF4－3－16
To：DDF8－3－12

3．在互联网上找一找，当前支持光接口模块的交换机分为哪些种类？

4．简述光纤熔接的步骤和操作注意事项。

学习情境四

小型光端机安装、使用与基本维护

光端机广泛应用在电信网络上，本情景通过重点介绍光端机的概念和安装使用，光端机电接口和光接口指标的测试方法，光端机简单故障的检查和排除方法，使人们对光端机有一个比较深入的了解。

本情境学习重点

- 光端机相关知识
- 小型光端机安装
- 光端机测试准备
- 光端机测试
- 光端机的使用、保养方法
- 基本维护
- 常用仪器、仪表简介

任务一　小型光端机安装

【任务分析】

光端机是一种高技术含量、采用数字非压缩技术的点对点光纤传输设备，在通信网络中使用比较广泛，还大量使用在大型监控系统，高质量广播及视频传输系统，城市道路交通监控系统，高速公路监控系统，工业、煤矿等生产过程监控系统，"平安城市"治安监控系统等领域。

本任务就是了解光端机的概念和安装使用。

【任务目标】

- 光端机的概念；
- 光端机的分类；

- 光端机的传输距离；
- 光端机的接口类型；
- 模拟光端机与数字光端机的区别；
- 光端机的安装调试；
- 光端机的防雷方法。

一、光端机相关知识

（一）光端机的概念

光端机就是光信号传输的终端设备，本质是光电转化传输设备；放在光缆的两端，一收一发，顾名思义光端机。从广义上讲，基于光纤网络用于传输信号的光电转换设备都可以称为光端机。

（二）光端机的分类

光端机从电信传输信号上分类，可分为压缩光端机与用于监控和广播电视行业的非压缩的视频光端机。

光端机从接口上分类，可分为视频光端机、音频光端机、数据光端机和以太网光端机。

按照技术分类，光端机可分为 PDH、SPDH 和 SDH。PDH（Plesiochronous Digital Hierarchy，准同步数字系列）光端机是小容量光端机，一般是成对应用，也称为点到点应用，容量一般为 4E1、8E1、16E1。SDH（Synchronous Digital Hierarchy，同步数字系列）光端机容量较大，一般为 16E1～4032E1。SPDH（Synchronous Plesiochronous Digital Hierarchy）光端机，介于 PDH 和 SDH 之间；SPDH 是带有 SDH（同步数字系列）特点的 PDH 传输体制（基于 PDH 的码速调整原理，同时又尽可能采用 SDH 中一部分组网技术）。

（三）光端机的传输距离

光端机的传输距离是指光端机实际可传输光信号的最大距离。这是个标称数值，它取决于设备和实际环境等多种因素，双纤的光端机一般可传输 1～120km，单纤的一般可传输 1～80km。现在出现了一种电话光端机，其目的是通过光纤来传输电话语音的光通信设备，设备可通过一对光缆传输 1～720 路电话，是远距离传输电话、屏蔽机房、电话超市和小区放号的最佳选择。

（四）光端机的接口类型

光端机的典型物理接口如下。

1. BNC 接口

BNC 接口是指同轴电缆接口，用于 75Ω 同轴电缆连接，提供收（RX）、发（TX）两个通道，它用于非平衡信号的连接。光纤接口是用来连接光纤线缆的物理接口，通常有 SC、ST、FC 等几种类型，它们由日本 NTT 公司开发。FC 是 Ferrule Connector 的缩写，其外部加强方式是采用金属套，紧固方式为螺丝扣。ST 接口通常用于 10Base－F，SC 接口通常用于 100Base－FX。RJ－45 接口是以太网最为常用的接口，RJ－45 是一个常用名称，指的是由 IEC（60）603－7 标准化，使用由国际性的接插件标准定义的 8 个位置（8 针）的模块化插孔或者插头。

2. RS－232 接口

RS－232－C 接口，又称 EIARS－232－C，是目前最常用的一种串行通信接口。它是在 1970 年由美国电子工业协会（EIA）联合贝尔系统、调制解调器厂家及计算机终端生产厂家共同制定的用于串行通信的标准。它的全名是"数据终端设备（DTE）和数据通信设备（DCE）之间串行二进制数据交换接口技术标准"。该标准规定采用一个 25 引脚的 DB25 连接器，对连接器的每个引脚的信号内容加以规定，还对各种信号的电平加以规定。

3. RJ－11 接口

RJ－11 接口就是平时所说的电话线接口。RJ－11 是西部电子公司（Western Electric）开发的接插件的通用名称。其外形定义为 6 针的连接器件，原名为 WExW，这里的 x 表示"活性"，触点或者打线针。例如，WE6W 有全部 6 个触点，编号为 1～6，WE4W 界面只使用 4 针，最外面的两个触点（1 和 6）不用，WE2W 只使用中间 2 针（即电话线接口用）。

（五）模拟光端机与数字光端机的区别

1. 光纤上传输的信号方式不同

模拟光端机上光头发射的光信号是模拟光调制信号，它随输入的模拟载波信号的幅度、频率、相位变化引起光信号幅度、频率、相位变化而分别称为调幅、调频、调相光端机。而数字光端机上光头发射的光信号是数字信号，即 0 或 1，对应光信号强、弱两种状态，不同的 0 和 1 组合代表不同幅度的视频、音频、数据信号。

2. 模拟信号传输输入和输出处理方式不同

无论模拟还是数字光端机，对输入基带的视频、音频、数据信号都必须进行处理。对于模拟调幅光端机，处理方式是将视频、音频、数据的幅度对一高频载波信号进行调制，使高频载波信号的幅度随视频、音频、数据的幅度变化而变化；而数字式光端机对输入基带的视频、音频、数据进行高分辨率的模拟－数字转换，如 1V 峰－峰幅度范围的幅度信号利用 12b 的数字信号来表示，1V 等分成 4096，因此，模拟－数字转换后引起的最大电压幅度误差为 1/4096V（约为 2.5mV），此误差电压称为量化误差电压，各种幅度的电压数值从 0V，1/4096V，2/4096V，…，到最大 1V 分别对应的数字编码为 000000000000，000000000001，000000000010，…，111111111111。数字编码信号直接控制光头发射的光信号的强、弱两种状态（对应 0 或 1），接收光端机再将数字编码进行数字－模拟转换，恢复成原始的基带视频、音频、数据信号等。

3. 处理方式的不同

引起的视频、音频、数据信号的信号失真、畸变、干扰等不同。

模拟光端机由于要进行调幅、调频、调相，所以模拟信号的幅度的变化与载波信号因调制而引起的幅度、频率、相位的变化是否为一一对应的线形关系成为模拟光端机质量好坏的关键。到目前为止，很难做到真正的线性调制，非线形必然引起信号失真；同时调制好的载波信号还要调制光信号，光信号的非线性也是一个非常重要的因素。众所周知，光器件的非线性受环境温度变化、工作电压的稳定性、光发射功率等很大的影响，因此，光器件在生产时需进行 7～10 天的热循环、老化等工艺筛选，测试也只能做到将这种变换控制在一定的范围内。光信号在光纤中长距离传输，会引起光信号的功率衰减、传输频率漂移、相位失真；光信号色散效应同样也会引起光信号畸变；光信号到达接收端，接收光器件仍然要引起非线性失真；由光电转换后的模拟信号进行解调，解调与调制一样会产生非线性畸变。所以，综合模拟光端机，从输入信号调制→电光转换→光输出→光电转换→解调这 5 个过程，都会引起非线形失真，而这些信号畸变失真是固有的，所以也必然是不可消除的，因此，模拟光端机传输视频图像、音频质量、数据的效果很难达到很满意的效果。数字式光端机仅只有模拟－数字转换的量化误差（如 1V 视频信号利用 12b 数字信号表示时仅为 2.5mV），不足以引起信号畸变。

二、小型光端机安装

小型光端机具体安装实施包括光端机安装调试和相关配套备件的安装。

（一）光端机的安装调试

安装光端机时要做好现场的防护措施，如防潮、防水、防尘，同时注意现场的实际操作，必须配备合适的光纤使用，不能使用残缺、故障的光纤，如果不匹配，则会严重影响光端机的传输质量；涉及光缆熔接时，也要注意测量光缆的光衰减或损耗是否在有效值范围内。

光端机的调试，主要是对光纤和数据通道的调试。由于光端机数据的可选类型较多，根据现场的实际需求不同，现场使用的光端机数据类型也不尽相同，在调试时一定要参照相应的说明书，按照说明书上的数据拨码和接口定义来进行数据接线。

而光端机现场安装的环境复杂，有些用户在调试不通的情况下通常会怀疑产品有故障，其实光端机产品技术已非常成熟，产品出厂前都经过反复测试，所以产品本身的问题可能性较小，因此，在现场出现问题时首先需要考虑的是安装问题，可以从以下几个方面去排查：

（1）光纤本身没有经过测试，光路不通或不稳定或光衰减过大等；

（2）前端设备故障，如摄像机没有视频或没通电等；

（3）后端设备故障，如监视器无视频，键盘控制协议不正确，本身不能控制等；

（4）连接线路故障，如视频头焊接不好没有通，控制线接错，或连接线交叉接错、接反等。

以上现象尤其是线路故障发生的概率最大，在遇到问题时需要仔细检查。排除故障时，可以采用排除法，一个设备一个设备地排除，最后准确判断问题关键所在。在判断光端机是否有问题时，建议用户将发射机与接收机放在一起近距离测试，若还不通，则为光端机本身故障，就需要跟厂家联系调换了。为了减少问题，用户尽可能在安装前，近距离测试光端机，这样便能快速通过安装与调试，节省工期。

（二）光端机的防雷方法

光端机特别是作为前端设备的发射机通常安装于室外的设备箱中，如果现场环境相当恶劣，防雷就显得异常重要，防雷措施的优劣直接决定了光端机发生故障的几率。雷电的破坏方式主要分为直击雷、感应雷和地电位反击 3 种形式，对光端机而言影响最严重的是地电位反击。如图 4.1 所示为光端机防雷示意图。

所谓地电位反击是当避雷针等接闪器将直击雷强大的雷电流经过引下线和接地体泄入大地时，在引下线、接地体，以及与其相连的金属物体上会产生相当高的瞬间电压，这个高电压会对离它们很近但是又没有直接接触的金属物体、线缆等电子设备产生巨大的电位差，这个电位差引起的电击就是地电位反击。地电位反击是通过以下形式对光端机造成损坏的：当雷电流泄入大地时，接地网的地电位会在几微秒之内被抬高到数万伏或数十万伏。高度破坏性的雷电流将从各种设备的接地部分流向这些设备，或者通过击穿大地绝缘而流向其他附近设备，最终造成设备的破坏或损害。损坏的主要部分有机壳电源的 PCB 上电子元器件、视频接口处芯片及其相关电子元器件、音频及数据端口处芯片。

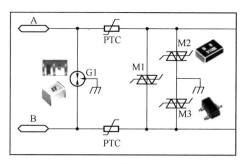

图 4.1 光端机防雷示意图

虽然雷电的破坏形式多种多样，但还是可以通过采取科学的防护措施来降低光端机的故障发生几率。首先，保证接地装置效果良好是防雷措施的前提，因为所有感应电流最后都是要泄入大地的。一般而言，接地电阻越小泄流效果越好，通常将接地电阻控制在 4Ω 以内为佳，可使用接地钳表对接地电阻进行测量。对于某些土壤电阻率高的地方，可以考虑在土壤中加入降阻剂，从而降低接地电阻。其次，前端设备要加装浪涌保护器，正常电压时，浪涌保护器呈高阻状态，只有很小的泄漏电流，功率损耗很小；当线路中出现过压时，浪涌保护器呈低阻状态，过电压以放电电流的形式通过浪涌保护器流入大地，过电压被抑制下来，浪涌电压过后，线路电压恢复正常时，浪涌保护器又呈高阻绝缘状态，因此，浪涌保护器必须具有良好的接地装置与之配合。前端摄像机的视频信号输出口和发射机的视频输入口接浪涌保护器，若发射机连有其他一些数据线时，需要在控制信号线的起始端和结束端加装数据防雷器，并在摄像机和光端机的电源输入端也加上电源防雷器等防雷设备。装防雷器时务必使防雷器紧贴输入口，若防雷器距离视频口、数据口太远是发挥不了防雷效果的。

加好防雷设备后，剩下的便是接地网的设计问题。接地桩一定要打到位，保证光端机良好接地，一个好的低阻抗接地网设计能够保证系统中的防雷设备发挥良好效果且能有效均衡整个传输系统内各部位电压，防止地电位差对线路中设备的干扰，同时也可有效避免地电位反击对设备的损坏。

（三）典型生产厂家的光端机安装介绍

下面通过广州市澳视光电子技术有限公司生产的 A&S 全系列光端机的安装介绍来加深一下认识。

1. 指示灯/设备工作状态一览表

指示灯/设备工作状态参见表 4.1。

说明：开关量、音频无指示灯状态显示。以太网状态见 RJ－45 接口指示灯。

表 4.1 指示灯/设备工作状态一览表

指 示 灯	对应工作状态	发射机（T）	接收机（R）
POWER	通电后	亮	亮
OPTICALRX	光纤未连通时	不亮	不亮
	光纤连通且接收到光信号时	亮	亮
VIDEO	光纤未连通、无视频信号输入时	不亮	不亮
	光纤未连通、有视频信号输入时	亮	不亮
	光纤连通且接收到光信号，无视频信号输入时	不亮	不亮
	光纤连通且接收到光信号，有视频信号输入时	亮	亮

2. 安装

设备机壳为结构小巧的金属机壳，表面经过防锈、防蚀处理。可直接固定在前端设备箱内，也可固定在桌面上或平放在机架上。机架式结构可直接安装在标准机柜中。设备外壳结构并不防水，设备安装箱应充分考虑防水措施。

3. 防雷、静电与接地

雷击与静电会引起设备内部器件损坏。强烈建议在设计工程方案时对前端设备（如光端机的发射机）在各种信号接入机器之前务必要做好防雷和接地措施，以免因同轴电缆或控制线感应雷引进瞬间冲击电流击坏设备芯片。防止过强的静电（如室内的机柜摆放各种设备，这样很容易产生静电，在此务必要对机柜做好接地措施），以免设备内的光器件与数据芯片等严重损坏；建议对光端机的数据端口进行插拔时，请先将光端机的电源断开同时避免过强的静电。

4. 光纤与光器件

A&S 全系列光端机能在市场上普遍使用的多模光纤（部分型号）及单模光纤（全系列）上使用。设备所采用的光纤链路的安装与传输指标应符合国家或国际相关标准和要求。光端机的光器件非常脆弱，对光纤进行插拔时需尽量小心，应避免对光器件造成永久性损坏。需特别注意的是，光端机的光器件所产生的光源能对人的眼睛产生永久性的伤害，所以切勿用眼睛直视光端机的光器件。如需对光端机的光功率进行检测，请使用光功率计等光检测的仪表。

5. 光端机上的各种接口

如图 4.2 所示为光端机上的各种接口。

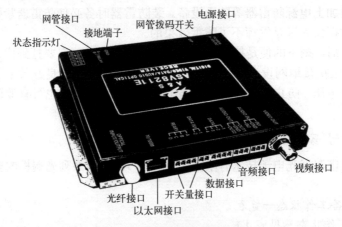

图 4.2　光端机接口实物图

光端机上的各种接口的数据定义参见表 4.2。

表 4.2　数据定义表

数据格式	接线方式	拨码设置
RS－232（全双工）	1：INPUT	拨码开关 JP1－X
	2：OUTPUT	1：ON
	3：DATAGND	2：ON
	4：DATAGND	跳针 2－3 连接

续表

数据格式	接线方式	拨码设置
RS－422（4线全双工）	1：INPUT+ 2：INPUT－ 3：OUTPUT+ 4：OUTPUT－	拨码开关 JP1－X 1：OFF 2：OFF 跳针 1－2 连接
RS－485（2线半双工）	1：INPUT/OUTPUT+ 2：INPUT/OUTPUT－	拨码开关 JP1－X 1：ON 2：OFF 跳针 1－2 连接

注意：

（1）如订货时数据配置为反向 RS－422 控制信号时，则控制信号输入为 1+2 －，输出为 3+4 －；双向 RS－485 控制信号时，则控制信号输入与输出均为 1+2 －。

（2）拨码开关在光端机内，一般情况下设备出厂前已经根据用户要求设置好，非经厂家同意，请勿自行设置。

任务二　光端机性能测试

【任务概述】

本任务描述了光端机电接口和光接口指标的测试方法，包括电接口允许比特率容差、输入抖动容限、无输入抖动时的最大输出抖动、输出口波形、平均发送光功率、接收机灵敏度及平均误比特率的测试方法。

本任务适用于 2048kb/s、8448kb/s、34 368kb/s、139 264kb/s 光端机电接口和光接口指标的测试。

【任务目标】

- 测试条件；
- 使用仪表；
- 光端机光接口和电接口测试。

一、光端机测试准备

（一）测试条件

1. 环境条件

环境温度：5～40℃。

相对湿度：90%（35℃）。

2. 供电电压

DC-57～-40V。

3. 测试信号

当被测光端机的速率为 2048kb/s 和 8448kb/s 时，测试信号为 $2^{15}-1$ HDB3 伪随机码序列；速率为 34 368kb/s 时，测试信号为 $2^{23}-1$ HDB3 伪随机码序列；速率为 139 264kb/s 时，测试信号为 $2^{23}-1$ 级 CMI 伪随机码序列。

4. 测试点

各项指标的测试点应符合 GB/T 13997 的规定。

（二）使用仪表

测试使用的仪表均应通过国家二级计量单位校准。

1. 误码测试仪

误码测试仪的信号发生器应能产生"测试条件－测试信号"一节规定的测试信号，其误码检测器应能检测并显示误比特率和累计误码数。误码测试仪本身应工作稳定、可靠，自检无误码。

2. 数字传输分析仪

数字传输分析仪的信号发生器应在抖动调制振荡器的控制下，产生受正弦调制的 $2^{15}-1$ HDB3 和 $2^{23}-1$ HDB3 或 CMI 伪随机码序列，并具有抖动检测和显示的功能。其信号接收器应具有误码检测、显示和抖动检测、显示的功能。信号发生器和信号接收器自检应无误码。

3. 光衰减器

应避免使用插入衰减过大的光衰减器。

4. 光可变衰减器

光可变衰减器的光衰减量连续可调。其插入衰减应尽量小，以免影响测试的正常进行。

5. 光功率计

光功率计应能测量平均光功率值。

二、光端机测试

（一）光接口测试

1. 发送光功率

（1）测试说明：平均发送光功率是指发送机耦合到光纤的伪随机数据序列的平均功率在 S 参考点上（光板 OUT 口）的测试值。发送机发送的光功率与传送的数据信号中"1"所占的比例有关，"1"越多发送光功率越大。当传送的数据信号是伪随机序列时，"1"和"0"大致各占一半，将这种情况下的光功率定义为平均发送光功率。

（2）发送光功率测试框图如图 4.3 所示。

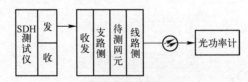

图 4.3　发送光功率测试框图

（3）测试步骤。

根据待测光接口的接口类型，将光功率计波长设置为与待测光波长相同，在输出光功率稳定后，从光功率计读出平均发送光功率。

2. 接收光功率

（1）测试说明：平均接收光功率是指接收机在 R 参考点接收到线路光信号的平均功率测试值。

（2）接收光功率测试框图如图 4.4 所示。

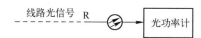

图 4.4　接收光功率测试框图

（3）测试步骤。

根据对端光接口的接口类型，将光功率计的接收光波长设置为与对端设备光接口的发送光波长相同，将线路光信号用尾纤连接到光功率计，在光功率稳定后，读出光功率值，去除尾纤衰减，即为该光接口的接收光功率。

3. 接收灵敏度

（1）测试说明：接收灵敏度是指接收机在 R 参考点接收到线路光信号的平均功率测试值。

（2）接收灵敏度测试框图如图 4.5 所示。

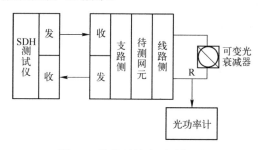

图 4.5　接收灵敏度测试框图

（3）测试步骤。

① 将 SDH 测试仪收/发信号接入被测设备的某一支路，选择适当的 PRBS 测试信号，将可变光衰减器置于 10dB，此时应无误码。

② 逐渐增加可变光衰减器的衰减量，直到 SDH 测试仪出现误码，但不大于规定的 BER 值（通常规定 BER＝1×10^{-10}）。

③ 当 BER 达到规定值时，断开 R 点，将可变光衰减器与光功率计相连，测出此时的输出光功率即接收灵敏度。

4. 过载光功率

（1）测试说明：接收机过载光功率定义为使 R 点处达到规定的比特误码率（BER）时所需要的平均接收光功率可允许的最大值。

（2）过载光功率测试框图如图 4.5 所示。

（3）测试步骤。

① 将 SDH 测试仪收/发信号接入被测设备的某一支路，选择适当的 PRBS 测试信号，将可变光衰减器置于 10dB，此时应无误码。

② 逐渐减小可变光衰减器的衰减量，直到 SDH 测试仪出现误码，但不大于规定的 BER 值（通常规定 BER＝1×10^{-10}）。

③ 当 BER 达到规定值时,断开 R 点,将可变光衰减器与光功率计相连,测出此时的输出光功率即过载光功率。

(二)电接口测试

1. 电输入口允许频偏

(1)测试说明:电输入口允许频偏是指当输入口接收到频偏在规定范围内的信号时,输入口仍能正常工作(通常用设备不出现误码来判断)。

(2)电输入口允许频偏测试框图如图 4.6 所示。

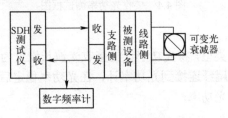

图 4.6　电输入口允许频偏测试框图

(3)测试步骤。

① 调节 SDH 测试仪输出信号频偏至相应规范值,接收侧应无误码。

② 增加频偏(正方向),直到产生误码,再减少频偏,直到误码刚好消失,记录下此时的频偏,测出实际允许正频偏。

③ 增加频偏(负方向),直到产生误码,再减少频偏,直到误码刚好消失,记录下此时的频偏,测出实际允许负频偏。

④ 用数字频率计测出各支路的信号比特率。

(三)抖动测试

1. 光输入口抖动容限

(1)测试说明:光输入口抖动容限采用正弦调制相位的数字测试信号来规范和测试。容限是指当抖动不超过网络限值时,输入口仍能正常工作,即输入口所在设备或系统性能不下降。

(2)光输入口抖动容限测试框图如图 4.7 所示。

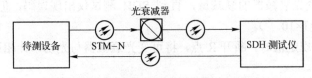

图 4.7　光输入口抖动容限测试框图

(3)测试步骤。

① 在设备输入口送入 STM-N PRBS 测试信号,并使输入信号无抖动。

② 调整光衰减器,使网元设备和 SDH 测试仪均无误码。

③ 选中 SDH 测试仪的输入抖动容限测试项,设置测试频点。

④ 开始测试,SDH 测试仪会自动完成整个测试。

2. 光输出口抖动

(1)测试说明:光输出口抖动是指各等级光接口允许的最大抖动水平。对于所有的运行条件，无论上游有多少设备，都必须满足抖动网络限值。

（2）光输出口抖动测试框图如图4.8所示。

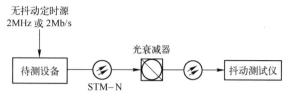

图4.8　光输出口抖动测试框图

（3）测试步骤。

① 抖动测试仪接收速率设置在设备所发送的 STM－N 信号速率等级上，调整光衰减器使抖动测试仪接收到合适的光功率。

② 抖动测试仪设置为 12kHz 高通和有效值（RMS）检测方式。

③ 读出 SDH 设备抖动产生值（UIrms）。

④ 若采用 G.813 的峰－峰值指标，则抖动测试仪测量滤波器设置为所示带宽，读出设备抖动产生峰－峰值。

3. PDH 输入口抖动容限

（1）测试说明：输入口抖动容限是指在一定的性能范围内，该接口所能承受的最大抖动值，对于 PDH 输入口有相应的规范要求。

（2）PDH 输入口抖动容限测试框图如图4.9所示。

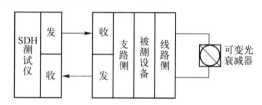

图4.9　PDH 输入口抖动容限测试框图

（3）测试步骤。

① 将 SDH 测试仪连接到被测设备支路，选择适当的接口码型与 PRBS 信号，此时设备应无误码。

② 将仪表抖动产生打开，选择测试频段内的某一频率，逐渐增加抖动幅度，直到产生误码；再减少抖动幅度，直到误码刚好消失。记录此时的抖动幅度。

③ 取另一频率点，重复步骤②，获得完整的输入口抖动容限曲线。

（四）误码测试

1. 15min 误码性能

（1）测试说明：误码是衡量网络性能的重要指标。线路中出现误码，将导致业务传输质量的下降，甚至中断。因此，在连通光路后，应进行误码测试。对于配置有保护的网络，应完成工作通道和保护通道的误码测试。

（2）15min 误码性能测试框图如图4.10所示。

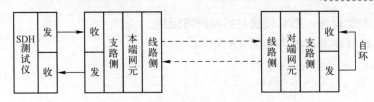

图 4.10　15min 误码性能测试框图

（3）测试步骤。

测试时按被测支路等级，SDH 测试仪选择适当的 PRBS，从被测系统输入口发送测试信号，测试时间为 15min。

在测试时间内应无误码。

2.　24h 误码性能

（1）测试说明：误码是衡量网络性能的重要指标。线路中出现误码，将导致业务传输质量的下降，甚至中断。因此，在连通光路后，应进行误码测试。对于配置有保护的网络，应完成工作通道和保护通道的误码测试。

（2）24h 误码性能测试框图如图 4.11 所示。

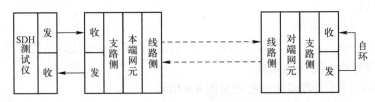

图 4.11　24h 误码性能测试框图

（3）测试步骤

测试时按被测支路等级，SDH 测试仪选择适当的 PRBS，从被测系统输入口发送测试信号，测试时间为 24h。

在测试时间内应无误码。

任务三　光端机基本维护

【任务概述】

光端机内部某些器件比较昂贵，会由于其支持电路的故障而损坏。所以，在进行任何内部检查和维护时都需要非常小心，未经过厂家同意不建议任何设备使用者私自拆卸、维修光端机。本任务就是通过对广州市澳视光电子技术有限公司生产的 A&S 光端机简单故障的检查和排除方法进行介绍，使人们能更好地了解光端机的日常维护。

【任务目标】

● 光端机的使用、保养方法；

● 安装前指导；

● 使用中指导。

一、光端机的使用、保养方法

1. 光端机的使用中要保证连续、正常供电

光端机的激光器组件和光电转换模块最忌讳瞬时脉冲电流的冲击，因此，不宜频繁开关光端机。在光端机集中的中心前端机房与 1550nm 光发射机、光放大器设置点应配置 UPS 电源，以保护激光组件，使光电转换模块免受脉冲大电流的损害。

2. 光端机的使用中要保持有一个通风、散热、防潮、整洁的工作环境

光发射机的激光器组件是设备的心脏，对工作条件要求较高。为了保证设备正常工作，生产厂家在设备内设置了制冷、排热系统，但当周围环境温度超过允许范围时，设备就不能正常工作，因此在炎热的季节，当中心机房发热设备多，通风散热条件又差时，最好安装空调系统以保证光端机正常工作。

光纤纤芯工作直径为微米级，细小的尘埃进入尾纤活动接口内就会阻挡光信号的传播，引起光功率大幅度下降，系统信噪比降低，这类故障率约为 50%，因此，机房的清洁卫生也很重要。

3. 光端机的使用中要运行监测与记录

光端机设备内设置有微处理器，监测系统内部工作状态采集模块的各种工作参数，并通过 LED 和 VFD 显示系统直观显示。为了及时提醒值机人员，光发射机内设置了声光报警系统，维护人员只要根据运行参数确定故障原因，并及时进行处理，就能保障系统正常运行。

二、基本维护

（一）安装前指导

安装前指导，目的是简单故障的检查、分析与排除。

1. 电源指示灯不亮

（1）检查电源线的连接，电源类型选择是否正确，是否有电压输入。

（2）电压是否稳定，电压不稳会使光端机的电源无法工作。

（3）电源适配器工作是否正常。

（4）电源是否有良好的接地，光端机是否有良好的接地。

2. 视频指示灯不亮，无视频输出

（1）检查视频是否正确输入光发射机。

（2）视频输入类型是否正确。

3. 视频信号有干扰，图像雪花大

（1）检查视频源，视频线接地是否良好。

（2）视频线路是否衰减过强。

（3）光端机的传输距离是否与光纤实际距离相符，光纤类型是否匹配。

（4）光纤损耗是否过大或光纤传输距离太远。

4. 数据指示灯不正确，数据无法通信

（1）数据接头接线是否正确，数据接头是否正确接入光端机。

（2）数据信号是否正确。

（3）光纤数据传输部分是否正常工作。

（二）使用中指导

使用中指导，主要是指现场检查故障注意的事项。在现场遇到设备出现故障时，建议首先采取排除法或者替换法来初步检查和分析。

1. 光纤问题

（1）光纤跳线和光连接器使用一段时间后，可能会有灰尘进入里面，阻碍光信号的传输从而造成损耗过大（进入灰尘可以使用酒精棉清洁，切忌用纸巾清洁）。

（2）平时使用跳线时要小心翼翼拔插，不然很容易损坏跳线接口，在检查故障过程中可以使用光功率计去测试前后两端光功率来判断故障的缘由（如是损耗大可以试换新的跳线和耦合器排除故障）。

（3）熔接中是否损耗大或光纤跳线是否插好（特别是 FC 接头），如果没有对接好会造成损耗过大。

综述：以上三点都会给光端机数据和视频等信号带来一定影响。

2. 数据故障

（1）在控制数据端口接线上，要多注意光端机与外部设备连接时光端机数据端口引脚高低电平应与外部设备对应（连接时最好用万用表先分清正负以免弄错）。很多时候连接因为接线错误造成误判。还有就是线路是否短路或断路。

（2）测试光端机数据接口电压是否正常，一般 RS－422 或 RS－485 直流电压正常范围应为+2.5～+5V；RS－232 正常范围应为直流电压+6～+12V 或-6～-12V。

注意：测试时必须断开数据接口上连接的设备。

（3）检查摄像机的解码板是否出故障，一般摄像机数据和控制键盘都会有一定的电压输出，有些设备的驱动电压可能与光端机数据驱动电压相近，为+2.5～+5 V；但不同厂家有些特殊设备也会有不同驱动电压输出，在 0.35V 左右（最好以同一批购买设备做比较分析判断）。

（4）久用的数据端子可能会松动造成接触不良，或后端的连接设备接口有损坏，如矩阵、硬盘录像机、PC 主机、数据转接器等。

综述：以上在检查光端机数据故障时先确定数据端口的数据驱动电平是否符合正常范围，再进一步检查光纤是否损耗过大或者外部设备出现问题。工程人员可以用排除法或替换法一步一步来排除故障。

3. 光端机的电源适配器

（1）使用万用表测试光端机电源电压是否正常。

注意：测量电压时必须带负载测量，电压值应与电源适配器标称电压值一致或相近，如电压严重偏低则为电源适配器损坏（电源适配器电压偏低或输出电流不够也会影响视频和数据控制等功能）。

（2）电源适配器在电压正常时，可能有时会因电源电流不足或输出电流中含有杂波，都会使机器出现异常现象，如图像出现有条纹上下波动干扰，光端机指示灯在不停地闪烁等。

综述：在测试电源电压是否正常时，一定要带上负载（光端机）来测量，如没有测试工具，猜测是电源问题，可以用旁边好的电源替换，如果没有替换电源可以初步观察相应机器图像或接收与发射机的指示灯（如 RX 灯）是否正常来判断分析。

4. 图像故障

在现场检查视频图像故障时，有以下几点要先排除和观察。

（1）如果图像传回监控室并在监视器上显示图像和字符跳动，像这种情况首先检查摄像机和光端机供电是否能达到它本身所需电压值（具体查看电源适配器正常电压输出）。

（2）图像在监视器显示有纹波、条纹干扰，这种情况大多数是因为前后端 BNC 接头焊接不好、周围环境的干扰（如强电或强磁场）或电源输出电流中含有杂质。

（3）如果监视器上无图像显示，首先查看无图像监视器对应光端机的接收机那路视频灯是否正常（灯是否正常确定它是否有视频信号从前端传回），如果正常再检查 BNC 头是否焊接好。如果不正常再到前端查看摄像机是否有视频信号到发射机，无论哪个摄像机信号到发射机，它都会对应发射到接收机的视频指示灯正常（光链路接通），如果不正常有两种可能：摄像机无信号输入、光端机视频端口坏。如果使用的是多路光端机可以采用替换法，把那路没图像的摄像机信号输入换成另外一路正常视频接口测试；同时，如果前端有安装避雷器之类设备，可以先把视频信号源不经过避雷器直接接入发射机，从而来分析判断是否因避雷器被雷击导致不能传输信号。

综述：建议在使用设备前，先对前端各种信号接入发射机之前做好防雷和接地措施，以保证设备正常稳定运行。

5. 总结

在现场排查故障时，对以上四点都仔细检查后还没判断出故障（如图像或数据等），或难以判断是否发射机或者接收机问题时，如现场有同一型号光端机可以用替换法来排除故障。假如难以排除或寻找故障，可以采用分段排除法来检查，尽量减短线路传输（如光端机可以把发射机拿到控制室与接收机用一条跳线直接连通，这样就可以很快判断是设备或线路问题），先判断各种设备是否正常，这样有条理的步骤分析判断故障，可以在查找故障中很快找出原因。

三、常用仪器、仪表简介

（一）PMS－1A 型光功率计

1. 功能简介

PMS－1A 型光功率计外形如图 4.12 所示。

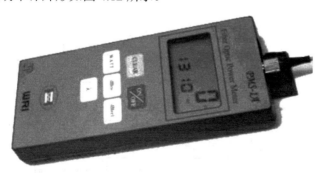

图 4.12　PMS－1A 型光功率计

PMS－1A 型光功率计主要用于连续光信号功率的测量，采用四位液晶显示，具有自动量程转换、自动关机、自动清零、多波长测量、相对功率测量等功能。PMS－1A 型光功率计工作波长为 1300nm、1310nm、1480nm、1550nm 可选。测量范围为-40～+20dBm（0.1～100mW），测量精度为±5%，探头接口类型为 FC 型。

2. 面板说明

PMS－1A 型光功率计面板如图 4.13 所示。

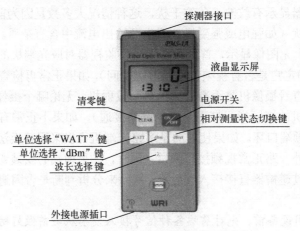

图 4.13　PMS－1A 型光功率计面板图

3. 操作流程

使用 PMS－1A 型光功率计进行测量的操作流程如图 4.14 所示，图中也表示了完成每一步骤所需进行的操作。

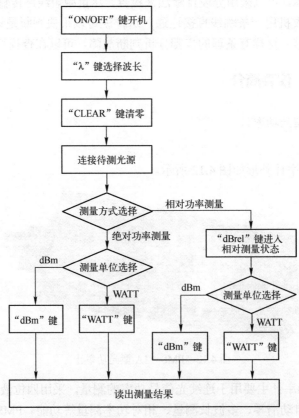

图 4.14　使用 PMS－1A 型光功率计的操作流程图

（二）SDH 测试仪

简要介绍 Aglient OmniBer 718（即 HP 37718）SDH 测试仪的使用。

1. 功能简介

Aglient OmniBer 718 SDH 测试仪外形如图 4.15 所示。

Aglient OmniBer 718 主要用于 SDH 光接口参数、PDH 电接口参数、抖动参数和误码的测量。

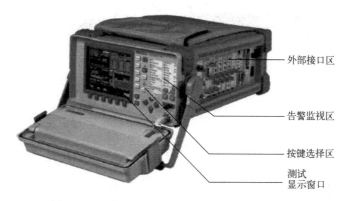

图 4.15 Aglient OmniBer 718 SDH 测试仪外形图

2. 面板说明

（1）告警监视区如图 4.16 所示。

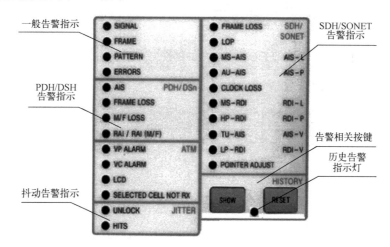

图 4.16 告警监视区

（2）按键选择区如图 4.17 所示。

① 硬按键区：实现按键上标志的功能。

② 打印、输出区：由左至右、由上至下依次为打印按键、进纸按键、外接显示器接口和内置打印接口。

③ 方向选择按键：改变测试显示窗口中的所选项。

④ 弹出菜单选择按键：选择弹出的菜单。

⑤ 软按键区：实现测试显示窗口中对应指示的功能。

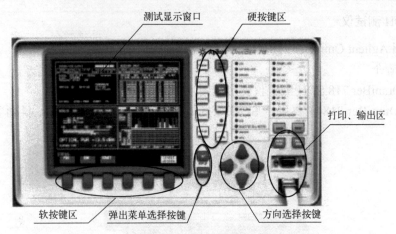

图 4.17　按键选择区

（3）测试显示窗口区如图 4.18 所示。

（4）外部接口区位于 Aglient OmniBer 718 的侧面，分布有各种光、电接口，每个接口上标志接口的名称。

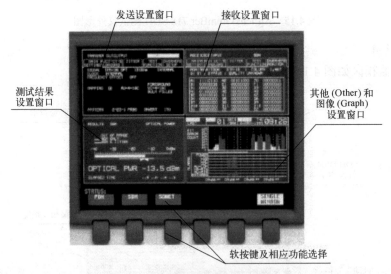

图 4.18　测试显示窗口区

3. 操作流程

说明： 由于 Aglient OmniBer 718 测试仪使用比较复杂，本节仅介绍与 WDM 系统相关的误码测试流程，其他指标测试的详细介绍请参考该仪表的相关资料。

以 3 波长系统为例介绍 Aglient OmniBer 718 测试仪 24h 误码测试的过程。

① 按照如图 4.19 所示的组网图，建立单板与仪表的连接。

② 在仪表的发送设置窗口中，设置光发送信号的速率等级和映射结构。对于 Aglient OmniBer 718 测试仪，设置 STM－16 以下速率的 SDH 信号即可，映射结构无要求。

③ 在仪表的接收设置窗口中，设置接收信号的速率等级和映射结构，对于 WDM 系统的误码测试，设置应与发射端相同。

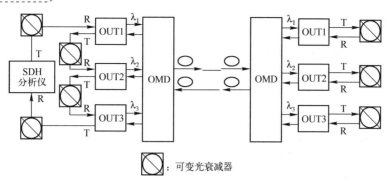

图 4.19　误码测试连接组网图

④ 设置测试时间。

⑤ 返回发送设置窗口，单击测试窗口中"LASER ON"对应的软按键，打开仪表的激光器。

⑥ 单击"Run/Stop"按钮，运行误码测试。

⑦ 24h 后，单击"Result"按钮，在结果窗口中的故障扫描（TROUBLE SCAN）和 SDH/PDH 误码分析（SDH/PDH ERROR ANALYSIS）中查看测试结果。

⑧ 如果结果显示有误码，应检查线路，排除故障，并再进行测试，直至无误码通过。

巩固与提高

一、填空题

1. 按照技术分类，光端机可分_____、_____、_____。

2. 光端机的典型物理接口有_____、_____和_____。

3. 光端机的测试环境温度为_____到_____℃；相对湿度大概为_____；供电电压为_____到_____V。

4. 光端机测试一般使用的仪表为_____、_____、_____、_____。

二、判断题

1. 在光端机测试中可以考虑使用插入衰减过大的光衰减器。　　　　　　　（　　）

2. 模拟光端机传输视频图像、音频质量、数据的效果很容易达到很满意的效果。（　　）

3. 光端机特别是作为前端设备的发射机通常安装于室内的设备箱中，现场环境比较优良，所以防雷工作显得不是很重要。　　　　　　　　　　　　　　　　（　　）

4. 测试用的仪表均应通过国家一级计量单位校准。　　　　　　　　　　（　　）

5. 雷电的破坏方式主要分为直击雷、感应雷和地电位反击三种形式，对光端机而言影响最严重的是直击雷。　　　　　　　　　　　　　　　　　　　　　　（　　）

三、简答题

1. 什么是光端机？

2. 光端机安装前的简单故障检查、分析与排除包括什么项目？

3. 光端机的安装调试的大概内容是什么？

四、综合题

1. 简述模拟光端机与数字光端机的区别。

2. 试描述电接口测试"电输入口允许频偏"的步骤。

3. 如图4.20所示的某测试框图,是测试什么项目的?其大概步骤是什么?

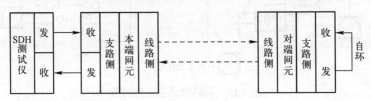

图 4.20 综合题3用图

学习情境五

SDH 基本原理和设备日常维护

　　掌握 PDH、SDH 基础理论是光传输维护人员的必备知识，也是继续学习 SDH 设备的基础，本情境先对这些基础知识进行简单的介绍，接着对传输机房设备的介绍使人们了解传输机房维护的注意事项和相关维护资料填写，对设备运行情况检查和例行维护的介绍和学习可以提高维护水平，最后通过认识传输机房的告警能更好地进行相应的维护处理。

本情境学习重点

- 准同步数字体系
- SDH 基本原理
- 传输机房设备介绍（以华为设备为例）
- 传输设备日常维护注意事项
- 设备例行维护
- 维护任务操作
- 传输机房常见的告警概念和告警分类
- 传输机房常见告警分析与处理

任务一　PDH 和 SDH 基本原理认知

【任务分析】

　　PDH 是最早发展的光纤通信的标准，我们将在分析 PDH 面临的问题基础上，描述 SDH 体制产生的背景和主要优缺点，从而展开 SDH 基本原理的学习。重点介绍 SDH 的概念、帧结构和常用的开销字节。

【任务目标】

- PCM 30/32 路系统的帧结构和 PDH 速率等级；

- SDH 的概念和特点;
- SDH 帧结构;
- SDH 常用开销字节。

一、准同步数字体系

在数字传输系统中,有两种数字传输系列,一种称为"准同步数字系列"(Plesiochrous Digital Hierarchy, PDH);另一种称为"同步数字系列"(Synchronous Digital Hierarchy, SDH)。

1988 年,国际电报电话咨询委员会(CCITT)接受了 SONET 的概念,重新命名"同步数字系列(SDH)",使它不仅适用于光纤传输体制,也适用于微波和卫星传输的技术体制,并且使其网络管理功能大大增强。

(一)PDH 标准介绍

采用准同步数字系列(PDH)的系统,在数字通信网的每个结点上都分别设置高精度的时钟,这些时钟的信号都具有统一的标准速率。尽管每个时钟的精度都很高,但总还是有一些微小的差别。为了将低速信号复接成高速信号并使复接方便,规定了各信道比特流之间的各速率等级标称值和容差范围。这种同步方式严格来说不是真正的同步,所以称为"准同步"。相应的比特系列称为准同步数字系列。

表 5.1 列出了国际上的三种 PDH 接口速率,中国采用的是欧洲体制。

表 5.1 三种 PDH 接口速率等级

次群	以 1.5Mb/s 为基础的系列		以 2Mb/s 为基础的系列
	日本体制(kb/s)	北美体制(kb/s)	欧洲体制(kb/s)
0 次群	64	64	64
1 次群	1554	1554	2048
2 次群	6312	6312	8448
3 次群	32 064	44 736	34 368
4 次群	97 728	274 176	139 264
5 次群			564 992

PDH 体系只有地区性的电接口标准,各种信号系列的电接口速率等级、信号的帧结构,以及复用方式均不相同。这种局面造成了国际互通的困难,不适应当前随时随地便捷通信的发展趋势;而且也没有统一的光接口标准,即使在同一种准同步复接体制中,也不能保证光接口的互通。为了完成设备对光路上的传输性能进行监控,各厂家采用自行开发的线路码型。例如,欧洲体制的 4 次群系统,光接口就可能有几种,很难互通,只有通过光电变换将光接口转换为电接口后才能保证互通。这样在同一传输路线两端必须采用同一厂家的设备,给组网、管理及网络互通带来困难。

(二)PCM 的基本原理

自然界存在的信号大都是模拟信号,为实现数字化传输,必须先将模拟信号经过数字化处理,形成数字信号。脉冲编码调制(PCM)是实现模数转换的一种技术。

对模拟信号抽样,分别对每个样值量化,再对其量化值进行编码,这一过程称为脉冲编码调制（PCM），对模拟信号的处理流程如图 5.1 所示。

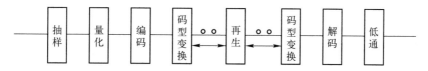

图 5.1　模拟信号的处理流程图

由图 5.1 可见，PCM 通信系统由模数变换、信道部分、数模变换 3 个部分组成。

1. 模数变换

相当于信源编码部分的模数变换（A/D 变换），具体包括抽样、量化、编码 3 个步骤，如图 5.1 所示。

（1）抽样，是把模拟信号在时间上离散化，变为脉冲幅度调制（PAM）信号。

（2）量化，是把 PAM 信号在幅度上离散化，变为量化值（共有 N 个量化值）。

（3）编码，是用二进制数码表示 N 个量化值，每个量化值编 n 位码，则 $N=2^n$。

2. 信道部分

信道部分包括传输线路和再生中继器两部分。再生中继器可消除噪声，所以数字通信系统中每隔一定的距离加一个再生中继器以延长通信距离。

3. 数模变换

接收端首先利用再生中继器消除数字信号中的噪声干扰，然后进行数模变换。数模变换包括解码和低通两部分。

（1）解码，是编码的反过程，解码后还原为 PAM 信号（假设忽略量化误差——量化值与 PAM 信号样值之差）。

（2）低通的作用是恢复或重建原模拟信号。

4. PCM 30/32 路系统

PCM 30/32 路系统是数字通信传输的基本群次。

PCM 30/32 路系统流的帧结构如图 5.2 所示。

根据原 CCITT 建议，语音信号采用 8kHz 抽样，抽样周期为 125μs，帧周期 $T=125$μs。每一帧由 32 个话路时隙组成，如图 5.2 所示。每个时隙对应一个抽样值，一个抽样值编为一个 8 位二进制数码，32 个话路时隙分配如下。

（1）TS1～TS15，TS17～TS31：30 个话路时隙。

TS1～TS15 分别传送第 1～15 路（CH1～CH15）语音信号，TS17～TS31 分别传送第 16～30 路语音信号（CH17～CH31）。

（2）TS0：帧同步时隙。

TS0 用于实现帧同步。

偶数帧 TS0：发送同步×0011011，偶数帧 TS0 的 8 位码中第 1 位保留给国际用，暂定为 1，后 7 位为帧同步码。

奇数帧 TS0：发送帧失步告警码。奇数帧 TS0 的 8 位码中第 1 位也保留给国际用，暂定为 1，其第 2 位码固定为 1 码，以便在接收端用以区别是偶帧还是奇帧（因为偶帧的第 2 位码是 0 码）。第 3 位码 A_1 为帧失步时向对端发送的告警码（简称对告）。当帧同步时，A_1 为 0 码；当失步时，A_1 为 1 码，以便告诉对端，收端已经出现帧失步，无法工作。其第 4～8 位码可供传送其他信息，如业务联络等。这几位码未使用时，固定为 1 码。这样，奇数帧 TS0 时隙的码型为"11A₁ 11111"。

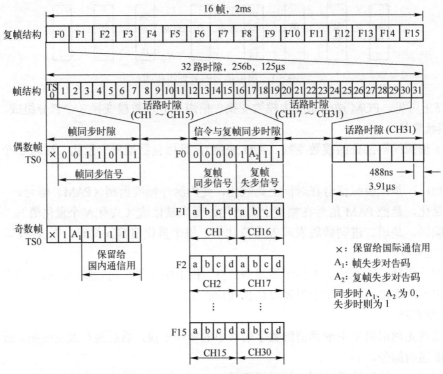

图 5.2 PCM 30/32 路系统的帧结构图

（3）TS16：信令与复帧同步时隙。

为了起各种控制作用，每一路语音信号都有相应的信令信号，即要传信令信号。对于每个话路的信令码，只要每隔 16 帧轮流传送一次就够了。将每一帧的 TS16 传送两个话路信令码：前 4 位码为一路，后 4 位码为另一路，这样 15 帧（Fl~F15）的 TS16 可以轮流传送 30 个话路的信令码。而 F0 帧的 TS16 传送复帧同步码和复帧失步告警码。

16 帧称为一个复帧（F0~F15）。为了保证收、发两端各路信令码在时间上对准，每个复帧需要送出一个复帧同步码，以保证复帧得到同步。复帧同步码安排在 F0 帧的 TS16 时隙中的前 4 位，码型为 0000，另 F0 帧 TS16 时隙的第 6 位为 A₂，是复帧失步对告码。复帧同步时，A₂ 码为 0；复帧失步时 A₂ 则改为 1。第 5、7、8 位也可供传送其他信息用，如暂不用时，则为 1。需要注意的是，信令码 I（a、b、c、d）不能同时编成 0 码，否则就无法与复帧同步码区别。

PCM30/32 路系统，常用的几个标准数据如下：

- 帧周期为 125μs，帧长度 32b×8 = 256b;
- 每话路时隙时长 125μs/32 = 3.91μs;
- 比特时隙为 3.91μs/8 = 0.488μs;
- 传输速率为 8000×32×8 = 2048kb/s。

（4）PCM 零次群。

PCM 一次群是由 30 个 64kb/s 传输速率的数字信号复用而成的。每一个 64kb/s 信号可传送一路语音信号，但它也可作为数字信道来传送数据信号，习惯上将 64kb/s 信道称为零次群。

（三）数字复接

随着通信技术的发展，用户需求的不断增大，PCM 通信方式的传输容量由一次群（PCM30/32 路）扩大到二次群、三次群、四次群，甚至更高的多路系统。由多路低次群信号经时分复用形成更多路的数字通信系统，称为数字复接技术。扩大数字通信容量，形成二次群以上的高次群的方法通常有两种：PCM 复接和数字复接。

1. PCM 复接

所谓 PCM 复接，就是直接将多路信号编码复用，即将多路模拟语音信号按 125μs 的周期分别进行抽样，然后合在一起统一编码形成多路数字信号。

显然一次群（PCM30/32 路）的形成就属于 PCM 复接，如已知 PCM30/32 路的路时隙为3.91μs，那么这种方法是否适用于二次以上的高次群的形成呢？以二次群为例，假如采用 PCM复接，要对 120 路语音信号分别按 8kHz 抽样，一帧 125μs 时间内有 120 多个话路时隙，一个话路时隙约等于一次群一个路时隙的 1/4，编码速度是一次群的 4 倍。而编码速度越快，对编码器的元件精度要求越高，不容易实现，所以，高次群的形成一般不采用 PCM 复接，而采用数字复接的方法。

2. 数字复接

数字复接是将几个低次群在时间的空隙上叠加合成高次群。例如，将 4 个一次群合成二次群，4 个二次群合成三次群等。如图 5.3 所示为数字复接等级示意图。

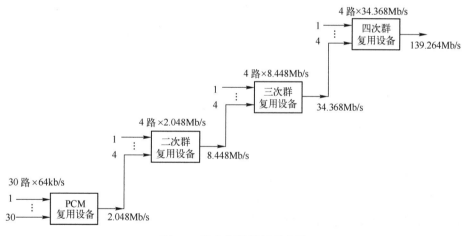

图 5.3　数字复接等级示意图

二、SDH 基本原理

传统的准同步数字体系（PDH）有其自身的一些弱点，难以适应现代通信网络的数字化、综合化、宽带化、智能化和个人化发展方向。传输系统是现代通信网络的主要组成部分，为了适应通信网络的发展需要一个新的传输体制，同步数字体系（Synchronous Digital Hierarchy，SDH）应运而生。

（一）SDH 概念和帧结构

1. PDH 的局限性

现在 PDH 的传输体制已不能适应现代通信网络的发展要求，其弱点主要表现在以下几个方面。

（1）只有地区性的电接口规范，不存在世界性标准。

现在的 PDH 数字信号序列有三种信号速率等级：欧洲系列、北美系列和日本系列。三者互不兼容，造成国际互通困难。

（2）没有世界性的标准光接口规范。

由于 PDH 没有世界性的标准光接口规范，为了完成设备对光路上的传输性能进行监控，各厂家各自采用自行开发的线路码型，导致各个厂家的专用光接口大量出现。不同厂家生产的设备只有通过光/电变换成标准电接口（G.703 建议）才能互通，而光路上无法实现互通和调配电路，限制了联网运用的灵活性，增加了网络运营成本。

（3）采用异步复接，复接结构缺乏灵活性。

PDH 准同步系统的复接结构，除了几个低等级信号（如 2048kb/s，1544kb/s）用同步复接外，其他多数等级信号采用异步复接，即靠塞入一些额外的比特使各支路信号与复接设备同步并复接成高速信号。这种方式难以从高速信号中识别和提取低速支路信号。为了上、下电路，必须将整个高速线路信号一步一步分解成所需的低速支路信号等级，上、下支路信号后，再一步一步地复接成高速线路信号进行传输。复接结构复杂，缺乏灵活性，硬件数量大，上、下业务费用高。如图 5.4 所示，从一个 140Mb/s 信号中分出并插入一个 2Mb/s 信号所经历的过程。

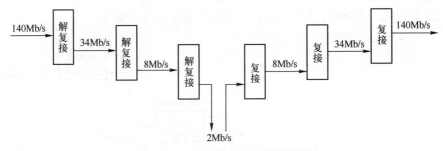

图 5.4 分/插支路信号的过程

（4）采用按位复接。

复接方式大多采用按位复接，虽然节省了复接所需的缓冲存储器容量，但破坏了一个字节的完整性，不利于以字节为单位的现代信息交换。目前缓冲存储器容量的增大不再困难，规模存储器容量已能满足 PCM 三次群一帧的需要。

（5）网络管理能力不强。

复接信号的结构中用于网络运行、管理、维护（OAM）的比特很少，网络的 OAM 主要靠人工的数字交叉连接和业务检测，这种方式已经不能适应不断演变的电信网的要求。

（6）数字通道设备利用率低。

由于建立在点对点传输基础上的复接结构缺乏灵活性，使数字通道设备利用率很低。非最短的通道路由占用了业务流量的大部分。例如，北美大约有 77%的 DS3（45Mb/s）速率的信号传输需要一次以上的转接，仅有 23%的 DS3 速率信号是点到点一次传输的。由此可见，PDH 体制无法提供最佳的路由选择，也难以迅速、经济地为用户提供电路和业务，包括对电路带宽和业务提供在线的实时控制。

基于传统的准同步数字体系的上述弱点，它已不能适应现代电信网和用户对传输的新要求，必须从技术体制上对传输系统进行根本的改革，找到一种有机结合高速大容量光纤传输技术和智能网络技术的新体制。这就产生了美国提出的光同步传输网（SONET）。

这一概念最初由贝尔通信研究所提出，1988 年被原 CCITT 接受并加以完善，重新命名为同步数字体系（SDH），使之成为不仅适用于光纤，也适用于微波和卫星传输的通用技术体制，SDH 体制的采用将使通信网发展进入一个崭新的阶段。

注：SDH 网基本上采用光纤传输，只是当个别地方地形不好时，可以借助于微波或卫星传输。

2. SDH 的概念

同步数字体系（SDH）最基本的模块信号（即同步传递模块）是 STM－1，其传输速率为 155.520Mb/s。更高等级的 STM－N 信号可以是将基本模块信号 STM－1 同步复接、字节间插的结果，其中 N 是正整数。SDH 只能支持一定的 N 值，即 N 为 1、4、16 和 64。

ITU－T G.707 建议的规范的 SDH 标准速率参见表 5.2。

表 5.2　SDH 标准速率

等级	STM－1	STM－4	STM－16	STM－64
速率（Mb/s）	155.520	622.080	2488.320	9959.280

SDH 网是由一些 SDH 的网络单元（NE）组成的，在光纤上进行同步信息传输、复用、分插和交叉连接的网络。SDH 网的概念中包含以下几个要点。

（1）SDH 网有全世界统一的网络结点接口（NNI），从而简化了信号的互通，以及信号的传输、复接、交叉连接等过程。

（2）SDH 网有一套标准化的信息结构等级，称为同步传递模块 STM－N（N＝1、4、16、64），并具有一种块状帧结构，允许安排丰富的开销比特（即比特流中除去信息净负荷后的剩余部分）用于网络的 OAM。

（3）SDH 网有一套特殊的复接结构，允许现存准同步数字体系、同步数字体系和 B－ISDN 的信号都能纳入其帧结构中传输，即具有兼容性和广泛的适应性。

（4）SDH 网大量采用软件进行网络配置和控制，增加新功能和新特性非常方便，适合将来不断发展的需要。

（5）SDH 网有标准的光接口，即允许不同厂家的设备在光路上互通。

（6）SDH 网的基本网络单元有终端复用器（TM）、分插复用器（ADM）、再生中继器（REG）和同步数字交叉连接设备（SDXC）等。

3. SDH 的特点

（1）SDH 的优点。

SDH 的优点主要体现在以下几个方面。

① 有全世界统一的网络接口结点（NNI），减少了设备种类和数量，简化了操作。

② 有一套标准化的信息结构等级（STM），把北美、日本和欧洲、中国流行的两大准同步数字体系（三个地区性标准）在 STM－1 等级上获得统一，方便了国际互联。

③ 具有块状帧结构，可以安排丰富的开销比特用于网络运行的维护和管理。SDH 帧结构中安排了丰富的开销比特（约占信号的 5%），因而使得 OAM 能力大大加强。智能化管理，使得信道分配、路由选择最佳化。许多网络单元的智能化，通过嵌入在段开销（SOH）中的控制通路可以使部分网络管理功能分配到网络单元，实现分布式管理。

④ 具有广泛适应性的复接结构，简化了上、下业务的过程，改善网络透明性。采用同步

复接方式和灵活的复用映射结构，净负荷与网络是同步的。因而只需利用软件控制，即可使高速信号一次分接出支路信号，即所谓一步复接特性。这样既不影响别的支路信号，又不用对整个高速复接信号都分解，省去了全套背靠背复接设备，使上、下业务的实现十分容易，也使数字交叉连接（DXC）的实现大大简化。

⑤ 具有兼容性。SDH 与现有的 PDH 网络完全兼容，既可兼容 PDH 的各种速率，同时还能方便地容纳各种新业务信号。它具有信息净负荷的透明性，即网络可以传送各种净负荷及其混合体而不管其具体信息结构如何。它又具有定时透明性，通过指针调整技术，容纳不同时钟源（非同步）的信号（如 FDH 系列信号）映射进来传输并保持其定时时钟。

⑥ SDH 采用一套标准化的同步传送等级，称为同步传送模块（STM－N）（N＝1，4，16，64）。其中，最基本的模块为 STM－1，传输速率为 155.520Mb/s。将 4 个 STM－1 同步复接构成 STM－4，传输速率为 622.080Mb/s，依此类推。

（2）SDH 的缺点。

SDH 也有不足之处，主要体现在以下几个方面。

① 频带利用率不如传统的 PDH 系统。

② 大规模使用软件控制和将业务量集中在少数几个高速链路和交叉结点上，这些关键部位出现问题可能导致网络的重大故障，甚至造成全网瘫痪。

③ 使用指针调整技术会产生较大的抖动，造成传输损伤。

④ SDH 与 PDH 互联时（在从 PDH 到 SDH 的过渡时期，会形成多个 SDH "同步岛" 经由 PDH 互联的局面），由于指针调整产生的相位跃变使经过多次 SDH/PDH 变换的信号在低频抖动和漂移上比纯粹的 PDH 或 SDH 信号更严重。

尽管 SDH 有这些不足，但它比传统的 PDH 体制有着明显的优越性，已成为当前应用最广泛的数字传输体系。

4. SDH 帧结构

SDH 的帧结构必须适应同步数字复接、交叉连接和交换的功能，同时也希望支路信号在一帧中均匀分布、有规律，以便接入和取出。ITU－T 最终采纳了一种以字节为单位的矩形块状（或称页状）帧结构，如图 5.5 所示。

STM－N 由（270×N）列、9 行组成，即帧长度为（270×N×9）字节或（270×N×9×8）比特。帧周期为 125μs，即一帧的时间。

对于 STM－1 而言，帧长度为 270×9＝2430B，相当于 19 440b，帧周期为 125μs，由此可算出其比特速率为（270×9×8）/（125×10⁻⁶）＝155.520Mb/s。

这种块状结构的帧结构中各字节的传输是从左到右、由上而下按行进行的，即从第 1 行最左边字节开始，从左向右传完第 1 行，再依次传第 2 行、第 3 行等，直至整个（270×9×N）字节都传送完再转入下一帧，如此一帧一帧地传送，每秒共传 8000 帧。

由图 5.5 可见，整个帧结构可分为三个主要区域。

（1）段开销区域。

段开销（SOH）是指 STM 四帧结构中为了保证信息净负荷正常，灵活传送所必需的附加字节，是供网络运行、管理和维护（OAM）使用的字节。帧结构的左边（9×N）列 8 行（除去第 4 行）属于段开销区域。对于 STM－1 而言，它有 72B（576b），由于每秒传送 8000 帧，因此共有 4.608Mb/s 的容量用于网络的运行、管理和维护。

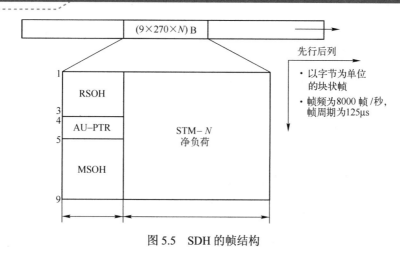

图 5.5　SDH 的帧结构

（2）净负荷区域。

信息净负荷（Payload）区域是帧结构中存放各种信息负载的地方，横向第 $10×N$～$270×N$，纵向第 1 行到第 9 行的（$2349×N$）个字节都属此区域。对于 STM－1 而言，它的容量大约为 150.336Mb/s，其中含有少量的通道开销（POH）字节，归于监视、管理和控制通道性能和其余荷载业务信息。

（3）管理单元指针区域。

管理单元指针（AU－PTR）用来指示信息净负荷的第一个字节在 STM－N 帧中的准确位置，以便在接收端能正确地分解。

在图 5.5 SDH 帧结构中，第 4 行左边的 $9×N$ 列分配给指针用，即属于管理单元指针区域。对于 STM－1 而言它有 9B（72b）。采用指针方式，可以使 SDH 在准同步环境中完成复用同步和 STM－N 信号的帧定位。

5. SDH 帧结构常用开销字节

SDH 帧结构中安排有两大类开销：段开销（SOH）和通道开销（POH），它们分别用于段层和通道层的维护。SOH 中包含定帧信息，用于维护与性能监视的信息及其他操作功能。SOH 可以进一步划分为再生段开销（RSOH，占第 1～3 行）和复用段开销（MSOH，占第 5～9 行）。每经过一个再生段更换一次 RSOH，每经过一个复用段更换一次 MSOH。

（1）STM－1 段开销字节的安排。

各种不同 SOH 字节在 STM－1 帧内的安排如图 5.6 所示。

（2）SOH 字节的功能。

① 帧定位字节 A1 和 A2。

SOH 中的 A1 和 A2 字节可用来识别帧的起始位置，A1 为 11110110，A2 为 00101000。STM－1 帧内集中安排有 6 个帧定位字节，大约占帧长的 0.25%。选择这种帧定位长度是综合考虑了各种因素的结果，主要是伪同步概率和同步建立时间。根据现有安排，产生伪同步的概率几乎为零，同步建立时间也可以大大缩短。

② 再生段踪迹字节 J0。

J0 字节在 STM－N 中位于 S（1，7，1）或（1，6N+1）。该字节被用来重复地发送"段接入点标志符"，以便使段接收机能据此确认其是否与指定的发射机处于持续连接状态。

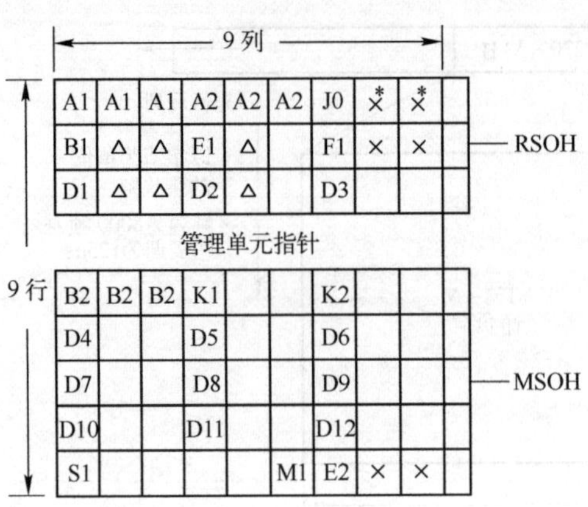

△ 为与传输媒质有关的特殊字节（暂用）；
× 为国内使用保留字节；
* 为不扰码字节；
× 所有未标记字节待将来国际标准确定（与媒质有关的应用，附加国内使用和其他用途）

图 5.6　STM－1 SOH 字节安排

在一个国内网络或单个营运者区域内，该段接入点标志符可用一个单字节（包含 0～255 个编码）或 ITU－T 建议 G.831 规定的接入点标志符格式。在国际边界或不同营运者的网络边界，除双方具有协议外，均应采用 G.831 的格式。

对于采用 C1 字节（STM 识别符：用来识别每个 STM－1 信号在 STM－N 复接信号中的位置，它可以分别表示出复列数和间插层数的二进制数值，还可以帮助进行帧定位）的老设备与采用 J0 字节的新设备的互通，可以用 J0 为"00000001"表示"再生段踪迹未规定"来实现。

③ 数据通信通路（DCC）D1～D12。

SOH 中的 DCC 用来构成 SDH 管理网（SMN）的传送链路。其中 D1～D3 字节称为再生段 DCC，用于再生段终端之间交流 OAM 信息，速率为 192kb/s（3×64kb/s）；D4～D12 字节称为复用段 DCC，用于集用段终端之间交流 OAM 信息，速率为 576kb/s（9×64kb/s）。这总共 768kb/s 的数据通路为 SDH 网的管理和控制提供了强大的通信基础结构。

④ 公务字节 E1 和 E2。

E1 和 E2 两个字节用来提供公务联络语音通路。E1 属于 RSOH，用于本地公务通路，可以在再生器接入。E2 归属于 MSOH，用于直达公务通路，可以在复用段终端接入，公务通路的速率为 64kb/s。

⑤ 比特间插奇偶检验 8 位码（BIP－8）B1 字节用作再生段误码监测。

这是使用偶校验的比特间插奇偶校验码。BIP－8 是对扰码后的上一个 STM－N 帧的所有比特进行计算（在网络结点处，为了便于定时恢复，要求到 STM－N 信号有足够的比特定时含量，为此采用扰码器对数字信号序列进行扰乱，以防止长连"0"和长连"1"序列的出现），计算的结果置于扰码前的本帧的 B1 字节位置。

BIP－8 的具体计算方法：将上一帧（扰码后的 STM－N 帧）所有字节（注意：再生段开销的第一行是不扰码字节）第一个比特的"1"码计数，若"1"码个数为偶数时，本帧（扰码前的帧）B1 字节的第一个比特记为"0"；若上帧所有字节的第一个比特"1"码的个数为奇数时，本帧 B1 字节的第一个比特记为"1"。上帧所有字节比特的计算方法依此类推，最后得到的 B1 字节的 8 个比特状态就是 BIP－8 计算的结果。

这种误码监测方法是 SDH 的特点之一，以比较简单的方式实现了对再生段的误码自动监视。但是对同一监视码组内恰好发生偶数个误码的情况，这种方法无法检出。不过这种情况出现的概率较小，因而总的误码检出概率还是较高的。

⑥ 比特间插奇偶检验 24 位码（BIP$-N \times 24$）字节 B2 B2 B2。

B2 字节用作复用段误码监测，复用段开销字节中安排了 3 个 B2 字节（共 24b）作此用途。B2 字节使用偶校验的比特间插奇偶校验 $N \times 24$ 位码，其计算方法与 BIP-8 类似。其计算方法 BIP$-N$ 是对前一个 STM$-N$ 帧的所有比特（再生段开销的第 1～3 行字节除外）进行计算，其结果置于扰码前本帧的 B2 字节。每 x 比特为一组，$x=24$ 或 $x = N \times 24$b。将参与计算的全部比特从第 1 个比特算起，按顺序将 x 比特分为一组，共分成若干组，将各组相对应的第 1 个比特的"1"码进行计数，若为偶数，则在本帧的 B2 字节的第 1 个比特位记为"0"；若相应比特"1"码的个数为奇数，则记为"1"，其余各比特位依此类推。

⑦ 自动保护倒换（APS）通路字节 K1、K2（b1、b2）。

K1 和 K2 两字节用作自动保护倒换（APS）信令。ITU$-$T G.783 和 G.841 建议给出了这两字节的比特分配和面向比特的规约。

⑧ 复用段远端失效指示（MS$-$RDI）字节 K2（b6～b8）。

MS$-$RDI 用于向发信端回送一个指示信号，表示收信端检测到来话故障或正接收复用段告警指示信号（MS$-$MS）。解扰码后 K2 字节的第 6、7、8 比特构成"110"码即为 MS$-$RDI 信号。

⑨ 同步状态字节 S1（b5～b8）。

S1 字节的第 5～8 比特用于传送 4 种同步状态信息，可表示 16 种不同的同步质量等级，其中一种表示同步的质量是未知的，另一种表示信号在段内不用同步，余下的码留作各独立管理机构定义质量等级用。

⑩ 复用段远端差错指示（MS$-$REI）M1。

该字节用作复用段远端差错指示。对 STM$-N$ 信号，它用来传送 BIP$-N \times 24$（B2）所检出的误块数。

⑪ 传输介质有关的字节 △。

仅在 STM-1 帧内，安排 6 字节，它们的位置是 S（2，2，1），S（2，3，1），S（2，5，1），S（3，2，1），S（3，3，1）和 S（3，5，1）。

△ 字节专用于具体传输媒介的特殊功能，如用单根光纤作为双向传输时，可用此字节来实现辨明信号方向的功能。

⑫ 备用字节 Z0。

Z0 字节的功能尚待定义。

用"×"标记的字节是为国内使用保留的字节。所有未标记的字节待将来国际标准确定（与媒介有关的应用，附加国内使用和其他用途）。

需要说明的是：

● 再生器中不使用这些备用字节；

● 为便于从线路码流中提取定时，引 STM$-N$ 信号要经扰码、减少连续同码概率后方可在线路上传送，但是为不破坏 A1 和 A2 组成的定帧图案，SIM$-N$ 信号中 RSOH 第一行的 9×N 个开销字节不应扰码，因此，其中带扰号的备用字节的内容应予精心安排，通常可在这些字节主送"1"、"0"交替码；

● 收信机对备用开销字节的内容不予解读。

（二）SDH 复用结构

1. SDH 的一般复用结构

SDH 的一般复用结构如图 5.7 所示，它是由一些基本复用单元组成的有若干中间复用步骤的复用结构。各种业务信号复用进 STM-N 帧的过程都要经历映射（mapping）、定位（aligning）和复用（multiplexing）三个步骤。

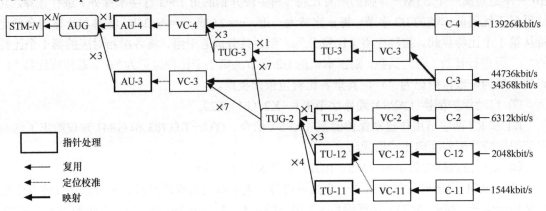

图 5.7　G.707 建议的 SDH 复用结构

2. 复用单元

SDH 的基本复用单元包括标准容器（C）、虚容器（VC）、支路单元（TU）、支路单元组（TUG）、管理单元（AU）和管理单元组（AUG）。

（1）标准容器（C）。

容器是一种用来装载各种速率的业务信号的信息结构，主要完成适配功能（例如速率调整），以便让那些最常使用的准同步数字体系信号能够进入有限数目的标准容器。目前，针对常用的准同步数字体系信号速率，ITU—T 建议 G.707 已经规定了 5 种标准容器：C-11、C-12、C-2、C-3 和 C-4，其标准输入比特率如图 5.7 所示，分别为 1.544Mbit/s、2.048Mbit/s、6.312Mbit/s、34.368Mbit/s（或 44.736Mbit/s）和 139.264Mbit/s。需要指出的是，8Mbit/s 的 PDH 信号是无法复用成 STM-N 信号的。

参与 SDH 复用的各种速率的业务信号都应首先通过码速调整等适配技术装进一个恰当的标准容器。已装载的标准容器又作为虚容器的信息净负荷。

（2）虚容器（VC）。

虚容器是用来支持 SDH 通道层连接的信息结构，其中 VC-11、VC-12、VC-2 及 TU-3 中的 VC-3 是低阶通道层的信息结构；而 AU-3 中 VC-3 和 VC-4 是高阶通道层的信息结构。它由容器输出的信息净负荷加上通道开销（POH）组成，即

$$\text{VC-}n = \text{C-}n + \text{VC-}n\ \text{POH}$$

VC 的输出将作为其后接基本单元（TU 或 AU）的信息净负荷。

VC 的包封速率是与 SDH 网络同步的，因此不同 VC 是互相同步的，而 VC 内部却允许装载来自不同容器的异步净负荷。

除在 VC 的组合点和分解点（即 PDH/SDH 网的边界处）外，VC 在 SDH 网中传输时总是保持完整不变，因而可以作为一个独立的实体十分方便和灵活地在通道中任意点插入或取出，

进行同步复用和交叉连接处理。

虚容器有 5 种：VC-11、VC-12、VC-2、VC-3 和 VC-4。虚容器可分成低阶虚容器和高阶虚容器两类。准备装进支路单元（TU）的虚容器称为低阶虚容器，准备装进管理单元（AU）的虚容器称高阶虚容器。由图 5.7 可见，VC-1（包括 VC-11、VC-12）和 VC-2 为低阶虚容器；VC-4 和 AU-3 中的 VC-3 为高阶虚容器，若通过 TU-3 把 VC-3 复用进 VC-4，则该 VC-3 应归于低阶虚容器类。

（3）支路单元和支路单元组（TU 和 TUG）。

支路单元（TU）是提供低阶通道层和高阶通道层之间适配的信息结构（即负责将低阶虚容器经支路单元组装进高阶虚容器）。有 4 种支路单元，即 TU-n（n = 11，12，2，3）。TU-n 由一个相应的低阶 VC-n 和一个相应的支路单元指针（TU-nPTR）组成，即

$$TU-n = VC-n + TU-n\ PTR$$

TU-n PTR 指示 VC-n 净负荷起点在 TU 帧内的位置。

在高阶 VC 净负荷中固定地占有规定位置的一个或多个 TU 的集合称为支路单元组（TUG）。把一些不同规模的 TU 组合成一个 TUG 的信息净负荷可增加传送网络的灵活性。

VC-4/3 中有 TUG-3 和 TUG-2 两种支路单元组。1 个 TUG-2 由 1 个 TU-2 或 3 个 TU-12 或 4 个 TU-11 按字节交错间插组合而成；1 个 TUG-3 由 1 个 TU-3 或 7 个 TUG-2 按字节交错间插组合而成。1 个 VC-4 可容纳 3 个 TUG-3，1 个 VC-3 可容纳 7 个 TUG-2。

（4）管理单元和管理单元组（AU 和 AUG）。

管理单元（AU）是提供高阶通道层和复用段层之间适配的信息结构（即负责将高阶虚容器经管理单元组装进 SIM-N 帧，STM-N 帧属于 SDH 传送网分层模型中段层的信息结构，有 AU-3 和 AU-4 两种管理单元。AU –n（n = 3，4）由一个相应的高阶 VC-n 和一个相应的管理单元指针（AU-nPTR）组成，即

$$AU-n = VC-n + AU-n\ PTR;\ n = 3，4$$

AU-n PTR 指示 VC-n 净负荷起点在 AU 帧内的位置。

在 STM-N 帧的净负荷中固定地占有规定位置的一个或多个 AU 的集合称为管理单元组（AUG）。一个 AUG 由一个 AU-4 或 3 个 AU-3 按字节交错间插组合而成。

在 AU 和 TU 中要进行速率调整，因而低一级数字流在高一级数字流中的起始点是浮动的。为了准确地确定起始点的位置，设置两种指针（AU-PTR 和 TU-PTR）分别对高阶 VC 在相应 AU 帧内的位置，以及 VC-1、VC-2、VC-3 在相应 TU 帧内的位置进行灵活动态的定位。

在 N 个 AUG 的基础上再附加段开销（SOH）便可形成最终的 STM-N 帧结构。

3. 我国的 SDH 复用结构

由图 5.7 可见，从一个有效负荷到 STM-N 的复用路线不是唯一的。对于一个国家或地区，则必须使复用路线唯一化。

我国的光同步传输网技术体制规定以 2.048Mbit/s 为基础的 PDH 系列作为 SDH 的有效负荷并选用 AU-4 复用路线，其基本复用映射结构如图 5.8 所示。

我国的 SDH 复用映射结构规范可有 3 个 PDH 支路信号输入口。一个 139.264Mbit/s 可被复用成一个 STM-1；63 个 2.048Mbit/s 可被复用成一个 STM-1；3 个 34.368Mbit/s 也能复用成一个 STM-1。

在 PDH 中，一个四次群（速率为 139.264Mbit/s，有 64 个 2.048Mbit/s，有 4 个 34.368Mbit/s）。但在 SDH 中，一个 STM-1（155.520Mbit/s）只能装载 63 个 2.048Mbit/s、3 个 34.368Mbit/s，

显然，相比之下 SDH 的信道利用率低。

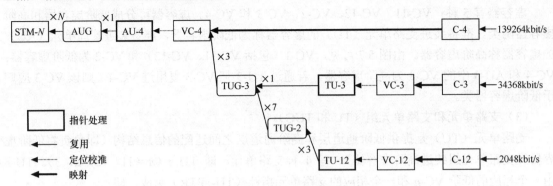

图 5.8　我国的基本复用映射结构

（三）SDH 原理：映射、定位和复用

在将低速支路信号复用成 STM-*N* 信号时，要经过 3 个步骤：映射、定位、复用。

映射——是将各种速率的 G.703 支路信号先分别经过码速调整装入相应的标准容器，然后再装进虚容器的过程。

定位——是一种以附加于 VC 上的支路单元指针指示和确定低阶 VC 帧的起点在 TU 净负荷中位置或管理单元指针指示和确定高阶 VC 帧的起点在 AU 净负荷中的位置的过程。即图 5.8 中以附加于 VC-12 上的 TU-12 PTR 指示和确定 VC-12 的起点在 TU-12 净负荷中位置的过程，以附加于 VC-3 上的 TU-3 PTR 指示和确定 VC-3 的起点在 TU-3 净负荷中的位置的过程，以附加于 VC-4 上的 AU-4 PTR 指示和确定 VC-4 的起点在 AU-4 净负荷中的位置的过程等。

复用——是一种把 TU 组织进高阶 VC 或把 AU 组织进 STM-*N* 的过程。即图 5.8 中将 TU-12 经 TUG-2 再经 TUG-3 装进 VC-4 的过程，将 TU-3 经 TUG-3 装进 VC-4 的过程及将 AU-4 装进 STM-*N* 帧的过程。由于经过 TU 和 AU 指针处理后的各 VC 支路信号已相位同步，因此该复用过程是同步复用，复用原理与数据的串并变换相类似。

1. 映射

（1）映射的概念。

映射是一种在 SDH 边界处使支路信号适配进虚容器的过程。即各种速率的 G.703 信号先分别经过码速调整装入相应的标准容器，之后再加进低阶或高阶通道开销形成虚容器。

（2）通道开销（POH）。

通道开销分为低阶通道开销和高阶通道开销。

低阶通道开销附加给 C-1/C-2 形成 VC-1/VC-2，其主要功能有 VC 通道性能监视、维护信号及告警状态指示等。

高阶通道开销附加给 C-3 或者多个 TUG-2 的组合体形成 VC-3，而将高阶通道开销附加给 C-4 或者多个 TUG-3 的组合体即形成 VC-4。高阶 POH 的主要功能有 VC 通道性能监视、告警状态指示、维护信号以及复用结构指示等。

① 高阶通道开销（HPOH）。

HPOH 是位于 VC-3/VC-4/VC-4-Xc（VC-4 级联）帧结构第一列的 9 个字节：J1、B3、C2、G1、F2、H4、F3、K3、N1，如图 5.9 所示。

HPOH 各自的功能如下。

● 通道踪迹字节 J1。

J1 是 VC 的第 1 个字节，其位置由相关的 AU-4 或 TU-3 指针指示。这个字节用来重复发送高阶通道接入点识别符。这样，通道接收端可以确认它与预定的发送端是否处于持续的连接状态。

● 通道 BIP-8 码 B3。

B3 具有高阶通道误码监视功能。在当前 VC-3/VC-4/VC-4-Xc 帧中，B3 字节 8bit 的值是对扰码前上一 VC-3/VC-4/VC-4-Xc 帧所有字节进行比特间插 BIP-8 偶校验计算的结果。

● 信号标记字节 C2。

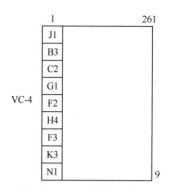

图 5.9　HPOH 位置示意图

C2 用来指示 VC 帧的复接结构和信息净负荷的性质，例如通道是已装载、所载业务种类和它们的映射方式。例如 C2 = 00H 表示这个 VC-4 通道未装载信号，这时要往这个 VC-4 通道的净负荷 TUG3 中插全"1"码——TU-AIS，设备出现高阶通道未装载告警：HP-UNEQ。C2 = 02H，表示 VC-4 所装载的净负荷是按 TUG 结构的复用路线复用来的，中国的 2Mbit/s 复用进 VC-4 采用的是 TUG 结构。C2 = 15H 表示 VC-4 的负荷是 FDDI（光纤分布式数据接口）格式的信号。在配置华为设备时，对 2M 信号的复用，C2 要选择 TUG 结构。

● 通道状态字 G1。

该字节用来将通道终端的状态和性能回传给 VC-3/VC-4 通道源、端。这一特性，使得能在通道的任意端或在通道的任意点上监测整个双向通道的状态和性能。G1 字节的比特分配如表 5.3 所示。

表 5.3　VC-4/VC-3/VC-4Xc 通道状态字节（G1）

REI				RDI	备用		保留
1	2	3	4	5	6	7	8

● 通道使用者字节 F2、F3。

这两个字节提供通道单元间的公务通信（与净负荷有关）。

● TU 位置指示字节 H4。

H4 指示有效负荷的复帧类别和净负荷位置，还可作为 TU-1/TU-2 复帧指示字节或 ATM 净负荷进入一个 VC-4 的信元位置指示器。

● 自动保护倒换（APS）通路字节 K3（b1～b4）。

这些比特用作高阶通道级保护的 APS 指令。

● 网络操作者字节 N1。

N1 用作提供高阶通道串接监视功能。

● 备用比特 K3（b5～b8）。

这些比特留作将来使用，因此没有规定其值，接收机应忽略其值。

② 低阶通道开销（VC-1/VC-2 POH）。

VC-1/VC-2 POH 由 V5、J2、N2、K4 字节组成。以 VC-12（由 2.08Mbit/s 支路信号异步映射而成）为例，低阶通道开销的位置如图 5.10 所示。

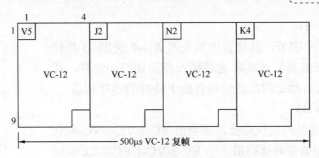

图 5.10　低阶通道开销位置示意图

为了适应不同容量的净负荷在网中的传送需要，SDH 允许组成若干不同的复帧形式。例如 4 个 C-12 基本帧（125μs）组成一个 500μs 的 C-12 复帧，C-12 复帧加上低阶通道开销 V5、J2、N2、K4 字节便构成 VC-12 复帧（如图 5.10 所示）。可见，V5 是第 1 个 VC-12 基帧的第 1 个字节，J2 是第 2 个 VC-12 基帧的第 1 个字节，N2 是第 3 个 VC-12 基帧的第 1 个字节，K4 则是第 4 个 VC-12 基帧的第 1 个字节。

● V5 字节。

V5 字节为 VC-1/VC-2 通道提供误码检测、信号标记和通道状态功能。

● 通道踪迹字节 J2。

J2 用来重复发送低阶通道接入点识别符，所以通道接收端可据此确认它与预定的发送端是否处于持续的连接状态。此通道接入点识别符使用 ITU-T 建议 G.831 所规定的 16 字节帧格式。

● 网络操作者字节 N2。

这个字节提供低阶通道的串接监视（TCM）功能。

● 自动保护倒换 APS 通道 K4（b1～b4）。

用于低阶通道级保护的 APS 指令。

● 增强型远端缺陷指示 K4（b5～b7）。

其功能与高阶通道的 G1（b5～b7）相类似，但 K4（b5～b7）用于低阶通道。当接收端收到 TU-1/TU-2 通道 AIS 或信号缺陷条件，VC-1/VC-2 组装器就将 VC-1/VC-2 通道 RDI（远端缺陷指示）送回到通道源端。

● 备用比特 K4（b8）。

安排将来使用，接收端将忽略这个比特的值。

2. 定位

定位的概念及指针的作用。

（1）定位的概念。

定位是一种将帧偏移信息收进支路单元或管理单元的过程。即以附加于 VC 上的支路单元指针指示和确定低阶 VC 帧的起点在 TU 净负荷中的位置或管理单元指针指示和确定高阶 VC 帧的起点在 AU 净负荷中的位置，在发生相对帧相位偏差使 VC 帧起点浮动时，指针值亦随之调整，从而始终保证指针值准确指示 VC 帧的起点位置。

（2）指针的作用。

SDH 中指针的作用可归结为以下三条。

● 当网络处于同步工作方式时，指针用来进行同步信号间的相位校准。

● 当网络失去同步时（即处于准同步工作方式），指针用作频率和相位校准；当网络处于异步工作方式时，指针用作频率跟踪校准。

● 指针还可以用来容纳网络中的频率抖动和漂移。

设置 TU 或 AU 指针可以为 VC 在 TU 或 AU 帧内的定位提供一种灵活和动态的方法。因为 TU 或 AU 指针不仅能够容纳 VC 和 SDH 在相位上的差别，而且能够容纳帧速率上的差别。指针有两种，即 AU-PTR 和 TU-PTR，分别进行高阶 VC（这里指 VC-4）和低阶 VC（这里指 VC-12）在 AU-4 和 TU-12 中的定位。

3. 复用

（1）复用的概念。

复用是一种使多个低阶通道层的信号适配进高阶通道层或者把多个高阶通道层信号适配进复用层的过程，即以字节交错间插方式把 TU 组织进高阶 VC 或把 AU 组织进 STM-N 的过程。由于经 TU 和 AU 指针处理后的各 VC 支路已相位同步，此复用过程为同步复用。

（2）复用过程。

下面以 1329.264Mbit/s 支路信号、34.3648Mbit/s 支路信号和 2.048Mbit/s 支路信号在映射、定位、复用过程中所涉及的复用为例加以介绍。

① TU-12 复用进 TUG-2 再复用进 TUG-3。

3 个 TU-12（此处的 TU-12 不是复帧而是基本帧，有 9 行 4 列，共 36 字节）先按字节间插复用进一个 TUG-2（9 行 12 列），然后 7 个 TUG-2 按字节间插复用进 TUG-3（9 行 86 列，其中第 1、2 列为塞入字节）。这个过程如图 5.11 所示。

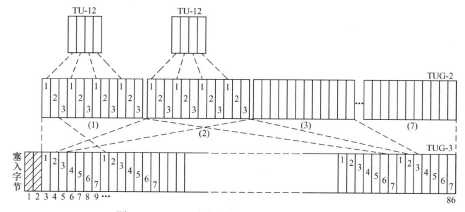

图 5.11　TU-12 复用进 TUG-2 再复用进 TUG-3

② TU-3 复用进 TUG-3。

单个 TU-3 复用进 TUG-3 的结构如图 5.12 所示。

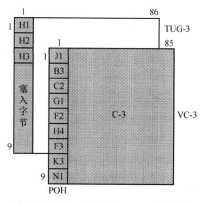

图 5.12　TU-3 复用进 TUG-3 的结构

TU-3 由 VC-3（含 9 个字节 VC-3 POH）和 TU-3 指针组成，而 TU-3 指针由 TUG-3 的第 1 列的上面 3 个字节 H1、H2 和 H3 构成。VC-3 相对 TUG-3 的相位由指针指示。将 TU-3 加上塞入字节即可构成 TUG-3。

③ 3 个 TUG-3 复用进 VC-4。

将 3 个 TUG-3 复用进 VC-4 的方法如图 5.13 所示。

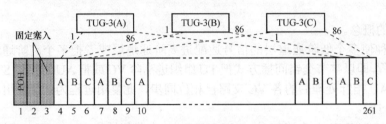

图 5.13　3 个 TUG-3 复用进 VC-4

3 个 TUG-3 按字节间插构成 9 行 258（3×86）列，作为 VC-4 的净负荷，VC-4 是 9 行 261 列，其中第 1 列为 VC-4 POH，第 2、3 列是固定塞入字节。TUG-3 相对于 VC-4 有固定的相位。

④ AU-4 复用进 AUG。

已知 AU-4 由 VC-4 净负荷加上 AU-4 PTR 组成，VC-4 在 AU-4 内的相位是不确定的，由 AU-4 PTR 指示 VC-4 第 1 个字节在 AU-4 中的位置。但 AU-4 与 AUG 之间有固定的相位关系，所以只需将 AU-4 直接置入 AUG 即可，如图 5.14 所示。

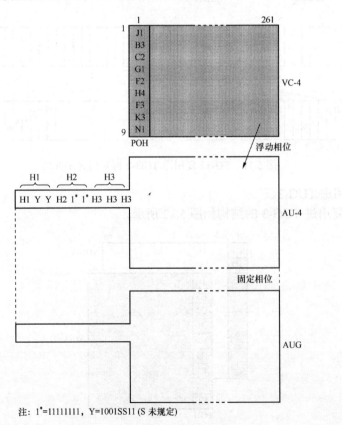

注：1*=11111111，Y=1001SS11（S 未规定）

图 5.14　单个 AU-4 复用进 AUG

⑤ N 个 AUG 复用进 STM-N 帧。

N 个 AUG 按字节间插复用，再加上段开销（SOH）形成 STM-N 帧，这 N 个 AUG 与 STM-N 帧有确定的相位关系，如图 5.15 所示。

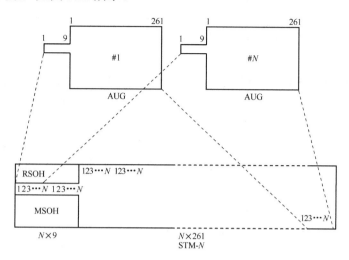

图 5.15 N 个 AUG 复用进 STM-N 帧

（3）2.048Mbit/s 信号复用、定位、映射过程总结。

以上介绍了映射、定位、复用过程。现将由 2.048Mbit/s 支路信号经映射、定位、复用成 STM-N 帧的过程加以归纳总结，如图 5.16 所示。

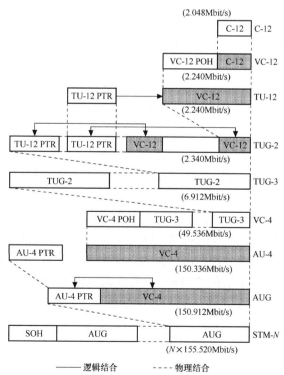

图 5.16 2.048Mbit/s 支路信号映射、定位、复用过程

具体过程如下。

① 映射。

速率为 2.048Mbit/s 的信号先进入 C-12 作适配处理后，加上 VC-12 POH 构成了 VC-12。由前述映射过程可知，一个 500μs 的 VC-12 复帧容纳的比特数为 $4 \times (4 \times 9 - 1) \times 8 = 1120$bit，所以 VC-12 的速率为 $1120/500 \times 10^{-6} = 2.240$Mbit/s。

② 定位（指针调整）。

VC-12 加上 TU-12 PTR 构成 TU-12。一个 500μs 的 TU-12 复帧有 4 个字节的 TU-12PTR，所含总比特数为 $1120 + 4 \times 8 = 1152$bit，故 TU-12 的速率为 $1152/500 \times 10-6 = 2.304$Mbit/s。

③ 复用。

3 个 TU-12（基帧）复用进 1 个 TUG-2，每个 TUG-2 由 9 行 12 列组成，容纳的比特数为 $9 \times 12 \times 8 = 864$bit，TUG-2 的帧频为 8000 帧/s，因此 TUG-2 的速率为 $8000 \times 864 = 6.912$Mbit/s（或 $2.304 \times 3 = 6.912$Mbit/s）。

7 个 TUG-2 复用进 1 个 TUG-3，1 个 TUG-3 可容纳的比特数为 $864 \times 7 + 9 \times 2 \times 8$（塞入比特）= 6192bit，故 TUG-3 的速率为 $8000 \times 6192 = 49.536$Mbit/s。

3 个 TUG-3 按字节间插，再加上 VC-4 POH 和塞入字节后形成 VC-4（参见图 5.16），每个 VC-4 可容纳 $(86 \times 3 + 3) \times 9 \times 8 = 261 \times 9 \times 8 = 18792$bit，所以其速率为 $8000 \times 18792 = 150.336$Mbit/s。

④ 定位。

VC-4 再加 576kbit/s 的 AU-4 PTR（$8000 \times 9 \times 8 = 0.576$Mbit/s）组成 AU-4，其速率为 $150.336 + 0.576 = 150.912$Mbit/s。

⑤ 复用。

单个 AU-4 直接置入 AUG，速率不变。AUG 加 4.608Mbit/s 的段开销（$8000 \times 8 \times 9 \times 8 = 4.608$Mbit/s），即形成 STMs-1，速率为 $4.608 + 150.912 = 155.520$Mbit/s。或者 N 个 AUG 按字节间插复用（再加上 SOH）成 STM-N 帧，速率为 $N \times 155.520$Mbit/s。

从 2Mbit/s 复用进 STM-N 信号的复用步骤可以看出 3 个 TU-12 复用成一个 TUG-2，7 个 TUG-2 复用成一个 TUG-3，3 个 TUG-3 复用进一个 VC-4，一个 VC-4 复用进 1 个 STM-1，也就是说 2Mbit/s 的复用结构是 3-7-3 结构。复用的方式是字节间插方式，所以在一个 VC-4 中的 63 个 VC-12 的排列方式不是按顺序来排列的。头一个 TU-12 的序号和紧跟其后的 TU-12 的序号相差 21。

计算同一个 VC-4 中不同位置 TU-12 的序号的公式：

VC-12 序号 = TUG-3 编号 +（TUG-2 编号−1）× 3 +（TU-12 编号−1）× 21。TU-12 的位置在 VC-4 帧中相邻是指 TUG-3 编号相同，TUG-2 编号相同，而 TU-12 编号相差为 1 的两个 TU-12。

此处的编号是指 VC-4 帧中的位置编号，TUG-3 编号范围：1～3；TUG-2 编号范围：1～7；TU-12 编号范围：1～3。TU-12 序号是指本 TU-12 是 VC-4 帧 63 个 TU-12 的按复用先后顺序的第几个 TU-12，如图 5.17 所示。

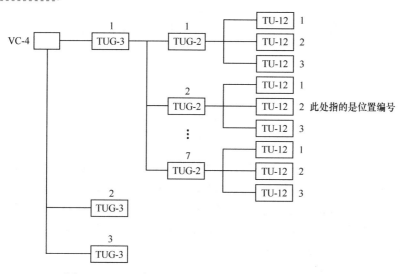

图 5.17　VC-4 中 TUG-3、TUG-2、TU-12 的排放结构

（四）SDH 网元

SDH 传输网是由不同类型的网元通过光缆线路的连接组成的，通过不同的网元完成 SDH 网的传送功能：上/下业务、交叉连接业务、网络故障自愈等。SDH 网中常见网元有 TM、ADM、REG 和 DXC。

（1）TM——终端复用器。

终端复用器用在网络的终端站点上，例如一条链的两个端点上，它是一个双端口器件，如图 5.18 所示。

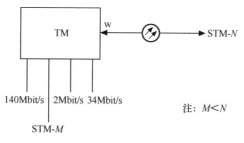

图 5.18　TM 模型

它的作用是将支路端口的低速信号复用到线路端口的高速信号 STM-N 中，或从 STM-N 的信号中分出低速支路信号。请注意它的线路端口输入/输出一路 STM-N 信号，而支路端口却可以输出/输入多路低速支路信号。在将低速支路信号复用进 STM-N 帧（将低速信号复用到线路）上时，有一个交叉的功能，例如，可将支路的一个 STM-1 信号复用进线路上的 STM-16 信号中的任意位置上，也就是指复用在 1~16 个 STM-1 的任一个位置上。支路的 2Mbit/s 信号可复用到一个 STM-1 中 63 个 VC-12 的任一个位置上去。对于华为设备，TM 的线路端口（光口）一般是以西向端口默认表示的。

（2）ADM——分/插复用器。

分/插复用器用于 SDH 传输网络的转接站点处，例如链的中间结点或环上结点，是 SDH 网上使用最多、最重要的一种网元，它是一个三端口的器件，如图 5.19 所示。

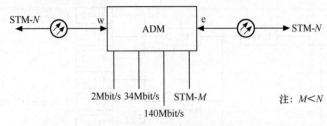

图 5.19　ADM 模型

ADM 有两个线路端口和一个支路端口。两个线路端口各接一侧的光缆（每侧收/发共两根光纤），为了描述方便将其分为西（w）向、东向（e）两个线路端口。ADM 的作用是将低速支路信号交叉复用进东或西向线路上去，或从东或西侧线路端口收的线路信号中拆分出低速支路信号。另外，还可将东/西向线路侧的 STM-N 信号进行交叉连接，例如将东向 STM-16 中的 3#STM-1 与西向 STM-16 中的 15#STM-1 相连接。

ADM 是 SDH 最重要的一种网元，通过它可等效成其他网元，即能完成其他网元的功能，例如一个 ADM 可等效成两个 TM。

（3）REG——再生中继器。

光传输网的再生中继器有两种，一种是纯光的再生中继器，主要进行光功率放大以延长光传输距离；另一种是用于脉冲再生整形的电再生中继器，主要通过光/电变换、电信号抽样、判决、再生整形、电/光变换，以达到不积累线路噪声，保证线路上传送信号波形的完好性。此处讲的是后一种再生中继器，REG 是双端口器件，只有两个线路端口——w、e，如图 5.20 所示。

图 5.20　电再生中继器

它的作用是将 w/e 侧的光信号经 O/E、抽样、判决、再生整形、E/O 在 e 或 w 侧发出。注意到没有，REG 与 ADM 相比仅少了支路端口，所以 ADM 若本地不上/下话路（支路不上/下信号）时完全可以等效为一个 REG。

真正的 REG 只需处理 STM-N 帧中的 RSOH，且不需要交叉连接功能（w 到 e 直通即可），而 ADM 和 TM 因为要完成将低速支路信号分/插到 STM-N 中，所以不仅要处理 RSOH，而且还要处理 MSOH；另外 ADM 和 TM 都具有交叉复用能力（有交叉连接功能），因此用 ADM 来等效 REG 有点大材小用了。

（4）DXC——数字交叉连接设备。

数字交叉连接设备完成的主要是 STM-N 信号的交叉连接功能，它是一个多端口器件，实际上相当于一个交叉矩阵，完成各个信号间的交叉连接，如图 5.21（a）所示。

DXC 可将输入的 m 路 STM-N 信号交叉连接到输出的 n 路 STM-N 信号上，图 5.21（b）表示有 m 条入光纤和 n 条出光纤。DXC 的核心是交叉连接，功能强的 DXC 能完成高速（例如 STM-16）信号在交叉矩阵内的低级别交叉（例如 VC-12 级别的交叉）。

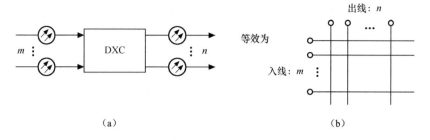

图 5.21 DXC 功能图

通常用 DXC m/n 来表示一个 DXC 的类型和性能（注 $m \geq n$），m 表示可接入 DXC 的最高速率等级，n 表示在交叉矩阵中能够进行交叉连接的最低速率级别。m 越大表示 DXC 的承载容量越大，n 越小表示 DXC 的交叉灵活性越大。m 和 n 的相应数值的含义如表 5.4 所示。

表 5.4 m、n 数值与速率对应表

m 或 n	0	1	2	3	4	5	6
速率	64kbit/s	2Mbit/s	8Mbit/s	34Mbit/s	140Mbit/155Mbit/s	622Mbit/s	2.5Gbit/s

（五）SDH 传送网

1. 传送网的基本概念

（1）传送网。

通常网络是指能够提供通信服务的所有实体及其逻辑配置。可见从信息传递的角度来分析，传送网是完成信息传送功能的手段，它是网络逻辑功能的集合。它与传输网的概念存在着一定的区别。所谓传输网是以信息信号通过具体物理介质传输的物理过程来描述，它是由具体设备组成的网络。在某种意义下，传输网（或传送网）又都可泛指全部实体网和逻辑网。

（2）通道、复用段、再生段的概念。

在 SDH 传输系统中，通道、复用段、再生段间的关系如图 5.22 所示。

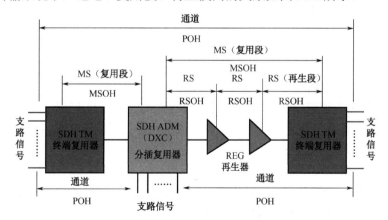

图 5.22 SDH 传输系统中通道、复用、再生段间的关系

通道两端连接通道终端（PT），它是虚容器的组合分解点，完成对净负荷的复用和解复用，并完成对通道开销的处理。

复用段两端连接复用段终端（MST），完成复用段的功能，如产生和终结复用段开销（MSOH）。相应的设备有光缆线路终端、高阶复用器、宽带交叉连接器等。

再生段两端连接再生段终端（RST）。再生段终端的功能块在构成 SDH 帧结构过程中产生再生段开销（RSOH），在相反方向则终结再生段开销。

由图 5.22 还可以看出通道、复用段、再生段的定义和分界。

2. 分层与分割的概念

为了能够使由此所构成的网络具有组网灵活、简单的特性，同时又便于描述，因而在规范一个网络模型时，多采用分层和分割的概念。

从垂直方向看，传送网是由两个相互独立的传送网络层构成的，即通道层和传输介质层。下一层为上一层提供服务。如图 5.23 所示，若下面一个特定通道层网络为 VC-12，那么上面一个特定通道层网络便是 VC-3/VC-4，VC-12 通道层为 VC-3/VC-4 通道层提供服务。通道层又是为电路层提供服务的，而每一层网络可以在水平方向上按照其内部结构分割为若干部分，因而分层与分割的关系是相互正交的。

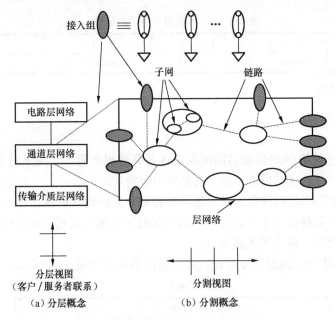

图 5.23　传送网分层与分割的关系

（1）SDH 传送网分层模型。

SDH 传送网可分为通道层和传输介质层，网络关系如图 5.24 所示。电路层网络、通道层网络和传输介质层网络之间彼此相互独立，在每两层网络之间的连接节点处，下层为上层提供透明服务，上层为下层提供服务内容。

① 电路层网络。

电路层网络是面向公用交换业务的网络，例如电路交换业务、分组交换、租用线业务等。电路层是由各种交换机和用于租用线业务的交叉连接设备及路由器构成的。

② 通道层网络。

通道层网络为电路层网络节点（如交换机）提供透明的通道（即电路群），例如，VC-11/VC-12 可以看作电路层节点间通道的基本传送容量单位，而 VC-3/VC-4 则可以看作局间通信的基本传送单位。通道层网络能够对一个或多个电路层网络提供不同业务的传送服务。例如提供 2Mbit/s、34Mbit/s、140Mbit/s 内的 PDH 传输链路，提供 SDH 中的 VC-11、VC-12、VC-2、VC-3、VC-4

等传输通道。在 SDH 环境下通道层网络可以划分为高阶通道层网络和低阶通道层网络，因而能够灵活方便地对通道层网络的连接性进行管理控制，各类型的电路层网络都能按要求的格式将各自电路层业务映射进复用段层，从而共享通道层资源。通道层网络与其相邻的传输介质层之间相互独立。

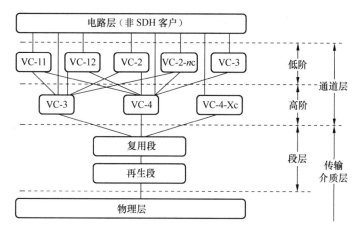

图 5.24　传送网的分层模型

③ 传输介质层网络。

传输介质层网络是指那些能够支持一个或多个通道层网络，并能在通道层网络节点处提供适当通道容量的网络。该层主要面向线路系统的点到点传送。传输介质层网络又是由段层网络和物理介质层网络组成的。其中段层网络主要负责通道层任意两节点之间信息传递的完整性，而物理介质层则主要负责确定具体支持段层网络的传输介质。

● 段层网络。

段层网络又可以进一步分为复用段层网络和再生段层网络。复用段层网络是用于传送复用段终端之间信息的网络。例如负责向通道层提供同步信息，同时完成有关复用段开销的处理和传递等项工作。

再生段层网络是用于传递再生中继器之间，以及再生中继器与复用终端之间信息的网络。例如负责定帧扰码、再生段误码监视，以及再生段开销的处理和传递等工作。

● 物理介质层。

物理介质层网络是指那些能够为通道层网络提供服务，以及能够以光电脉冲形式完成比特传送功能的网络，它与段开销无关。实际上物理介质层是传送层的最底层，无须服务层的支持，因而网络连接可以由传输介质支持。

● 光通信系统中的再生段、复用段和通道。

按照分层的概念，不同层的网络有不同的开销和传递功能，在 SDH 传送网中开销和传递功能也是分层的。图 5.24 所示为再生段、复用段和通道在系统组成中的定义和分界。

● 相邻层网络间的关系。

每一层网络可以为多个客户层网络提供服务。当然不同的客户层网络对服务层网络有不同的要求，因而可对每一服务层网络进行优化处理，使其满足客户层网络的特定要求。

（2）分割（patitioning）。

传送网分层后，每一层网络仍然很复杂。为了管理上的方便，在分层的基础上，再对每一层网络划分为若干分离的部分组成网络管理的基本骨架。分割的好处如下。

- 便于管理；
- 便于改变网络组成，使之最佳化。

（六）SDH 网络拓扑结构

SDH 网络是由 SDH 网元设备通过光缆互连而成的，网络节点（网元）和传输线路的几何排列就构成了网络的拓扑结构。网络的有效性（信道的利用率）、可靠性和经济性在很大程度上与其拓扑结构有关。

网络拓扑基本结构有链形、星形、树形、环形和网孔形，如图 5.25 所示。

（1）链形图。

链形网呈线形拓扑，它是将各网络节点串联起来，同时保持首尾两个网络节点呈开放状态的网络结构。图 5.25（a）所示就是一个最为典型的链形 SDH 网络。其中在链状网络的两端节点上配备有终端复用器，而在中间节点上配备有分插复用器，这种网络结构简单，便于采用线路保护方式进行业务保护，但当光缆完全中断时，此种保护功能失效。另外这种网络的一次性投资小，容量大，具有良好的经济效益。

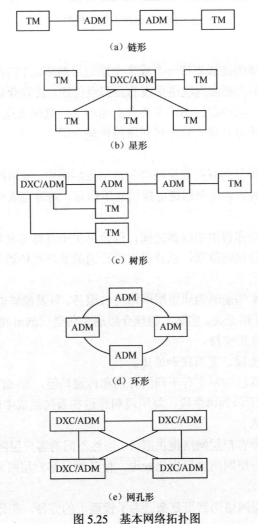

（a）链形

（b）星形

（c）树形

（d）环形

（e）网孔形

图 5.25　基本网络拓扑图

（2）星形网。

此种网络拓扑是将网中一网元作为特殊节点与其他各网元节点相连，其他各网元节点互不相连，网元节点的业务都要经过这个特殊节点转接。星形网（图5.25（b））网络拓扑的特点是网络结构简单，它可以将多个光纤终端统一成一个终端，从而提高带宽的利用率，同时又可以节约成本，但在枢纽节点上业务过分集中，并且只允许采用线路保护方式，因此系统的可靠性能不高，存在特殊节点的安全保障和处理能力的潜在瓶颈问题。

（3）树形网。

树形网（图5.25（c））网络拓扑可看成是链形拓扑和星形拓扑的结合，通常在这种网络结构中，连接三个以上方向的节点应设置DXC，其他节点可设置TM或ADM。

这种网络结构适合广播式业务，而不利于提供双向通信业务，也存在特殊节点的安全保障和处理能力的潜在瓶颈。这种网络结构常用于长途网中。

（4）环形网。

环形拓扑实际上是将链形拓扑首尾相连，从而使网上任何一个网元节点都不对外开放的网络拓扑形式，如图5.25（d）所示。通常在环形网络结构中的各网络节点上可选用分插复用器，也可以选用交叉连接设备来作为节点设备。

环形网网络结构的一次性投资要比链形网络大，但其结构简单，而且在系统出现故障时，具有很强的生存性，即具有自愈功能，因而环形网络结构是当前使用最多的网络拓扑形式。环形网常用于本地网（接入网和用户网）、局间中继网。

（5）网孔形网。

将所有网元节点两两相连，就形成了网孔形网络拓扑，如图5.25（e）所示。这种网络拓扑为两网元节点间提供多个传输路由，使网络的可靠性更强，不存在瓶颈问题和失效问题。但是由于系统的冗余度高，系统有效性降低，成本高且结构复杂。网孔形网主要用于长途网中，以保证网络的高可靠性。

（七）SDH自愈网

当今社会，随着技术的不断进步，信息的传输容量及速率越来越高，社会各行各业对信息的依赖程度也愈来愈高，因而对通信网络传递信息的及时性、准确性的要求也越来越高。如果网络出现故障，将对整个社会造成极大的影响和损害。因此生存能力即网络的安全性已成为通信网络设计中必须考虑的首要问题。

1. 自愈网的概念

所谓自愈是指在网络发生故障（例如光纤中断）时，无须人为干预，网络自动地在极短的时间内（ITU-T规定为50ms），使业务自动从故障中恢复传输，使用户几乎感觉不到网络出了故障。其基本原理是网络要具备发现替代传输路由并重新建立通信的能力。

自愈仅是通过备用信道将失效的业务恢复，而不涉及具体故障的部件和线路的修复或更换，所以故障点的修复仍需人工干预才能完成。

网络发生自愈时，业务切换到备用信道传输，切换的方式有恢复方式和不恢复方式两种。

恢复方式指在主用信道发生故障时，业务切换到备用信道，当主用信道修复后，再将业务切回主用信道。一般在主用信道修复后还要再等一段时间，一般是几到十几分钟，以使主用信道传输性能稳定，这时才将业务从备用信道切换过来。

不恢复方式指在主用信道发生故障时，业务切换到备用信道，主用信道恢复后业务不切回主用信道，此时将原主用信道作为备用信道，原备用信道当作主用信道，在原备用信道发故障时，业务才会切回原主用信道。

SDH 网络中的自愈保护可以分为线路保护倒换、环形网保护、网孔形 DXC 网络恢复及混合保护等，可用于不同网络结构的保护。

2. 自动线路保护倒换

自动线路保护倒换是最简单的 SDH 自愈方式，有 $1+1$、$1:n$ 两种倒换方式。

$1+1$ 方式指发端在主用、备用两个信道上发同样的信息（并发），收端在正常情况下选收主用信道上的业务，因为主备信道上的业务一模一样（均为主用业务），所以在主用信道损坏时，通过切换选收备用信道而使主用业务得以恢复。此种倒换方式又称为单端倒换（仅收端切换），倒换速度快，但信道利用率低。图 5.26（a）所示为 $1+1$ 线路保护倒换结构，从图中可以看出由于发送端是永久地与主用、备用信道相连接，STM-N 信号可以同时在两个信道中传输，在接收端其 MSP（复用保护功能）同时对所接收到的来自主用、备用信道的 STM-N 信号进行监视，对两路信号进行比较，选择信号质量好的一路作为输出信号，即并发优选方式。一旦主用信道出现故障，则 MSP 会自动选择备用信道中的信号作为接收信号。

$1:n$ 是指一条备用信道保护 n 条主用信道（见图 5.26（b）），一般 n 值范围为 $1\sim14$。这时信道利用率更高，但一条备用信道只能同时保护一条主用信道，系统可靠性降低了。

$1:1$ 方式是 $1:n$ 保护倒换方式的特例（$n=1$），是指在正常时发端在主用信道上发主用业务，在备用信道上发额外业务（低级别业务），收端从主用信道收主用业务从备用信道收额外业务。当主用信道损坏时，为保证主用业务的传输，发端将主用业务发到备用信道上，收端将切换到从备用信道选收主用业务，此时额外业务被终结，主用业务传输得到恢复。这种倒换方式也称为双端倒换（收/发两端均进行切换），倒换速率较慢，但信道利用率高。由于额外业务的传送在主用信道损坏时要被终结，所以额外业务也称为不被保护的业务。

在 SDH 中，线路自动保护倒换通过帧结构中自动保护倒换字节 K1 和 K2 来完成收发两端站间的保护倒换操作。

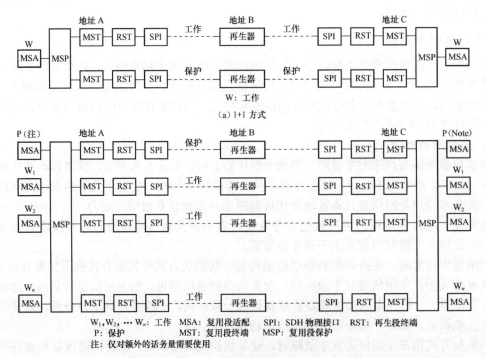

图 5.26 线路保护倒换结构

K1 是用于指示请求倒换的信号字节，它标示出请求倒换的信道号；同时也是用于证实信号的字节，通过该字节可确认桥接到保护信道的信道号。

K1 字节格式是：K1 的 1～4 位说明了请求的类型。

K1 的 5～8 位指示请求桥接到保护通道的信道号，具体内容如下。

0000：空信道（保护信道）。

0001～1110：请求倒换工作信道编号。

1111：额外业务信道请求。

K2 字节格式是：K2 的 1～4 位指示桥接到保护信道的工作信道号；第 5 位取 0 时表示 1+1 APS；取 1 时表示 $1:n$ APS（系统中包括 n 个主用通道和 1 个备用通道）；6～8 位预留，具体内容如下。

111：线路 AIS。

110：线路 RDI（远端接收失效）。

101：双向倒换。

100：单向倒换。

可见，所针对的系统中只拥有一个备用信道。

3. 环路保护

SDH 网络结构中，环形网具有较强的自愈功能，通常也称自愈环。自愈环的分类可按保护的业务级别、环上业务的方向、网元节点间光纤数来划分。

按环上业务的方向可将自愈环分为单向环和双向环两大类；按网元节点间的光纤数可将自愈环划分为双纤环（一对收/发光纤）和四纤环（两对收/发光纤）；按保护的业务级别可将自愈环划分为通道保护环和复用段保护环两大类。

按不同分类可组合成多种具有自愈功能的环形网络结构，目前主要采用下述 5 种结构。

（1）二纤单向通道保护环。

二纤单向通道保护环由两根光纤组成两个环，其中一个为主环——S1；一个为备环——P1。两环的业务流向相反，通道保护环的保护功能是通过网元支路板的"并发选收"功能来实现的，也就是支路板将支路上环业务"并发"到主环 S1、备环 P1 上，两环上业务完全一样且流向相反，平时网元支路板"选收"主环下支路的业务，如图 5.27（a）所示。

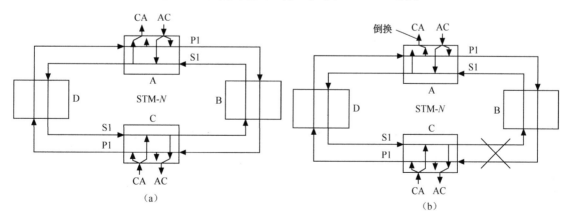

图 5.27 二纤单向通道保护环

若环网中网元 A 与 C 互通业务，网元 A 将上环的支路业务"并发"到环 S1 和 P1 上，S1 和 P1 上的所传业务相同且流向相反——一路由主用环 S1 携带，经 D 节点到达 C 节点，另一路由备用环 P1 携带，经节点 B 到达 C 节点。在网络正常时，网元 C 选收主环 S1 上的业务。网元 C 到网元 A 的业务传输与此类似。

当 B、C 节点间出现断线故障时，如 5.27（b）所示，网元 A 到网元 C 的业务由网元 A 的支路板并发到 S1 和 P1 光纤上，其中 S1 业务经光纤由网元 D 穿通传至网元 C，P1 光纤的业务经网元 B 穿通，由于 B—C 间光缆断，所以光纤 P1 上的业务无法传到网元 C，不过由于网元 C 默认选收主环 S1 上的业务，这时网元 A 到网 C 的业务并未中断，网元 C 的支路板不进行保护倒换。

网元 C 的支路板将发到网元 A 的业务并发到 S1 环和 P1 环上，其中 P1 环上的 C 到 A 业务经网元 D 穿通传到网元 A，S1 环上的 C 到 A 业务，由于 B—C 间光纤断所以无法传到网元 A，网元 A 默认是选收主环 S1 上的业务，此时由于 S1 环上的 C→A 的业务传不过来，A 网元线路 w 侧产生 R-LOS 告警，所以往下插全"1"—AIS，这时网元 A 的支路板就会收到 S1 环上 TU-AIS 告警信号。网元 A 的支路板收到 S1 光纤上的 TU-AIS 告警后，立即切换到选收备环 P1 光纤上的 C 到 A 的业务，于是 C→A 的业务得以恢复，完成环上业务的通道保护，此时网元 A 的支路板处于通道保护倒换状态——切换到选收备环方式。

二纤单向通道保护保护环由于上环业务是并发选收，所以通道业务的保护实际上是 1＋1 保护。其优点是：倒换速度快，业务流向简捷明了，便于配置维护。缺点是网络的业务容量不大。

二纤单向保护环的业务容量恒定是 STM-N，与环上的节点数和网元间业务分布无关，多用于环上存在业务集中站（即业务主站）的情形。

（2）二纤双向通道保护环。

二纤双向通道保护环上可分为 1＋1 和 1：1 两种方式，其中 1＋1 方式与二纤单向通道保护环基本相同，都是采用并发优收，只是返回信号沿相反方向（双向）而已。

1：1 方式的二纤双向通道保护环的结构与图 5.28（a）所示结构相似，只是插入额外信息在备用光纤中传输。正常工作情况下，可利用保护通道传输些额外的保护级别较低的业务，从而提高系统利用率。在出现故障时，则启动倒换开关从主用通道转向保护通道。

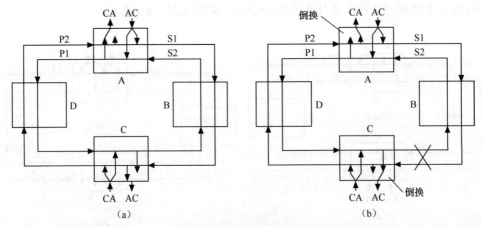

图 5.28　二纤双向通道保护环

这种结构的保护环具有如下特点：需要采用 APS 协议，可传输额外业务量，可选择较短路由，易于查找故障。尤其重要的是可由 1：1 方式进一步演变成 $M：N$ 方式，这样可由用户决定只对哪些业务实施保护，无需保护的通道仍可传输额外业务量，从而大大提高了可用业务容量。缺点是需由网管系统进行管理，而且保护恢复时间要比 1＋1 保护方式长。

（3）二纤单向复用段保护环。

从图 5.29（a）可看出，每两个具有支路信号分插功能的节点间高速传输线路都具有一备用线路可供保护倒换使用，称为二纤单向复用段保护环。在正常情况下，信号仅在主用光纤 S1 中传输，而备用光纤 P1 空闲，传送的业务不是 1＋1 的业务而是 1：1 的业务——主环 S1 上传主用业务，备环 P1 上传备用业务；因此复用段保护环上业务的保护方式为 1：1 保护，有别于通道保护环。

其倒换工作原理如下。

① 正常工作情况（如图 5.29（a）所示）。

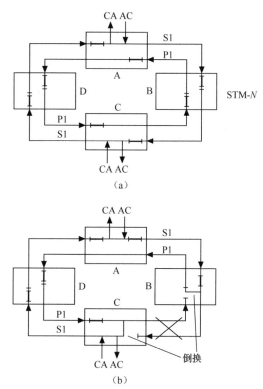

（a）

（b）

图 5.29　二纤单向复用段保护环

网元 A 向主纤 S1 上发送到网元 C 的主用业务，向备纤 P1 上发送到网元 C 的备用业务，网元 C 从主纤上选收主纤 S1 上来的网元 A 发来的主用业务，从备纤 P1 上收网元 A 发来的备用业务（额外业务）。网元 C 到网元 A 业务的互通与此类似。

② 当 B、C 节点间的光缆出现断线故障时（如图 5.29（b）所示）。

在 C、B 光缆段间的光纤都被切断时，在故障端点的两网元 C、B 产生一个环回功能。网元 A 到网元 C 的主用业务先由网元 A 发到 S1 光纤上，到故障端点站 B 处环回到 P1 光纤上，这时 P1 光纤上的额外业务被清掉，改传网元 A 到网元 C 的主用业务，经 A、D 网元穿通，由 P1 光纤传到网元 C，由于网元 C 只从主纤 S1 上提取主用业务，所以这时 P1 光纤上的网元 A 到网元 C 的主用业务在 C 点处（故障端点站）环回到 S1 光纤上，网元 C 从 S1 光纤上下载网元 A 到网元 C 的主用业务。网元 C 到网元 A 的主用业务因为 C→D→A 的主用业务路由中断，所以 C 到 A 的主用业务的传输与正常时无异,只不过备用业务此时被清除。

通过这种方式,故障段的业务被恢复,完成业务自愈功能。

二纤单向复用段环的最大业务容量的推算方法与二纤单向通道环类似,只不过是环上的业务是 1:1 保护的,在正常时备环 P1 上可传额外业务,因此二纤单向复用段保护环的最大业务容量在正常时为 $2 \times$ STM-N(包括了额外业务),发生保护倒换时为 $1 \times$ STM-N。

二纤单向复用段保护环由于业务容量与二纤单向通道保护环相差不大,倒换速率比二纤单向通道环慢,所以优势不明显,在组网时应用不多。

(4)四纤双向复用段保护环。

四纤双向复用段保护环是以两根光纤 S1 和 S2 共同作为主用光纤,而 P1 和 P2 两根光纤为备用光纤,S1、P1、S2、P2 光纤的业务流向,S1 与 S2 光纤业务流向相反(一致路由,双向环),S1、P1 和 S2、P2 两对光纤上业务流向也相反,从图 5.30(a)所示可看出 S1 和 P2、S2 和 P1 光纤上业务流向相同。正常情况下,信息通过主用光纤传输,备用光纤空闲。

① 正常工作情况(如图 5.30(a)所示)。

网元 A 到网元 C 的主用业务从 S1 光纤经网元 B 到网元 C,网元 C 到网元 A 的业务经 S2 光纤经网元 B 到网元 A(双向业务)。网元 A 与网元 C 的额外业务分别通过 P1 和 P2 光纤传送。网元 A 和网元 C 通过收主纤上的业务互通两网元之间的主用业务,通过收备纤上的业务互通两网之间的备用业务。

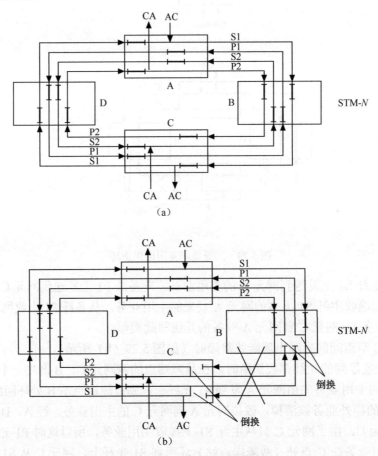

图 5.30 四纤双向复用段保护环

② 当 B、C 节点之间四根光纤同时出现断纤故障时（如图 5.30（b）所示）。

当 B、C 节点间四根光纤同时出现断纤后，在故障两端的网元 B、C 的光纤 S1 和 P1、S2 和 P2 有一个环回功能（故障端点的网元环回）。这时，网元 A 到网元 C 的主用业务沿 S1 光纤传到网元 B 处，在此网元 B 执行环回功能，将 S1 光纤上的网元 A 到网元 C 的主用业务环回到 P1 光纤上传输，P1 光纤上的额外业务被中断，经网元 A、网元 D 穿通（其他网元执行穿通功能）传到网元 C，在网元 C 处 P1 光纤上的业务环回到 S1 光纤上（故障端点的网元执行环回功能），网元 C 通过收主纤 S1 上的业务，接收到网元 A 到网元 C 的主用业务。

网元 C 到网元 A 的业务先由网元 C 将其主用业务环回到 P2 光纤上，P2 光纤上的额外业务被中断，然后沿 P2 光纤经过网元 D、网元 A 的穿通传到网元 B，在网元 B 处执行环回功能将 P2 光纤上的网元 C 到网元 A 的主用业务环回到 S2 光纤上，再由 S2 光纤传回到网元 A，由网元 A 下载主纤 S2 上的业务。通过这种环回、穿通方式完成了业务的复用段保护，使网络自愈。

前面讲的 3 种自愈方式，网上业务的容量与网元节点数无关，而四纤双向复用段保护环这种自愈方式的环上业务量随着网元节点数的增加而增加。

四纤双向复用段保护环的业务容量有两种极端方式。一种是环上有一业务集中站，各网元与此站通业务，并无网元间的业务。这时环上的业务量最小为 $2 \times$ STM-N（主用业务）和 $4 \times$ STM-N（包括额外业务）。另一种情况其环网上只存在相邻网元的业务，不存在跨网元业务。这时每个光缆段均为相邻互通业务的网元专用，例如 A—D 光缆只传输 A 与 D 之间的双向业务，D—C 光缆段只传输 D 与 C 之间的双向业务等。相邻网元间的业务不占用其他光缆段的时隙资源，这样各个光缆段都最大传送 STM-N（主用）或 $2 \times$ STM-N（包括备用）的业务（时隙可重复利用），而环上的光缆段的个数等于环上网元的节点数，所以这时网络的业务容量达到最大：$N \times$ STM-N 或 $2N \times$ STM-N。

尽管复用段环的保护倒换速度要慢于通道环，且倒换时要通过 K1、K2 字节的 APS 协议控制，使设备倒换时涉及的单板较多，容易出现故障，但由于双向复用段环最大的优点是网上业务容量大，业务分布越分散，网元节点数越多，它的容量也越大，信道利用率要大大高于通道环，所以双向复用段环得以普遍应用。

（5）二纤双向复用段保护环。

为解决四纤双向复用段环成本较高的问题，出现了一个新的保护方式：二纤双向复用段保护环。二纤双向复用段保护环与四纤双向复用段环的保护机理相类似，只不过采用双纤方式，网元节点只用单 ADM 即可，得到了广泛的应用。由图 5.31（a）可见，S1 和 P2、S2 和 P1 的传输方向相同，由此人们设想采用时隙技术将前一半时隙用于传送主用光纤 S1 的信息，后一半时隙用于传送备用光纤 P2 的信息，这样可将 S1 和 P2 的信号置于一根光纤（即 S1/P2 光纤），同样 S2 和 P1 的信号也可同时置于另一根光纤（即 S2/P1 光纤）上，这样四纤环就简化为二纤环。具体结构如图 5.31 所示。

① 正常工作情况（如图 5.31（a）所示）。

网元 A 到网元 C 的主用业务由 S1/P2 光纤的前半时隙所携带，经 B 节点到 C 节点，完成由 A 到 C 节点的信息传递，而网元 C 到网元 A 的主用业务，则是由 S2/P1 光纤的前半时隙来携带，经节点 B 到达节点 A，从而完成节点 C 到节点 A 的信息传递。

② 当 B 节点、节点 C 间出现断纤故障时（如图 5.31（b）所示）。

当 B、C 节点间出现断纤故障时，由于与光纤断线故障点相连的节点 B、节点 C 都具有环回功能，这样，网元 A 到网元 C 的业务首先由 S1/P2 光纤的前半时隙携带，到达节点 B，利用其环回功能电路，将 S1/P2 光纤前半时隙所携带的信息装入 S2/P1 光纤的后半时隙并经节点 A、节点 D 传输到达节点 C，在节点 C 利用其环回功能电路，又将 S2/P1 光纤中后半时隙所携带的信息置于 S1/P2 光纤的前半时隙之中，从而实现节点 A 到节点 C 的信息传递；而网元 C 到网元 A 的业务则首先被送到 S2/P1 光纤的前半时隙之中；经节点 C 的环回功能转入 S1/P2 光纤的后半时隙，沿线经节点 D、节点 A 到达节点 B，又同时由节点 B 的环回功能处理，将 S1/P2 光纤后半时隙中携带的信息转入 S2/P1 光纤的前半时隙传输，最后到达节点 A，以此完成由节点 C 到节点 A 的信息传递。

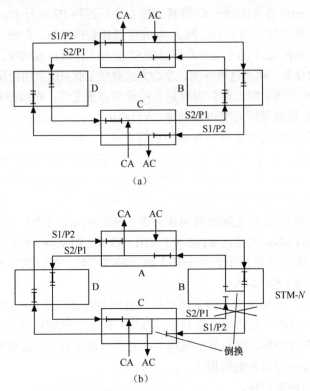

图 5.31　二纤双向复用段保护环

二纤双向复用段保护环的业务容量为四纤双向复用段保护环的 1/2，即 $M/2$（STM-N）或 $M \times$ STM-N（包括额外业务），其中 M 是节点数。

二纤双向复用段保护环在组网中使用得较多，适用于业务分散的网络。

对于保护功能的实现，对环形网来说，ADM 必须在所发出 K1 和 K2 字节中，明确指示该字节是由环上的哪一个 ADM 来接收。这样 K1、K2 字节便会透明地通过其他 ADM。另外，由于在自愈环中实施的是 1：1 保护方式，因此在 K1 和 K2 字节中无需标出哪个工作信道将被倒换到保护信道上去。

4. DXC 保护

DXC 保护主要适用于网状结构组网，是指利用 DXC 设备进行保护的方式。网状网中一个节点有很多大容量的光纤支路，路由很多。若是在节点处采用 DXC 设备，则一旦某处光缆出现中断时，利用 DXC 的交叉连接特性，可以根据路由表计算出替代路由，并且恢复通信。DXC 保护方式如图 5.32 所示。

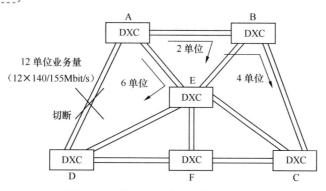

图 5.32　采用 DXC 为节点的保护结构

　　DXC 保护方式可节省备用容量的配置，提高资源利用率，其特点是网络越复杂，可供选择的代替路由越多，DXC 恢复效率也越高。

　　5.　混合保护

　　混合保护是利用环形网保护和 DXC 保护相结合，取长补短，大大增加网络的生存能力。混合保护结构如图 5.33 所示。

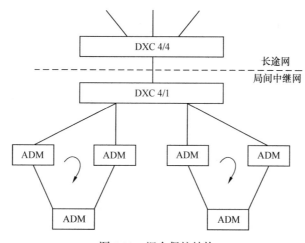

图 5.33　混合保护结构

　　6.　各种自愈网的比较

　　线路保护倒换方式配备容易，网络管理简单，恢复时间很短（50ms 以内），但成本较高，主要适用于两点间有稳定的大业务量的点到点应用场合。

　　环形网结构具有很高的生存性，网络恢复时间很短（50ms 以内），具有良好的业务量疏导能力，在简单网络拓扑条件下，环形网的网络成本要比 DXC 低很多，环形网主要适用于用户接入网和局间中继网。其主要缺点是网络规划较困难，开始时很难准确预计将来的发展，因此在开始时需要规划较大的容量。

　　DXC 保护同样具有很高的生存性，并且使用灵活，但在同样的网络生存性条件下所需附加的空闲容量远小于网孔形网络。DXC 保护最适于高度互连的网状拓扑，在长途网中应用较多。DXC 保护的主要缺点是网络恢复时间较长，对实时性很强的业务可能造成一些数据丢失。

　　混合保护网的生存能力很强，也具有较强的灵活性，而且可以减少对 DXC 的容量要求。

任务二　传输机房 SDH 设备日常维护

【任务分析】

传输设备是精密电子设备，只有在具备适当的温度、湿度条件，以及良好的防尘、防静电、防水能力的环境下，才能长期稳定地工作。这就要求在放置传输设备的通信机房里，不但应装备保持机房温度和湿度的设备，如空调、加湿器等，还应具有合理的防尘、防水和防静电设施及可靠的接地设施。

本任务就是通过对传输机房设备的介绍，了解传输机房的注意事项和相关维护资料的填写。

【任务目标】

- Opti×2500+设备介绍;
- Opti×155/622H 设备介绍;
- 日常维护事项。

一、传输机房设备介绍（以华为设备为例）

（一）Opti×2500+设备介绍

Opti×2500+设备是华为技术有限公司根据城域传输网的现状和未来发展趋势而推出的多业务传送平台（MSTP）设备。该设备将 SDH/ATM/以太网技术融为一体，从而不但具有 SDH 设备灵活的组网和业务调度能力（MADM），而且通过对数据业务的二层处理，实现对 ATM/以太网业务的接入、处理、传送和调度，在单台 MSTP 设备上实现语音、数据等多种业务的传输和处理。

Opti×2500+设备由机柜、子架、风机盒及若干可选插入式电路板等构成，可灵活配置。Opti×2500+网元可配置为多分插复用器（MADM）、分插复用器（ADM）、终端复用器（TM）和再生中继器（REG）。

Opti×2500+设备实物如图 5.34 所示。

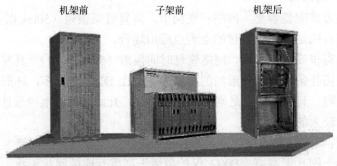

机架前　　　　　子架前　　　　　机架后

图 5.34　Opti×2500+设备实物图

Opti×2500+设备机柜结构如图 5.35 所示。

Opti×2500+ 提供
三种安装机柜：
2000×600×600
2200×600×600
2600×600×600

图 5.35 Opti×2500+设备机柜结构图

Opti×2500+子架尺寸为 649mm（高）×530mm（宽）×262.5mm（深），分为三个部分。上部为接口区，与子架有关的电接口都从此区接入；中部为插板区；下部为走线区。Opti×2500+子架结构如图 5.36 所示。

Opti×2500+设备整个板位分布包括 1 个系统控制与通信及开销处理板位（SCC）、2 个交叉连接与同步定时板位（XCS）、12 个 IU（接口单元）处理板位和 8 个 LTU 接口板位，此外，还包括 1 个设备保护板位（IUP）、1 个保护倒换驱动板位（LPDR）、1 个保护倒换控制板位（EIPC）、1 个电源备份板位（PBU）和 1 个风扇盒（FAN）。此外，两块 TPS 保护用 E1 连接线连接板（FB1/FB2），可插在 LTU1/FB2 板位或 FB1/LPDR 板位。

对于 Opti×2500+设备来说，单板的出线方式有两种：一种是直接由 IU 板位处理板的拉手条上引出，如大部分 SDH 处理板；另一种是借助于 LTU 板位引出，如 PDH 处理板、部分以太网处理板、ATM 处理板，如图 5.37 所示。

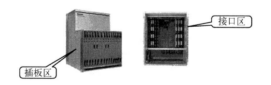

说明：Opti×2500+ 子架接口区在子架背面，通过转接板引出 2M 电缆。

插板区

I U 1	I U 2	I U 3	I U 4	I U 5	I U 6	X C S	X C S	I U 7	I U 8	I U 9	I U 10	I U 11	I U 12	S C C	I U P

光纤／电缆走线盒

风扇

图 5.36 Opti×2500+子架结构图

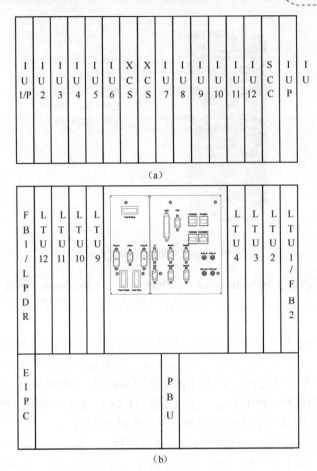

图 5.37　Opti×2500+设备功能结构

常用 IU 单板及功能介绍参见表 5.5。

表 5.5　常用 IU 单板及功能表

单 板 名 称	功 能 说 明	处 理 能 力
S16	STM－16 光接口板	16×STM－1
SD4	2 路 STM－4 光接口板	8×STM－1
SL4	STM－4 光接口板	4×STM－1
SL1	STM－1 光接口板	1×STM－1
SD1	2 路 STM－1 光接口板	2×STM－1
SQ1	4 路 STM－1 光接口板	4×STM－1
SDE	2 路 STM－1 电接口板	2×STM－1
SQE	4 路 STM－1 电接口板	4×STM－1
SPQ4	4 路 E4/STM－1 电接口板	4×STM－1
PL3	3 路 E3/T3 电接口板	1×STM－1
PQ3	12 路 E3/T3 电接口板	4×STM－1
PD1	32 路 E1 电接口板	32×E1
PQ1	63 路 E1 电接口板	63×E1
PM1	32 路 T1/E1 电接口板	32×E1/T1

续表

单 板 名 称	功 能 说 明	处 理 能 力
PQM	63 路 T1/E1 电接口板	63×E1/T1
DX1	DDN 处理板	48×E1
AL1	单路 155M ATM 处理板	1×STM−1
ET1	以太网透传处理板	48×E1
ER4	以太环网板	传输侧：2×STM−4 本地侧：线速交换
EGT	千兆以太网透传处理板	8×STM−1
BA2/BPA	光功率放大/光功放前放一体板	

Opti×2500+设备的各个单板所分属的功能单元，以及各个功能单元的特点参见表 5.6。

表 5.6 Opti×2500+设备的各个单板分属表

系 统 单 元		所 包 括 的 单 板		单 元 功 能
接口单元	SDH 接口单元	SDH 处理板	S16、SL4、SD4、SL1、SD1、SQ1、SDE、SQE、SPQ4	接入并处理 STM−1/STM−4/STM−16 速率及 VC−4−4c 级联的光/电信号
		75Ω 线路保护驱动板	LPDR	接入并处理 STM−1 速率的 SDH 电信号
		75Ω 线路保护倒换板	LPSW	
	PDH 接口单元	PDH 处理板	PD1、PQ1、PM1、PQM、PL3、PQ3	接入并处理 E1、T1、E3、T3、E4 速率的 PDH 电信号
		PDH 接口板	E75S、E12S、C34B、Q34S、Q34B、LPSW	
		电接口倒换控制板	EIPC	支持支路板保护功能时，将信号引到保护总线上
		母板 E1 接口线连接板	FB1、FB2	接入并处理 Frame E1、64K、SHDSL 的 DDN 信号，并进行 64K 级别业务的交叉调度
	DDN 接口单元	DDN 处理板	DX1	
		DDN 接口板	DM12	
	ATM 接口单元	ATM 处理板	AL1	接入并处理 STM−1 速率的 ATM 光/电信号
		ATM 接口板	AOQ1、AOO1	
	以太网接口单元	千兆以太网 VC4 处理板	EGT	接入并处理 1000BASE−SX/LX 千兆以太网光信号
		百兆以太网 VC−12 处理板	ET1	接入并处理 10/100BASE−T 以太网电信号或 100 BASE−FX 以太网光信号
		百兆以太网接口板	EMT8、EMF8、EMF4	
		以太环网处理板	ER4	接入并处理 10 /100BASE−T/100BASE−X 以太网信号，实现以太环网功能。
		以太环网接口板	ERG2、ERM9	
	音频和异步数据接口单元	TDA		提供 12 路音频和 4 路异步 RS−232、4 路异步 RS−422 信号的接入

续表

系 统 单 元	所包括的单板	单 元 功 能
光放大单元	BA2、BPA、COA	BA2 和 BPA 为单板式，COA 为外置式
SDH 交叉矩阵单元	XCS、XCL	完成 SDH、PDH 信号之间的交叉连接；为设备提供系统时钟
同步定时单元		
系统控制与通信单元	SCC、SCE	提供系统与网管的接口；对 SDH 信号的开销进行处理
开销处理单元		
电源备份单元	PBU	
倒换控制单元	EIPC	完成电接口保护的软、硬件控制功能
辅助接口单元	SFU、PIU	系统提供各种维护接口和电源接口，如 RS－232、公务电话等

Opti×2500+系统以 SDH 交叉连接单元和定时单元为核心，由接口单元、交叉连接单元、定时单元、主控单元、辅助接口单元（开销处理单元）等组成。Opti×2500+系统结构如图 5.38 所示。

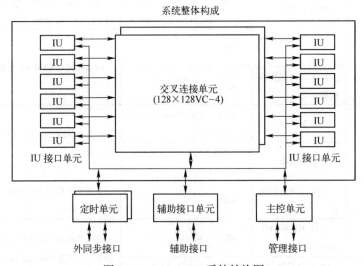

图 5.38　Opti×2500+系统结构图

系统的接口单元包括 SDH 接口（STM－16/STM－4/STM－1）单元、PDH 接口单元（E1/T1/E3/T3）、DDN 接口单元（64K/E1）、ATM 接口单元（STM－1）、以太网接口单元（10/100BASE－T/100BASE－FX/1000BASE－SX/LX）等。

系统控制与通信及开销处理单元（SCC）提供系统内部控制通信接口和 SDH 开销字节的处理与网管的接口；SDH 交叉矩阵及同步定时单元由两个单元组成，SDH 交叉矩阵单元具有 128×128 VC－4（2016×2016 VC－12）的交叉容量，同步定时单元跟踪外部时钟源或线路时钟源，为系统提供时钟源；辅助接口单元提供系统对外的各种维护接口，如以太网口、RS－232 口、公务电话等。

Opti×2500+网元可配置为多分插复用器（MADM）、分插复用器（ADM）、终端复用器（TM）和再生中继器（REG）。

ADM 网元结构在某种程度上相似于背靠背的 TM 组合。

Opti×2500+也可工作在多系统方式，各系统间可实现业务的交叉连接。工作在该方式时的网元，通过将相应的线路接口单元、支路接口单元分配到不同的子系统中，从而使整个设备工作在多系统方式。

（二）Opti×155/622H 设备介绍

Opti×155/622H 是华为技术有限公司根据城域网现状和未来发展趋势，开发的新一代光传输设备，它融 SDH（Synchronous Digital Hierarchy）、Ethernet、PDH（Plesiochronous Digital Hierarchy）等技术为一体，实现了在同一个平台上高效地传送语音和数据业务。

Opti×155/622H 设备的外形如图 5.39 所示。

Opti×155/622H 应用于城域传输网中的接入层，可与 OSN 9500、Opti×10G、Opti×OSN 2500、Opti×OSN 1500、Opti×Metro 3000 混合组网。如图 5.40 所示为 Opti×155/622H 在传输网络中的应用。

图 5.39　Opti×155/622H 设备的外形图

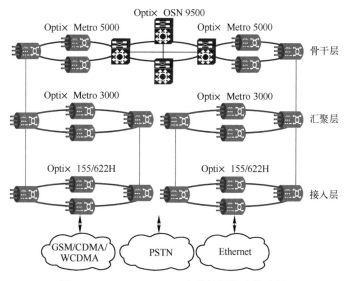

图 5.40　Opti×155/622H 在传输网络中的应用

1. Opti×155/622H 的功能介绍

（1）强大的接入容量。

（2）高集成度设计。

（3）以太网业务接入。

（4）业务接口和管理接口。

（5）交叉能力。

（6）业务接入能力。

（7）设备级保护。

（8）组网形式和网络保护。

2. 强大的接入容量。

Opti×155/622H 线路速率可以灵活配置为 STM－1 或 STM－4。

3. E1 的接入容量

Opti×155/622H 最多提供 112 路 E1 电接口，IU1、IU2 和 IU3 都配置为 SP2D（16 路 E1），IU4 配置为 PD2T（48 路 E1），SCB 板的电接口单元配置为 SP2D，如图 5.41 所示。

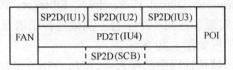

图 5.41 E1 的接入容量

4. STM－1 的接入容量

Opti×155/622H 最多提供 8 路 STM－1 光接口，IU1、IU2 和 IU3 都配置双光口板 OI2D，SCB 板的光接口单元也配置为 OI2D，如图 5.42 所示。

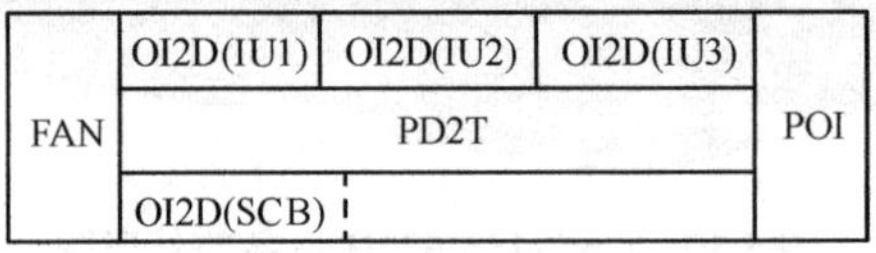

图 5.42 STM－1 的接入容量

5. STM－4 的接入容量

Opti×155/622H 最多提供 5 路 STM－4 光接口，IU1、IU2 和 IU3 都配置 OI4，SCB 板的光接口单元配置为 OI4D，如图 5.43 所示。

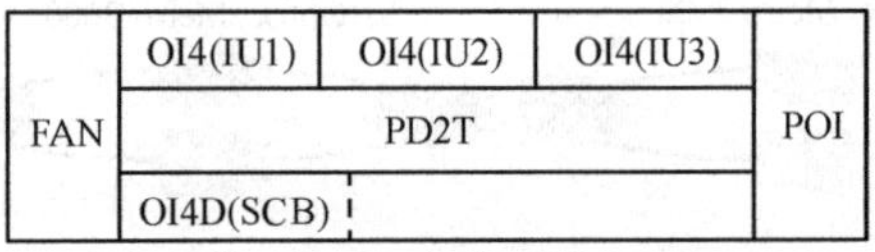

图 5.43 STM－4 的接入容量

6. 业务接口和管理接口

Opti×155/622H 提供多种业务接口和管理接口，具体参见表 5.7。

表 5.7 Opti×155/622H 提供的业务接口和管理接口

接 口 类 型	描 述
SDH 业务接口	STM－1 光接口：I－1、S－1.1、L－1.1、L－1.2
	STM－4 光接口：I－4、S－4.1、L－4.1、L－4.2
PDH 业务接口	E1
以太网业务接口	10Base－T、100Base－TX
时钟接口	2 路 75Ω 和 120Ω 外时钟接口
	时钟信号可选为 2048kb/s 或 2048kHz
告警接口	4 路输入 2 路输出的开关量告警接口
管理接口	4 路透明传输串行数据的辅助数据口
	1 路以太网网管接口
公务接口	1 个公务电话接口

7. 交叉能力

Opti×155/622H 交叉容量是 26×26 VC－4。

8. 组网形式和网络保护

Opti×155/622H 是 MADM（Multi Add/Drop Multiplexer）系统，可提供 10 路 ECC（Embedded Control Channel）的处理能力，支持 STM－1/STM－4 级别的线形网、环形网、枢纽形网络、环带链、相切环和相交环等复杂网络拓扑。

Opti×155/622H 支持单/双向通道保护、二纤复用段环保护、线性复用段保护、共享光路虚拟路径保护和子网连接保护等网络级保护。

二、日常维护事项

（一）传输设备日常维护注意事项

（1）保持机房清洁干净，防尘防潮，防止鼠虫进入。

（2）每天参照《日常维护操作指导》中内容对设备进行例行检查和测试，并记录检查结果。

（3）每两周擦洗一次风扇防尘网，如果发现设备表面温度过高，应检查防尘网是否堵塞，且风扇必须打开。

（4）维修设备时按设备相应规范说明书进行，避免因人为因素而造成事故。

（5）对设备硬件进行操作时应带防静电手腕或防静电。

（6）调整光纤和电缆一定要慎重，调整前一定要作标记，以防恢复时线序混乱，造成误接。

（7）维护人员在需要调整、清洁光纤时，要与传输网管联系，请勿擅自将尾纤拔出，更不要擅自环回尾纤。

（8）遇有不明原因告警，应及时通知传输网管。

（二）维护工作者应具备的基本能力

（1）熟练运用环回自测功能。

（2）知道告警灯及运行灯的含义。

（3）能识别声光报警。

（4）熟练运用网管监控告警。

（5）掌握网络保护。

（6）熟练运用网管监控误码及指针。

（7）提供公务电话。

（三）本地网数字传输系统维护测试表

（1）传输值班日志，参见表 5.8。

表 5.8　传输值班日志

传输维护中心　　　　　　　　　　　　　年　　月　　日　星期

交班人签名							
接班人签名							
	发现者	发现时间	障碍地点、原因	处理结果	影响范围	历时	处理者
障碍处理记录栏							
交接班内容	此日志填写情况：						
	图纸资料、仪表、工具齐全就位：						
	各种原始记录的填写：						
	监测中心有无告警：						
	值班室环境安全：						
值班出勤情况	病假（小时）	事假（小时）	开会（小时）	附注：			

（2）本地网光纤数字通信系统不中断业务性能监测（日测）记录，参见表 5.9。

表 5.9　本地网光纤数字通信系统不中断业务性能监测（日测）记录

局向＿＿＿＿＿＿＿＿＿＿　排列＿＿＿＿＿＿＿＿＿＿

局向＿＿＿＿＿＿＿＿＿＿　系统＿＿＿＿＿＿＿＿＿＿

传输维护中心

日期	时间	监测人	机房		误码性能			告警记录							无人值守机房环境告警	值班人
			温度	湿度	ES	SEB	BER	10-3	10-8	信号丢失	线路码丢失	收AIS	LD偏流	LD功率	辅助告警		
1																	
2																	
3																	
4																	
5																	
6																	

续表

日期	时间	监测人	机房 温度	机房 湿度	误码性能 ES	误码性能 SEB	误码性能 BER	告警记录 10-3	告警记录 10-8	告警记录 信号丢失	告警记录 线路码丢失	告警记录 收AIS	告警记录 LD偏流	告警记录 LD功率	告警记录 辅助告警	无人值守机房环境告警	值班人
7																	
8																	
9																	
10																	
11																	
12																	
13																	
14																	
15																	
30																	
31																	
分析意见																审核	

（3）本地网光纤数字通信系统不中断业务性能监测（月测）记录，参见表 5.10。

表 5.10　本地网光纤数字通信系统不中断业务性能监测（月测）记录

局名＿＿＿＿＿＿＿＿＿＿＿

局向＿＿＿＿＿＿＿＿＿＿＿

传输维护中心

月　份			1	2	3	4	5	6	7	8	9	10	11	12
日　期														
时　间														
光端机 光中继 器	排　列	LD 偏流或调制电流												
		AGC 电压或接收光功率												
	排　列	LD 偏流或调制电流												
		AGC 电压或接收光功率												
	排　列	LD 偏流或调制电流												
		AGC 电压或接收光功率												
	排　列	LD 偏流或调制电流												
测试人														
值班长														
分析意见：										审核：				

（4）N 次群数字复用设备测试记录，参见表 5.11。

表 5.11 _____ 次群数字复用设备测试记录

排_____ 列_____

局向_____ 系统_____

传输维护中心

一、电源电压测试												
月 份 实测值/V 标称值/V	1	2	3	4	5	6	7	8	9	10	11	12

二、时钟频率测试							
标称值		允许偏差		实测值		测试仪表	

三、接口波形测试					
接口	支路 1	支路 2	支路 3	支路 4	Mb/s 输出	测试仪表
幅度/V						
半幅度 脉宽/ns						

四、告警功能测试	备注：
告警功能：	
分析意见：	审核：

注：此表适用于二、三、四、五次群复用设备。

（5）2/34 兆群复用设备测试记录，参见表 5.12。

表 5.12 2/34 兆群复用设备测试记录

排_____ 列_____

局向_____ 系统_____

传输维护中心

一、电源电压测试												
月 份 实测值/V 标称值/V	1	2	3	4	5	6	7	8	9	10	11	12

续表

二、时钟频率测试						
标称值	34 368kHz	允许偏差	±20×10⁻⁶	实测值		测试仪表

三、接口波形测试

接口	幅度/V	半幅度脉宽/ns	接口	幅度/V	半幅度脉宽/ns	接口	幅度/V	半幅度脉宽/ns	接口	幅度/V	半幅度脉宽/ns
支路1.1			支路2.1			支路1.1			支路4.1		
支路1.2			支路2.2			支路1.2			支路4.2		
支路1.3			支路2.3			支路1.3			支路4.3		
支路1.4			支路2.4			支路1.4			支路4.4		
34Mz/s输出			备注:			测试仪表:					

四、告警功能测试

告警功能:		日期:	时间:	天气:	测试人:
分析意见:		审核:			

（6）基群数字复用设备测试记录，参见表5.13。

表5.13 基群数字复用设备测试记录

排_____ 列_____

局向_____ 系统_____

传输维护中心

一、电源电压测试

月 份 实测值/V 标称值/V								0	1	2

二、时钟频率测试						
标称值	2048kHz	允许偏差	±50×10⁻⁶	实测值		测试仪表

三、接口波形测试

幅度		半幅度脉宽		测试仪表	

四、告警功能测试

告警功能:		日期:	时间:	天气:	测试人:
分析意见:		审核:			

（7）传输设备机历卡片，参见表5.14。

表 5.14 传输设备机历卡片

_____局序号：

传输维护中心

设备名称		安装时间		制造厂家	
装设位置		局　向		备　注	

电路板名称	电路板编号	安装位置	电路板名称	电路板编号	安装位置	电路板名称	电路板编号	安装位置
1			10			19		
2			11			20		
3			12			21		
4			13			22		
5			14			23		
6			15			24		
7			16			25		
8			17			26		
9			18			27		

设　备　测　试　参　数				
测试项目	测试日期	测试结果	测试人员	备注

设　备　修　理　情　况					
日期	发现来源	告警现象	障碍原因及修理情况	新板编号	修理者	备注

（8）传输网严重障碍记录表，参见表 5.15。

表 5.15　传输网严重障碍记录表

填报单位：传输维护中心　　　　　　　　　　　　　　　　　　　年　　月　　日

类　别	原因分类	发现来源	发现者	发现时间	时　　分	阻断系统数	责任者
				修复时间	时　　分		
				总　历　时	分		

设备名称及制造厂家：	到达时间：	监测中心打印记录
障碍发生局所：	发生原因：	障碍信息内容：
障碍影响局向：		告警位置：
		告警名称：
障碍设备位置：		障碍信息出现时间：
告警名称及位置：		障碍信息解除时间：
		主管意见：
处理情况：如换板应写明板的名称及编号 处理者：		

注：（1）总历时为障碍发生到处理结束的历时总和。

（2）在处理完传输故障后要及时填写此表，并按表格要求逐项填写。

（3）此表格填写完后两日内上报。

（9）传输设备障碍月统计表，参见表 5.16。

表 5.16　传输设备障碍月统计表

_____局　　　　　　　年　　　　月

填报人_____　填报时间_____

填报单位：传输维护中心

设　备　名　称	型号/厂家	故　障　总　数	历时（分钟）	阻断系统数
全网实用 2Mb/s 系统数：			平均故障历时：　　　分钟	

注：（1）本报表要求上报每月数字传输网各种设备的障碍情况。

（2）要求在每月的 2 日前将此表上报。

任务三　设备运行情况检查和例行维护

【任务分析】

通信设备维护的目标是在不同的运行环境中，确保系统可靠地运行，及时发现问题并妥善解决问题，防范通信事故的发生。日常维护是实现维护目标最有效、最根本的手段之一。

本任务就是通过对设备运行情况检查和例行维护的介绍和学习而提高维护水平。

【任务目标】

- 传输设备运行最基本的环境要求；
- 传输设备例行维护；
- 日常维护基本操作与注意事项；
- 维护操作注意事项；
- SDH 日常维护操作资料。

一、设备例行维护

（一）传输设备运行最基本的环境要求

1. 工作电源

保证 Opti×传输设备工作的直流电压是-48V±20%，即允许的电压范围是-38.4～-57.6V。

直流配电系统应具有断电保护措施，通常应配置蓄电池。为了防止长时间停电，还应配置柴油发电机作为交流电的备用电源。

2. 确保设备良好接地

良好的接地是设备稳定运行的基础。一般通信设备综合接地地阻应不大于 1Ω。

3. 温度和湿度的要求

在长期工作条件下，温度允许范围为 0～45℃，相对湿度范围是 10%～90%。

按照以上的温度和湿度指标，要求在通信机房内安装空调，并打开 Opti×设备本身所配备的风扇。最好保持机房温度为 20℃左右，湿度为 60%左右。

4. 保证设备通风畅通

设备正常工作时，要求保持风扇正常运转，擅自关闭风扇会引起设备温度升高，并可能损坏电路板；不要在设备子架通风口处放置杂物，还应定期清理风扇的防尘网，若有较多的 2M 电缆上/下设备时，可将 2M 电缆分别走设备机柜的两侧，同时应尽量将接在接口板上的 2M 电缆抬起，使之尽可能少阻碍子架上方的通风隔板，以免影响设备的通风。

（二）传输设备例行维护

1. 例行维护的分类

按照维护周期的长短，将维护分为以下几类。

（1）突发性维护。

突发性维护是指因为设备故障、网络调整等带来的维护任务。例如，用户申告故障、设备损坏、线路故障时需进行的维护。同时，在日常例行维护中发现并记录的问题也是突发性维护业务来源之一。

（2）日常例行维护。

日常例行维护是指每天必须进行的维护项目。它可以帮助维护人员随时了解设备运行情况，以便及时解决问题。在日常维护指导中发现问题时必须详细记录相关故障发生的具体物理位置、详细故障现象和过程，以便及时维护和排除隐患。

（3）周期性例行维护。

周期性例行维护是指定期进行的维护，通过周期性维护，维护人员可以了解设备的长期工作情况。周期性例行维护分为季度维护和年度维护。

2．例行维护的基本原则

例行维护的基本原则：在例行维护工作中及时发现、解决问题，防患于未然。

作为一名好的维护人员，不仅是在问题出现时能迅速地定位、解决问题；而更重要的是在故障产生前，能够通过例行的维护工作及时发现故障隐患、消除故障隐患，使设备长期稳定地运行。对设备良好、有效的维护，不仅能够减少设备故障发生的故障率，并且可以延长设备的使用寿命。

如果维护人员能在故障发生之前，在例行维护之中，及时检测到故障的先兆，将故障解决在萌芽期，这样不但可以避免故障发生后，由于抢修的慌乱、业务中断所造成的经济损失，而且还可以避免故障严重化对整个设备所造成的损伤，从而降低板件更换等维护费用，延长设备的使用寿命。而这一切，不但要求维护人员有深厚的功底，丰富的维护经验，还要有明察秋毫的高度敏感性。

3．例行维护基本内容及周期

传输设备的例行维护项目及周期，参见表5.17。

表 5.17　传输设备的例行维护项目和周期

维护测试项目	维 护 类 别	周　　期
设备声音告警检查	设备维护	每日
机柜指示灯观察	设备维护	每日
电路板指示灯观察	设备维护	每日
设备温度检查	设备维护	每日
以低级别用户身份登录网管	网管维护	每日
网元和电路板状态检查	网管维护	每日
告警检查	网管维护	每日
性能事件监视	网管维护	每日
保护倒换检查	网管维护	每日
查询日志记录	网管维护	每日
ECC路由的检查	网管维护	每日
设备环境变量检查	网管维护	每日
网元时间检查	网管维护	每日
电路板配置信息的查询	网管维护	每日
风扇检查和定期清理	设备维护	2周
公务电话检查	设备维护	2周

维护测试项目	维护类别	周　　期
业务检查－误码测试	设备维护	1个月
启动/关闭网管系统检查	网管维护	1个月
定期更改网管用户的登录口令	网管维护	1个月
网管数据库的备份与转储	网管维护	1个月
网管计算机维护	网管维护	1个月
远程维护功能的测试	网管维护	1个月

二、任务操作

(一) 例行维护基本操作与注意事项

1. 检查机房电源

(1) 目标。

检查设备电源是否正常，电压是否在正常范围之内。

(2) 操作步骤。

查看电源监控系统，无异常告警。 用万用表测量输出电压，直流电源的电压值在-38.4～-57.6V 之间。

(3) 标准。

直流电源的电压值在-38.4～-56V 之间。

2. 检查机房温度、湿度

(1) 目标。

检查机房的温度、湿度是否符合设备运行的环境要求。

(2) 操作步骤。

在 T2000 网管上查询告警，无温度异常告警； 用温度计和湿度计测量机房的温度和湿度，测量值在设备运行允许范围内。

(3) 设备的温度和湿度要求。

建议保持机房温度为 20℃左右，湿度为 60%左右。

(4) 温度和相对湿度。

① 长期运行温度为 0～40℃。

② 短期运行温度为-5～45℃。

③ 长期运行湿度为 10%～90%。

④ 短期运行湿度为 5%～95%。

(5) 说明。

产品温/湿度，是指在地板上方 1.5m 和产品前方 0.4m 处所测量的数值。短期工作条件是指连续工作不超过 72h 和每年累计不超过 15 天。

3. 检查机房清洁度

(1) 目标。

检查机房的清洁度是否符合设备运行的环境要求。

（2）操作步骤。

机房内无真菌、霉菌等微生物，机房内无啮齿类动物（如老鼠等）的存在。

（3）检查机房环境是否达标，无爆炸、导电、导磁性及腐蚀性尘埃。

（4）设备的运行环境应符合标准。

① 机械活灰尘粒子≤$3×10^5$ 粒/m^3。

② 悬浮尘埃≤0.4mg/m^3。

③ 可降尘埃≤15mg/$m^2·h$。

④ 质沙砾≤100mg/m^3。

⑤ 二氧化硫 SO_2≤0.20mg/m^3。

⑥ 硫化氢 H_2S≤0.006mg/m^3。

⑦ 化学活氨气 NH_3≤0.05mg/m^3。

⑧ 氯气 Cl_2≤0.01mg/m^3。

⑨ 盐酸 HCl≤0.10mg/m^3。

⑩ 氢氟酸 HF≤0.01mg/m^3。

⑪ 臭氧 O_3≤0.005mg/m^3。

⑫ 一氧化碳 CO≤5.0mg/m^3。

4. 查看机柜指示灯

（1）目标。

通过查看机柜指示灯的状态，判断设备是否产生告警，产生告警级别。

（2）操作步骤。

通过查看机柜顶部的告警指示灯，观察设备是否有紧急告警和主要告警；若发现有红灯或黄灯亮，说明有紧急告警或主要告警。进一步查看单板指示灯，确定发生告警的单板及告警的类型，以便排除故障并消除告警。在设备正常工作时，柜顶指示灯应该仅绿灯亮。

（3）设备机柜顶部指示灯说明。

红灯紧急告警指示灯说明设备当前有紧急告警，一般同时伴有声音告警；黄灯主要告警指示灯说明设备当前有主要告警；绿灯电源指示灯亮说明设备当前供电电源正常；绿灯电源指示灯灭说明当前设备供电电源中断。

5. 查看单板指示灯

（1）目标。

通过观察单板指示灯的状态，判断单板是否产生告警，以及产生告警的级别。

（2）操作步骤。

查看主控板的指示灯：华为波分的主控板 SCC 有绿灯（运行指示灯）、红灯（告警指示灯）和黄灯（以太网指示灯）3 种；查看其他单板的指示灯；主控板以外的所有单板的拉手条上都有一个红灯（告警指示灯）和一个绿灯（运行指示灯）。

（3）指示灯状态描述。

绿灯常灭设备未上电；绿灯 0.5s 亮 0.5s 灭等待加载程序；绿灯 100ms 亮 100ms 灭正在加载程序；绿灯 1s 亮 1s 灭正常运行；红灯常灭无告警；红灯每隔 1s 闪烁 1 次有次要告警发生；红灯每隔 1s 闪烁 2 次有主要告警发生；红灯每隔 1s 闪烁 3 次有紧急告警发生；主控板连续快速闪烁（扩展子架主控板 SCE 无此状态）有公务电话呼入；红灯常亮单板损坏；黄灯（以太

网指示灯）常灭，网元与网管终端通信中断或不正常；黄灯常亮，网元与网管终端连接正常；黄灯闪烁，网元与网管终端之间有数据传送。

6. 硬件操作

（1）检查风机盒和清洗防尘网。

（2）检查风扇运行是否正常，并及时清理防尘网，保证设备能正常散热。

（3）在网管上查看是否有 Fan_Fail 告警，无此告警说明风机盒工作正常。

（4）检查 6 个小风扇运转是否正常。运行正常时，6 个绿色运行指示灯长亮，红色告警灯熄灭。

（5）拉防尘网的把手，抽出防尘网。在室外用水冲洗防尘网，然后用干抹布擦净，并在通风处吹干。清理工作完成后，沿子架下部的滑入导槽将防尘网调整好位置轻轻地推入，将防尘网插回原位置。

（6）防尘网清洗中，不要关闭风扇电源。

（7）如果环境灰尘较大，适当增加清洗的频率，两周一次或一周一次。

（8）检查公务电话设置是否正确，并检查是否能正常拨打、接听公务电话。

（9）检查设备运行期间，系统是否有误码。

（10）设置误码仪进行误码测试，误码测试可以级联测试。

（11）光谱分析仪：被测信号光功率较大，接入光谱仪之前必须把光谱分析仪的内部衰耗器打开以免损坏光谱仪的光接收模块。

（12）光功率测试。

（二）维护操作注意事项

1. 操作激光器

当对尾纤和光接口板的光连接器进行操作时，最好佩带过滤红外线的防护眼镜，可以避免操作过程中可能出现的不可见红外线对眼睛的伤害。没有佩带防护眼镜时，禁止眼睛正对光接口板的激光发送口和光纤接头。

2. 光接口板的光接口和尾纤接头的处理

对于光接口板上未使用的光接口和尾纤上未使用的光接头一定要使用光帽盖住；对于光接口板上正在使用的光接口，当需要拔下尾纤时，一定要使用光帽盖住光接口和与其连接的尾纤接头。

这样做有以下两点益处：一是，防止激光器发送的不可见红外线照射到人眼；二是，起到防尘的作用，避免沾染灰尘使光接口或者尾纤接头的损耗增加。

3. 光接口板光接口和尾纤接头的清洗

清洁光纤接头和光接口板激光器的光接口，必须使用专用的清洁工具和材料，这些工具、材料可以向光纤/光缆生产厂家购买。对于大功率的激光接口，清洁时必须使用专用清洁工具和材料；对于小功率的激光接口，在不能够取得专门的清洁工具、材料的情况下，可以用纯的无水酒精进行清洁。

4. 光接口板环回操作注意事项

用尾纤对光接口进行硬件环回测试时一定要加衰耗器，以防接收光功率太强导致接收光模块饱和，甚至光功率太强损坏接收光模块。

5. 更换光接口板时的注意事项

在更换光接口板时，要注意在插拔光接口板前，应先拔掉线路板上的光纤，然后再拔线路板，不要带纤拔板和插板。

不要随意调换光接口板，以免造成参数与实际使用不匹配。

6. 防静电注意事项

在设备维护前必须按照本节要求做好防静电措施，避免对设备造成损坏。

在人体移动、衣服摩擦、鞋与地板的摩擦或手拿普通塑料制品等情况下，人体会产生静电电磁场，并较长时间地在人体上保存。在接触设备，手拿插板、电路板、IC芯片等之前，为防止人体静电损坏敏感元器件，必须佩戴防静电手腕，并将防静电手腕的另一端良好接地。

7. 电路板电气安全注意事项

电路板在不使用时要保存在防静电袋内；拿取电路板时要戴好防静电手腕，并保证防静电手腕良好接地。

8. 注意电路板的防潮处理

备用电路板的存放必须注意环境温、湿度的影响。防静电保护袋中一般应放置干燥剂，用于吸收袋内空气的水分，保持袋内的干燥。

当防静电封装的电路板从一个温度较低、较干燥的地方拿到温度较高、较潮湿的地方时，至少需要等30min以后才能拆封；否则会导致潮气凝聚在电路板表面，容易损坏器件。

9. 电源维护注意事项

严禁带电安装、拆除设备。

严禁带电安装、拆除设备电源线。

电源线在接触导体的瞬间，会产生电火花或电弧，可导致火灾或造成人员受伤。

在连接电缆之前，必须确认电缆、电缆标签与实际安装是否相符。

10. 电路板机械安全注意事项

电路板在运输中要避免振动，振动极易对电路板造成损坏。

更换电路板时要小心插拔，更换电路板应严格遵循插拔电路板步骤。

11. 网管系统维护注意事项

网管软件在正常工作时不应退出，尽管退出网管系统不会中断网上的业务，但会使网管在关闭时间内对设备失去监控能力，破坏对设备监控的连续性。

严禁在网管计算机上运行与设备维护无关的软件，特别注意严禁玩计算机游戏；不允许向网管计算机复制未经过病毒扫描过的文件或软件。定期用最新版杀毒软件杀毒，防止计算机病毒感染网管系统，损坏系统。

12. 更改业务配置注意事项

不要在业务高峰期使用网管进行业务调配，因为一旦出错，影响会很大，应该选择在业务量最小时进行业务的调配，如夜间12点以后。

（三）SDH例行维护操作资料

（1）SDH例行维护操作，参见表5.18。

表 5.18　例行维护操作表

维护类别	维护项目	操作指导	参考标准
外部环境检查	机房电源（直流/交流）	查看电源监控系统或测试电源输出电压	电压输出正常，电源无异常告警
	机房清洁度	测试机房清洁度	参见表 5.19
	机房温度	测试温度	温度范围：0～45℃；建议为 15～30℃
	机房湿度	测试相对湿度	相对湿度：10%～90%；建议为 40%～65%
设备运行状态检查	机柜顶端指示灯状态	观察机柜顶端指示灯	正常时应只有绿灯长亮
	电路板指示灯状态	观察各电路板指示灯	常规指示灯：红色告警灯和绿色运行灯，正常时应只有绿灯 1s 亮 1s 灭； 特殊指示灯：BA2 运行灯为绿色，网关站以太网灯（ETN）亮
	设备表面温度	测试设备表面温度	用网管查询设备最高温度不超过 40℃
	设备风扇状态（每月 1 日、15 日左右进行）	观察风扇指示灯，观察风扇转动情况	风扇指示灯只有绿灯亮，风扇通风正常
	公务电话状态（每月 1 日、15 日左右进行）	测试通话情况	选址呼叫和会议电话均可正常通话
网管维护项目	登录网管	以低级别客户登录网管，建议每个维护人员一个账号	能正常登录网管
	网元状态检查	通过网管登录各网元，查看状态	所有网元可登录，网元处于运行状态
	电路板状态检查	通过网管中的板位图观察电路板的在位和开工情况	板位图上的电路板应在位、开工
	告警检查	使用网管的告警查询和浏览功能，查看当前、历史告警	系统中没有不能确认原因的告警
	性能事件的监视	使用网管的性能数据查询功能，查询当前、历史性能数据	性能上报正常； 误码、指针调整性能数据符合国标； 无性能数据越限
	保护倒换检查	检查倒换状态、倒换告警	对于通道保护，未发生保护倒换时，支路板所有通道应无 PS 告警； 对于复用段保护，未发生保护倒换时，环上所有网元的协议控制器状态应为"正常"；同时交叉板和线路板无 PS 告警，SCC 板无 APSINDI 告警
	查询日志记录	使用网管的操作日志查询功能	没有对网管的企图登录； 无不明的数据更改操作
	设备环境变量检查	使用网管检查 PMU 板的温度和电压告警，检查 PMU 板的温度性能数据	无温度和电压告警； 温度性能数据正常

机房清洁度要求参见表 5.19。

表 5.19 机房清洁度要求

最大直径/μm	0.05	1	3	5
最大浓度（每立方米所含颗粒）	$1.4×10^6$	$7×10^5$	$2.4×10^5$	$1.3×10^5$

（2）SDH 月度维护操作参见表 5.20。

表 5.20 SDH 月度维护操作表

维护类别	维护项目	操作指导	参考标准
业务检查	抽测未用业务通道的 24h 误码	对未用通道挂表测试误码，24 小时一个周期	24 小时误码应达标（对于 2M 通道，24 小时误码应为 0）
网管维护项目	网管的启动、关闭检查	启动、关闭网管软件和计算机	启动和关闭都应正常
	ECC 路由检查	使用网管查询 ECC 路由	路由通畅，走最短路径
	查询网元时间	使用网管查询网元时间	网元时间与当前实际时间一致，所有网元时间一致
	电路板配置信息的查询	检查时钟板、开销板、支路板、线路板的相关配置信息	配置数据与实际需求相符合，与最后一次的更改记录结果相符合
	更改网管客户的登录口令	每月更改网管客户的口令	每月更改口令
	网管数据库的转储和整理	每月转储网管数据库文件，每月进行数据库压缩和修复	定期进行，网管运行正常
	网管数据库的备份		每月备份，网管和数据库运行正常
	网管计算机的维护		PC 机：目录正常；文件正常，无非法文件，如游戏；硬盘空间足够；工作站：无非法文件，数据库运行情况正常
	各种硬件接口状态	检查鼠标、键盘、显示器、打印机等工作状态	可正常使用

（3）SDH 季度维护操作参见表 5.21。

表 5.21 SDH 季度维护操作表

维护类别	维护项目	操作指导	参考标准
远程维护功能测试	测试远程维护功能	从远端登录网元	网元登录正常，远程维护能正常进行
机柜清洁检查	机柜清洁检查	观察机柜内部和外部	机柜表面清洁，机框内部灰尘不得过多，否则必须清理

（4）SDH 年度维护操作参见表 5.22。

表 5.22 SDH 年度维护操作表

维护类别	维护项目	操作指导	参考标准
接地、地线、电源线连接检查	地阻检查	使用地阻仪测试地阻	联合接地地阻小于 1Ω
	地线连接检查	检查地线与机房的地线排连接是否安全可靠	（1）各连接处安全、可靠无腐蚀；（2）地线无老化；（3）地线排无腐蚀，防腐蚀处理得当
	电源线连接检查	检查电源线与机房电源连接是否安全可靠	（1）各连接处安全、可靠无腐蚀；（2）电源线无老化

任务四　常见机房设备简单告警的处理

【任务分析】

传输机房设备在运行过程中出现故障时对应会产生一些告警，可以根据这些告警的类型而进行相应的故障处理。

本任务就是通过认识传输机房的告警，而更好地进行相应的维护处理。

【任务目标】

- 传输设备单板常见告警类型及内容；
- 机柜指示灯告警；
- 常见告警分析与处理。

一、告警的概念和类型

（一）告警

设备或单板在运行中通过单板指示灯、机架告警灯、列头柜告警灯、告警箱或网管计算机产生声响或点亮相关指示灯或发送出的警报信息，就是告警。

（二）告警的类型

告警分设备告警、服务质量告警、通信告警、环境告警四大类。

1. 设备告警

与设备硬件、软件有关的告警称为设备告警。

2. 服务质量告警

反映传输性能的告警称为服务质量告警，如性能劣化、越门限等。

3. 通信告警

与传输状态有关的告警称为通信告警，如信号丢失、帧丢失、信号劣化、通信协议告警等。

4. 环境告警

与环境有关的告警称为环境告警，如火警、门禁告警、温度/湿度告警等。

（三）告警等级分类

告警根据严重性等级一般分为以下四种级别。

1. 紧急告警（Critical）

使业务中断并需要立即采取故障检修的告警。

2. 主要告警（Major）

影响业务并需要立即采取故障检修的告警。

3. 次要告警（Minor）

不影响现有业务，但需采取检修以阻止恶化的告警。

4. 提示告警（Warning）

不影响现有业务，但有可能成为影响业务的告警，可视需要采取措施。

（四）性能

单板运行中单板寄存器中存储的用于显示单板运行指标的信息或设置的相关参数值。

1．性能分类

（1）性能按状态可区分为当前性能和历史性能。

（2）性能按类型可区分为数字量性能和模拟量性能。

（3）性能按粒度可区分为 15min 性能和 24h 性能。

2．性能门限

（1）数字量门限（24h）。

目前，24h 门限都按照单门限来实现，即当该 24h 性能计数越过门限时，产生越限告警通知，当该 24h 门限到时，该告警结束。

（2）模拟量门限（15min）。

模拟性能的门限也有高低之分，但其意义不同于 15min 性能越限判决，此处的判决条件：高于高门限和低于低门限均产生告警，回到高、低门限之间时，经过延迟 5min 确认，确认消失后上报消失，告警结束。

（五）传输设备单板常见告警类型及内容

（1）如图 5.44 所示为线路板 SL1 无输入信号时的告警显示。

图 5.44　线路板 SL1 无输入信号时的告警显示

（2）如图 5.45 所示为线路板 SL4 无输入信号时的告警显示。

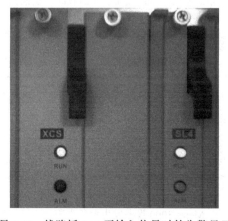

图 5.45　线路板 SL4 无输入信号时的告警显示

（3）如图 5.46 所示为网管计算机未连接或未连接好时，系统控制板 SCC 的告警显示。

图 5.46　网管计算机未连接或未连接好时系统控制板 SCC 的告警显示

（六）机柜指示灯告警

（1）绿色灯亮表示设备供电正常。

如图 5.47 所示为 Opti×Metro 3000 设备正常运行时，机柜指示灯显示。

（2）红色灯亮表示本设备当前正发生危急告警。

如图 5.48 所示为 Opti×Metro 3000 设备发生危急告警时，机柜指示灯显示。

（3）黄色灯亮表示本设备当前正发生主要告警。

如图 5.49 所示为 Opti×Metro 3000 设备发生主要告警时，机柜指示灯显示。

图 5.47　Opti×Metro 3000 设备正常运行时，机柜指示灯显示

图 5.48　Opti×Metro 3000 设备发生危急告警时，机柜指示灯显示

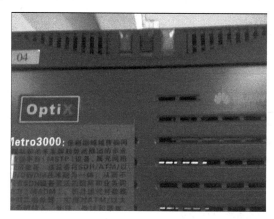

图 5.49　Opti×Metro 3000 设备发生主要告警时，机柜指示灯显示

二、常见告警分析与处理

（一）常见告警认知与分析处理

1. 环境
外部事件告警（Alarm For External Events），参见表 5.23。

表 5.23　外部事件告警

项　　目	描　　述
告警名称	外部事件告警（Alarm For External Events）
告警级别	通知告警
告警分类	外部环境告警
告警解释	将机房环境告警通过设备的外部告警输入接口接入，告警具体名称网管可设
告警单板	系统控制板
告警指示	
告警原因	◆ 机房环境异常 ◆ 外部告警输入连接错误 ◆ 网管外部告警输入设置错误
处理方法	◆ 检查机房环境是否正常 ◆ 检查外部告警输入连接 ◆ 网管重新正确设置
备注	

2. 温度
探测点温度超限告警（Detecting Point Temperature Out of Limit），参见表 5.24。

表 5.24　探测点温度超限告警

项　　目	描　　述
告警名称	探测点温度超限告警（Detecting Point Temperature Out of Limit）
告警级别	一般告警
告警分类	设备类告警

续表

项　　目	描　　述
告警解释	单板温度检测模块检测温度超过门限值
告警单板	各单板
告警指示	
告警原因	◆ 风扇防尘网过脏 ◆ 风扇运行不正常 ◆ 网管设置的温度门限太低 ◆ 在长期运行中单板可能温度检测异常
处理方法	◆ 清洗风扇防尘网 ◆ 检查风扇电源，更换风扇 ◆ 重新设置单板的温度门限 ◆ 一般情况复位单板或拔插单板可以解决。若现场不具备复位或拔插单板的条件，可作为遗留问题。此时可通过在网管上查询本子架该单板临近槽位单板的温度值，来帮助做出判断，若其余单板的温度均在正常范围之内，可基本断定是该单板的温度检测功能出现问题，若多块单板的温度都普遍高，则风扇或者防尘网出问题的可能性比较大
备注	

3. 风扇板

风扇故障告警（Fan Fault），参见表 5.25。

表 5.25　风扇故障告警

项　　目	描　　述
告警名称	风扇故障告警（Fan Fault）
告警级别	主要告警
告警分类	设备类告警
告警解释	指示风扇故障
告警单板	风扇板
告警指示	
告警原因	◆ 风扇故障 ◆ 风扇电源没打开
处理方法	◆ 更换风扇板 ◆ 打开风扇电源开关
备注	

4. 单板告警

（1）电源故障告警（Power Fault），参见表 5.26。

表 5.26　电源故障告警

项　　目	描　　述
告警名称	电源故障告警（Power Fault）
告警级别	严重告警
告警分类	设备类告警
告警解释	二次电源输入有故障，网管上报电源故障告警

续表

项　目	描　述
告警单板	系统控制板
告警指示	
告警原因	◆ 电源电缆连接不良 ◆ 电源模块故障
处理方法	◆ 重新连接电缆 ◆ 更换电源模块
备注	

（2）单板故障告警（Board Fault），参见表 5.27。

表 5.27　单板故障告警

项　目	描　述
告警名称	单板故障告警（Board Fault）
告警级别	严重告警
告警分类	设备类告警
告警解释	单板故障
告警单板	系统控制板
告警指示	
告警原因	单板故障
处理方法	更换单板
备注	

5. SDH 光口

（1）信号丢失告警（Loss of Signal，LOS），参见表 5.28。

表 5.28　信号丢失告警

项　目	描　述
告警名称	信号丢失告警（Loss of Signal，LOS）
告警级别	严重告警
告警分类	通信告警
告警解释	该告警指示在光物理层上发生中断，本端没有接收到对端送来的光信号
告警单板	光线路板
告警指示	
告警原因	◆ 本端光板上收光模块故障 ◆ 对端光板上发光模块故障 ◆ 外部光缆线路故障或断纤 ◆ 尾纤、耦合器件故障 ◆ 耦合程度不够或者收发关系错误
处理方法	◆ 更换本端光板 ◆ 更换对端光板 ◆ 处理光缆线路 ◆ 更换尾纤或者耦合器件 ◆ 保证耦合良好，改正收发关系 ◆ 对于光口 LOS 告警首先进行的就是硬件环回检测，如果本点环回检测告警性能正常，则本点光板没有问题，检查外部问题或对端问题；如果本点环回告警还在，肯定为本点光板问题
备注	

（2）输入光功率越限告警（Input Optical Power Out of Limit），参见表 5.29。

表 5.29　输入光功率越限告警

项　　目	描　　述
告警名称	输入光功率越限告警（Input Optical Power Out of Limit）
告警级别	主要告警
告警分类	服务质量告警
告警解释	该告警指示本板的光模块输入光功率过高或过低
告警单板	光线路板
告警指示	
告警原因	◆ 本端光板光纤松动或太紧 ◆ 对端光板发送模块老化 ◆ 光纤接头脏 ◆ 光衰器件衰减太大或太小 ◆ 检测故障
处理方法	◆ 调整本端光纤松紧度 ◆ 更换对端发送模块或光板 ◆ 更换光纤或清洗接头 ◆ 更换为合适的光衰减器件 ◆ 更换单板
备注	

6．PDH 电口（2M、34/45M、140M）

（1）信号丢失告警（Loss of Signal，LOS），参见表 5.30。

表 5.30　信号丢失告警

项　　目	描　　述
告警名称	信号丢失告警（Loss of Signal，LOS）
告警级别	严重告警
告警分类	通信告警
告警解释	该告警指示在 PDH 端口发生中断，本端没有接收到对端送来的信号
告警单板	支路板
告警指示	
告警原因	◆ 外部线路故障或中断 ◆ 本板接收故障 ◆ 对端发送故障 ◆ 收发接反
处理方法	◆ 处理线路故障 ◆ 更换本端单板 ◆ 更换对端单板 ◆ 更改收发关系 ◆ 对于 PDH 电口 LOS 告警首先进行的也是硬件环回检测，如果本点环回检测告警性能正常，则本点 PDH 电板及到 DDF 架这段电缆没有问题，检查外部问题或对端问题；如果本点环回告警还在，肯定为本点 PDH 电板或到 DDF 架这段电缆的问题
备注	

（2）PDH 告警指示信号（Alarm Indication Signal，AIS），参见表 5.31。

表 5.31　PDH 告警指示信号

项　目	描　述
告警名称	PDH 告警指示信号（Alarm Indication Signal，AIS）
告警级别	主要告警
告警分类	通信告警
告警解释	该告警指示在 PDH 端口接收到 AIS 信号
告警单板	支路板
告警指示	
告警原因	◆ 外部线路故障或中断 ◆ 本板接收故障 ◆ 对端发送故障 ◆ 收发接反 ◆ 自环后，接收到的信号是随机信号，如随机出现全 1 信号则也会有该告警上报
处理方法	◆ 处理线路故障 ◆ 更换本端单板 ◆ 更换对端单板 ◆ 更改收发关系 ◆ 正常现象，开通电路后，则告警消失
备注	

（二）传输设备故障处理思路及方法

传输设备经过工程安装人员的安装和调试后，都能正常稳定地运行。但有时由于多方面的原因，如受系统外部环境的影响，部分元器件的老化、损坏，维护过程中的误操作等，都可能导致设备进入不正常的状态。此时，就需要维护人员对设备故障进行正确分析、定位和排除，使系统迅速恢复正常。

1．故障处理流程

故障处理流程如图 5.50 所示。

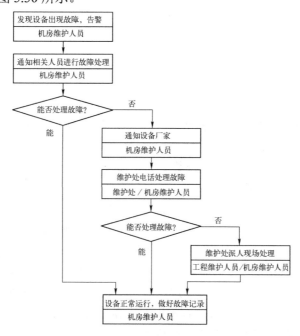

图 5.50　故障处理流程图

2. 故障定位的原则

确定设备出现故障后，最关键的一步就是将故障点准确定位到单站，以便集中精力，通过数据分析、硬件检查、更换单板等手段来排除该站的故障。

故障定位的一般原则：在定位故障时，应先排除外部的可能因素，如光纤断、交换故障或电源问题等，再考虑传输设备的问题；在定位故障时，要尽可能准确地定位出是哪个站的问题，再将故障定位到单板；线路板的故障常常会引起支路板的异常告警。因此，在故障定位时，先考虑线路，再考虑支路；在分析告警时，应先分析高级别告警，再分析低级别告警。

任务五　光纤通信技术的发展

【任务分析】

技术总是在向前发展，在学习掌握当前主流设备的同时，也要了解熟悉光传输网的发展趋势。

本任务就是通过学习 DWDM 技术的基本概念，基于 MSTP 技术的传送网特点，以及传送网的发展趋势，从而能了解熟悉光纤通信技术的发展趋势。

【任务目标】

- 熟悉 DWDM 概念；
- MSTP 概念和特点；
- 了解传送网发展趋势。

一、密集波分复用（DWDM）技术基础

（一）密集波分复用（DWDM）概念和特点

传送网技术的发展经历了已经逐渐淘汰的电通信网络，以及正在使用的光电混合网络，正加速向全光网络迈进。

随着话音业务的飞速增长和各种新业务的不断涌现，特别是 IP 技术日新月异的发展，网络的容量受到严重的挑战。传统的传输网络扩容采用空分复用（SDM）或时分复用（TDM）两种方式。

（1）空分复用（SDM）是靠增加光纤数量的方式线性增加传输的容量，传输设备也线性增加。在光缆制造技术已经非常成熟的今天，几十芯的带状光缆已经比较普遍，而且先进的光纤接续技术也使光缆施工变得简单，但光纤数量的增加无疑给施工，以及将来线路的维护带来了诸多不便，并且对于已有的光缆线路，如果没有足够的光纤数量，通过重新敷设光缆来扩容，工程费用将会成倍增长。而且，这种方式并没有充分利用光纤的传输带宽，造成光纤带宽资源的浪费。作为通信网络的建设，不可能总是采用敷设新光纤的方式来扩容，事实上，在工程之初也很难预测日益增长的业务需要和应该敷设的光纤数。因此，空分复用的扩容方式十分受限。

（2）时分复用（TDM）也是一种比较常用的扩容方式，从传统 PDH 的一次群至四次群的复用，到 SDH 的 STM-1、STM-4、STM-16 乃至 STM-64 的复用。通过时分复用技术可以成倍

地提高光传输信息的容量，极大地降低了每条电路在设备和线路方面投入的成本，并且采用这种复用方式可以很容易地在数据流中插入和抽取某些特定的字节，尤其适合在需要采取自愈环保护策略的网络中使用。但时分复用的扩容方式有两个缺陷：第一是影响业务，即在全盘升级至更高的速率等级时，网络接口及其设备需要完全更换，所以在升级的过程中，不得不中断正在运行的设备；第二是速率的升级缺乏灵活性，以 SDH 设备为例，当一个线路速率为 155Mbit/s 的系统被要求提供两个 155Mbit/s 的通道时，就只有将系统升级到 622Mbit/s，而此时将有两个 155Mbit/s 通道被闲置。

对于更高速率的时分复用设备，目前成本还较高，并且 40Gbit/s 的 TDM 设备已经接近电子器件的速率极限，此外，即使是 10Gbit/s 速率的信号在 G.652 光纤中的色散及非线性效应也会对传输产生各种限制。不管是采用空分复用还是时分复用的扩容方式，基本的传输网络均采用传统的 PDH 或 SDH 技术，即采用单一波长的光信号传输，这种传输方式是对光纤容量的一种极大浪费，因为光纤的带宽相对于目前我们利用的单波长通道来讲几乎是无限的。我们一方面在为网络的拥挤不堪而忧心忡忡，另一方面却让大量的网络资源白白浪费。DWDM 技术就是在这样的背景下应运而生的，它不仅大幅度地增加了网络的容量，而且还充分利用了光纤的带宽资源，减少了网络资源的浪费。

光纤的容量是极其巨大的，而传统的光纤通信系统都是在一根光纤中传输一路光信号，这样的方法实际上只使用了光纤丰富带宽的很少一部分。为了充分利用光纤的巨大带宽资源，增加光纤的传输容量，以 DWDM 技术为核心的光纤通信技术应运产生。

波分复用技术（WDM）是利用单模光纤低损耗区的巨大带宽，将不同频率（波长）的光信号混合在一起进行传输，这些不同波长的光载波所承载的数字信号可以是相同速率、相同数据格式，也可以是不同速率、不同数据格式。波分复用网络扩容通过在光纤中增加新的波长通道来实现。

密集波分复用（DWDM）是利用单模光纤的宽带低损耗特性，采用几个、几十个甚至更多不同波长的光作为载波，允许各载波在一根光纤内同时传输。

DWDM 技术具有如下特点。

（1）超大容量。目前使用的普通光纤可传输的带宽是很宽的，但其利用率还很低。使用 DWDM 技术可以使一根光纤的传输容量比单波长传输容量增加几倍、几十倍乃至几百倍，因此也节省了光纤资源。

（2）数据透明传输。由于 DWDM 系统按不同的光波长进行复用和解复用，而与信号的速率和电调制方式无关，即对数据是"透明"的。因此可以传输特性完全不同的信号，完成各种电信号的综合和分离，包括数字信号和模拟信号的综合和分离。

（3）系统升级时能最大限度地保护已有投资。在网络扩充和发展中，无需对光缆线路进行改造，只需升级光发射机和光接收机即可实现，是理想的扩容手段，也是引入宽带业务的方便手段。

（4）高度的组网经济性和可靠性。利用 DWDM 技术构成的新型通信网络比用传统的电时分复用技术组成的网络要大大简化，而且网络层次分明，各种业务的调度只需调整相应光信号的波长即可实现。由于网络结构简化、层次分明，以及业务调度方便，由此而带来网络的经济性和可靠性是显而易见的。

（5）可构成全光网络。在全光网络中，各种电信业务的上下、交叉连接等都是在光层上通过对光信号波长的改变和调整来实现的。

因此，DWDM 技术是实现全光网的关键技术之一，而且 DWDM 系统能与全光网兼容，会在已经建成的 DWDM 网络的基础上实现透明的、具有高度生存性的全光网络。

（二）DWDM 系统构成

与单通道传输系统相比，DWDM 技术的应用不仅极大地提高了光纤网络的通信容量，充分利用了光纤的带宽，而且它还具有扩容简单、性能可靠、可直接接入多种业务等诸多优点。

密集波分复用技术普遍采用双纤双向传输方式，即一根光纤传输一个方向的业务，双向的业务分别由两根光纤传输，如图 5.51 所示。发送端的多个光发射机发出波长不同但精度和稳定度满足一定要求的多路光信号，经过光复用单元（合波器）合波后送入光功率放大单元（主要用于补偿合波器引起的光功率损失和提高光信号的入纤功率），放大以后的多路光信号送入光纤传输。光信号到达接收端，经光前置放大单元（主要用于提高接收灵敏度）放大以后，送入光解复用单元（分波器）分解出原来的各路光信号。

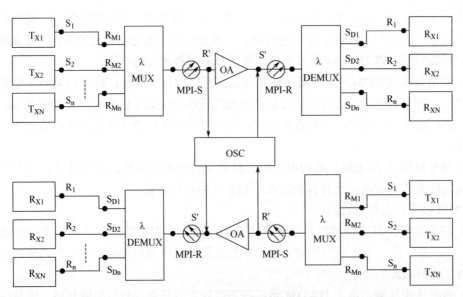

图 5.51　DWDM 的技术实现

DWDM 系统的构成及光谱示意图如图 5.52 所示。发送端的光发射机发出波长不同而精度和稳定度满足一定要求的多路光信号，经过光波分复用器复用在一起送入掺铒光纤功率放大器（掺铒光纤功率放大器主要用来补偿波分复用器引起的功率损失，提高光信号的发送功率），再将放大后的多路光信号送入光纤传输，中间可以根据实际情况选用光线路放大器，到达接收端经光前置放大器（主要用于提高接收灵敏度）放大以后，送入光波分解复用器分解出原来的各路光信号。

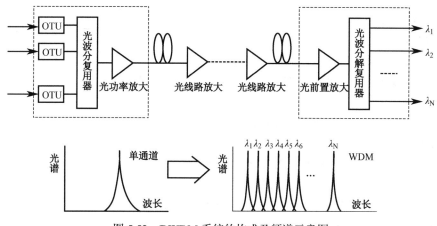

图 5.52　DWDM 系统的构成及频谱示意图

二、基于 MSTP 技术的传送网特点

传送网为业务网提供支撑和服务，业务网的需求决定了传送网的发展。目前以 IP 为主的数据业务增长极其迅速，而传统光传送网主要是根据电路模式的语音业务进行设计，存在着诸如业务指令分配处理复杂、带宽效率低、传输数据业务成本高、网络扩展性差等缺陷，不具备对 IP 业务的优化传送和对宽带数据业务进行汇聚和疏导的能力。另一方面，接入网占整个电信网络建设成本很大的比重，如果 IP、ATM 及 SDH 等网络独立地发展自己的接入层，必然导致接入网的重复建设，同时错综复杂的网络结构也会加大网络运行维护成本。如果能够利用综合化的多业务传送平台实现各个网络在接入层和汇聚层的"合网建设"，必然能极大地降低网络建设和维护成本，并有利于向用户提供综合业务。

实现城域网多业务传送的主要技术有基于 SDH 的多业务传送平台（MSTP）、弹性分组环（RPR）及波分复用（WDM）系统等。MSTP 设备是对传统 SDH 设备的继承和发展，MSTP 的引入不但可以充分利用现有丰富的 SDH 网络资源。借鉴 SDH 系统多年的网络运维和管理经验，完全兼容目前大量应用的 TDM 业务，还可以实现以太网、ATM 等多种业务的综合传送和接入，满足日益增长的数据业务需求。而纯 RPR 对数据业务可以提供更高效的支持，在以以太网数据业务为主的场合 RPR 是非常好的技术，目前已有不少的应用，虽然 RPR 也提供 TDM 电路仿真，但其对 TDM 业务的支持能力自然不如 SDH。城域 WDM 系统可以向用户提供多种业务接口，实现对于上层协议和业务的透明传输，但是由于受光层联网技术水平的限制，现阶段还很难单独利用 WDM 搭建城域多业务传送平台，WDM 需要与 MSTP 或 RPR 等其他技术结合应用。

1. MSTP 技术简介

MSTP（Multi-Service Transport Platform），即多业务传送平台，是指基于 SDH，同时实现 TDM、ATM、IP 等业务接入、处理和传送，提供统一网管的多业务传送平台。作为传送网解决方案，MSTP 伴随着电信网络的发展和技术进步，经历了从支持以太网透传的第一代 MSTP 到支持二层交换的第二代 MSTP，再到当前支持以太网业务 QoS 的第三代 MSTP 的发展历程。

2. 基于 MSTP 技术传送网的特点

MSTP 技术发展到现在经历了三个阶段，新技术的不断出现是 MSTP 技术不断发展的根本基础。各个阶段的特点如下。

第一阶段:

- 引入 PPP 和 ML-PPP 映射方式,实现点对点的数据传输;
- 没有数据带宽共享,所以分组数据业务的传送效率比较低;
- 支持连续级联;
- 不支持以太环网,数据的保护倒换时间长。

第二阶段:

- 本身的 SDH 设备功能和组网功能就非常强;
- 支持在 TDM、IP、ATM 之间的带宽灵活指配;
- 可以支持真正的二层交换,达到充分的数据带宽共享;
- 支持基于 GFP 的映射,支持虚级联的 VC 通道组网;
- 提供基于 LCAS 机制的带宽调整能力;
- 采用 MAC 地址+VLAN 交换,带宽共享同时保证安全性能和 QoS。

第三阶段:

- 具有第二代 MSTP 的所有功能;
- 支持基于 RPR 机制的以太环网。

MSTP 进一步的发展方向就是采用自动交换光网络 ASON 的体制,在 MSTP 的传送平面上引入一个智能化的、通过软交换信令实现的控制平面,借以实现动态的 SDH 电路配置和最灵活的多级带宽分配。

三、传送网的发展趋势

目前,传送网正向着增大容量、支持多业务、增强网络智能、开放网络接口等方向发展。

(1)从提供 TDM 业务为主向提供多业务的方向发展,以 SDH 技术为主向包括 MSTP、RPR 和城域 WDM 等多业务传送平台的方向演进,实现 L1/L2 特性归一化的、数据平面和 TDM 平面并存的、融合了下一代 NGN 网络需求的多业务综合传送平台。

(2)ASON(自动交换光网络)标准逐渐成熟,ASON 信令逐步实施到 VC、波长和 MPLS,在控制的层次上形成完整的端到端体系。逐步实现 NNI、UNI 等接口和相关协议的标准化,实现不同厂商设备间的互联互通。

(3)MSTP 与 ASON 技术结合,传统网络管理功能与控制层面功能逐步协调配合,促使 ASON 与 MSTP 协同工作。

(4)波分技术向波长扩展和智能波长调度发展,提供更密集的波分和灵活的波长级 ADM 调度。

(5)OTN 技术逐步成熟,为光电层波长业务的端到端提供设备支撑,逐步成为下一代支持数据互连的传输设备之一。

(一)光传送网 OTN 技术

光传送网(OTN)是在 SDH 光传送网和 WDM 光纤系统的基础上发展起来的。

相对传统 SDH 而言,ITU-T 所定义的 OTN 的主要优势在于以下几个方面。

(1)具备更强的前向纠错(FEC)能力。OTN 的带外 FEC 比 SDH 的带内 FEC 可以改善纠错能力 3dB～7dB。

（2）具有多级串联连接监视（TCM）功能。监视连接可以是嵌套式、重叠式和级联式，而 SDH 只允许单级。

（3）支持客户信号的透明传送。SDH 只能支持单一的 SDH 客户信号，而 OTN 可以透明支持所有客户信号。

（4）交换能力上的扩展性。SDH 主要分两个交换级别，即 2Mbit/s 和 155Mbit/s。而 OTN 可以随着线路速率的增加而增加任意级别的交换速率，与具体每个波长信号的比特率无关。

然而，OTN 的主要不足之处是缺乏细带宽粒度上的性能监测和故障管理能力，对于速率要求不高的网络应用，经济性不佳。

（二）全光 OXC 的发展

从实现技术上看，OXC 可以划分为两大类，即采用电交叉矩阵的 OXC（有时简称 OEO 方式或电 OXC）和采用纯光交叉矩阵的 OXC（有时简称 OOO 方式或全光 OXC）。采用 OEO 方式处理可以比较容易地实现信号质量监控，消除传输损伤，网管比较成熟，容量不是很大时成本较低，与现有线路技术兼容，更重要的是可以对小于整个波长的带宽进行处理和调配，符合近期市场的容量需要。然而其扩容主要是通过持续的半导体芯片密度和性能的改进来实现的，由于系统的复杂性，无法跟上网络传输链路容量的增长速度。最后，这类系统通常体积大、功耗大、容量很大时成本较高。

另一方面，采用光交叉矩阵的 OXC 省去了光电转换环节，不仅节约了大量光电转换接口，而且由于纯光消除了带宽瓶颈，容量可望大幅度扩展，随之带来的透明性还可以使其支持各种客户层信号，功耗较小，有更高效的多端口交换能力，具有更长远的技术寿命。从端口成本和功耗看，这类设备也比采用 OEO 的 OXC 要低。但是，这类设备可以交换的带宽粒度至少是整个波长，因此即使只有少量的附加带宽需求也必须提供整个波长，不经济。其次，为了引入全光交换机，可能必须更新改造已有线路系统。第三，在光域实现性能监视很困难。第四，与全光交换机相连的线路是由一系列均衡过的光放大器构成的，而目前所有线路均衡方法都是专用的，涉及的相关因素很多，这些因素高度相关且互相依赖，使均衡工作很困难，也需要时间稳定。若试图在均衡好的网状网中快速动态地实施波长选路，将会导致上述多种因素重新组合，需要对新的波长通路实施快速重新均衡，而目前的光线路系统还无法以标准化的方式快速动态地实现网络均衡。

（三）MSTP 技术演进

MSTP 技术在不断更新，目前已发展到第四代。第二代 MSTP 引入 RPR（Resilient Packet Ring）弹性分组环功能，将 RPR 技术与 SDH 技术结合，称为准第三代 MSTP，该技术是采用 RPR 来承载所有的 TDM 流量和数据流量，在原来 SDH 承载 TDM 流量的基础上，将承载数据流量的 SDH 机制改为 RPR 机制。对于一个 SDH 环网，一些 VC 通道承载 TDM 业务，另外一些通道则承载 RPR 数据业务。光纤切断时，承载 TDM 业务的 VC 通道进行复用段环倒换，而承载数据业务的通道则进行 2 层的 RPR 保护。第三代 MSTP 是采用 RPR 来承载所有的 TDM 流量和数据流量。

第四代 MSTP 则是引入 ASON 功能，MEF UNI 增加自动交换传送 ASTN 的控制平面，实现自动路由配置、网络拓扑发现、自动邻居发现、全网带宽动态分配等智能化城域传输。同时第四代 MSTP 在支持基本的以太网技术上，将支持数据网络的新标准，比如 STACK VLAN、

IETF、GMPLS 信令等。

新一代 MSTP 在提高数据传输效率方面也将不断改善，从当前的数据通信发展来看，数据包长度呈现下降趋势，短包的比率越来越高。数据包是通过 PPP/LAPS/GFP 第一层次封装，然后再通过 SDH 第二层次封装。数据包越短，封装效率越低，系统处理负荷越重，因此新一代的 MSTP 设备处理数据短包的能力也应该得到提高。

巩固与提高

一、填空题

1. Opti×2500+子架分为三个部分，上部为_____，中部为_____，下部为_____。

2. Opti×155/622H 是 MADM（Multi Add/Drop Multiplexer）系统，可提供 10 路 ECC（Embedded Control Channel）的处理能力，支持 STM－1/STM－4 级别的_____、_____、_____、_____、相切环和相交环复杂网络拓扑。

3. Opti×155/622H 系统以交叉单元为核心，由_____、_____、_____、时钟单元、主控单元、公务单元等组成。

4. MSTP 是指基于 SDH 同时实现_____、_____、_____等业务接入、处理和传送，提供_____的多业务传送平台。

5. 光传送网（OTN）是在_____和_____的基础上发展起来的。

6. ASON 是指_____。

7. SDH 的四种开销分别是：_____开销、_____开销、_____开销、_____开销。

8. SDH 系统的 VC-12 通道的在线监测采用的方式是_____。

9. STM-N 帧中单独一个字节的比特传输速率是_____。

10. STM-N 帧中再生段 DCC 的传输速率为_____；复用段 DCC 的传输速率为_____。

11. SDH 光信号的码型是_____码。

12. 一个 E1 的帧长为_____个 bit。

13. DCC 通道速率总共_____kbit/s。

14. 传输网络中常见的网元有_____、_____、_____和_____。

二、判断题

1. Opti×2500+系统的接口单元包括 SDH 接口单元、PDH 接口单元、DDN 接口单元、ATM 接口单元、以太网接口单元等。 （　　）

2. 保证 Opti×传输设备工作的直流电压是-48V±15%，允许的电压范围是-38.4～-57.6V。 （　　）

3. 例行维护的基本原则就是在例行维护工作中及时发现、解决问题，防患于未然。 （　　）

4. SDH 分插复用器是在不中断线路信号的情况下，从群路信号分解出支路信号，或将支路信号插入群路信号，或直通。 （　　）

5. 在 PDH 和 SDH 网中均可利用 2Mb/s 通道来载送定时信息。 （　　）

6. 复用段净荷支持再生层信号传送，复用段开销用于复用段的监控和维护管理。 （　　）

7．SDH 信号传送顺序是从帧结构中的第一行开始从左至右逐字节传送，第一行传完后逐行依此方式进行。 （　　）

8．在 STM－1 复用到 STM－4 的帧结构中，所有段开销字节都按字节间插方式复用进去。

（　　）

三、简答题

1．Opti×2500+设备，单板的出线方式有哪两种？

2．传输设备例行维护分为哪几类？

3．简述 DWDM 技术的特点。

4．简述 PDH 的局限性。

5．SDH 常用的网元有哪些？

6．简述 SDH 的优点。

四、综合题

1．例行维护基本操作包括哪些内容？

2．维护操作注意哪些事项？

3．请画出我国 SDH 复用映射结构图，并注明每一步的名称及其内容。

参 考 文 献

[1] 刘强，段景汉. 通信光缆线路工程与维护. 西安：西安电子科技大学出版社，2003.

[2] 胡先志，刘泽恒. 光纤光缆工程测试. 北京：人民邮电出版社，2001.

[3] 张引发，等. 光缆线路工程设计、施工与维护（第 2 版）. 北京：电子工业出版社，2007.

[4] 王加强，等. 光纤通信工程. 北京：北京邮电大学出版社，2003.

[5] 杜庆波，曾庆珠，李洁. 光纤通信技术与设备. 西安：西安电子科技大学出版社，2008.

[6] 乔桂红. 光纤通信. 北京：人民邮电出版社，2005.

[7] 马声全. 高速光纤通信 ITU－T 规范与系统设计. 北京：北京邮电大学出版社，2002.

[8] 2007 中国通信企业协会. 通信维护企业光缆线路规程范本（试行）. 北京：人民邮电出版社，2007.

[9] 华为通信技术有限公司. SDH 基本原理培训资料. 华为通信技术有限公司，2003.

[10] 华为通信技术有限公司. Opti×Metro 1000 产品概述. 华为通信技术有限公司，2002.

[11] 华为通信技术有限公司. Opti×Metro 3000 产品概述. 华为通信技术有限公司，2002.

[12] http://www.huawei.com

[13] http://www.c114.net

[14] 中兴通信 SDH、MSTP 常见故障处理

[15] 中兴通信 SDH 测试和仪表

[16] 广州市澳视光电子技术有限公司 8 系列数字光端机使用说明书

[17] http://www.huipeng.com.cn

[18] 《中国移动传送网 DDF、ODF 架标签命名规范》正式版（V1.5）

[19] 中华人民共和国通信行业标准－光端机技术指标测试方法（YD/T 730—94）

[20] 中国邮电电信总局本地网传输设备维护规程

[21] http://www.ofweek.com

[22] http://www.baidu.com

[23] http://scitech.people.com.cn/GB/25509/43687/44570/3311391.html